四川美术学院学术出版基金资助

住宅智能化人工照明光环境

刘 炜 著

中国建筑工业出版社

图书在版编目（CIP）数据

住宅智能化人工照明光环境 / 刘炜著 . — 北京：
中国建筑工业出版社，2016.12
ISBN 978-7-112-20185-3

Ⅰ.①住… Ⅱ.①刘… Ⅲ.①住宅—照明—智能控
制 Ⅳ.①TU113.6

中国版本图书馆CIP数据核字（2016）第322078号

本书通过家庭行为活动对住宅人工照明光环境的影响、住宅人工照明光环境质量研究、住宅人工照明光环境智能控制研究、住宅人工照明光环境智能控制的实验验证几个章节从视觉与非视觉质量因素、控制质量因素和能效利用质量因素三个方面系统地、综合地研究了住宅人工照明光环境质量，力争创造一个高质量的住宅人工照明光环境，为住宅智能化照明提供更多可实践的依据。适用于建筑设计、光环境设计及相关专业从业者阅读使用。

责任编辑：唐 旭 张 华
责任校对：李美娜 刘梦然

住宅智能化人工照明光环境
刘 炜 著
*
中国建筑工业出版社出版、发行（北京海淀三里河路9号）
各地新华书店、建筑书店经销
北京京点图文设计有限公司制版
北京京华铭诚工贸有限公司印刷
*
开本：787×1092毫米 1/16 印张：12¾ 字数：320千字
2017年4月第一版 2018年1月第二次印刷
定价：40.00元
ISBN 978-7-112-20185-3
（29681）

前　言

随着照明科技的发展及“互联网 +”时代的到来，人们对照明系统控制的智能化程度要求也不断提高，特别是近年来以 LED 光源为控制载体的照明形式则加快了与智能照明控制领域的深度融合，智能照明甚至吸引了照明企业、控制企业之外的手机制造商展开角逐。

但市场开发的智能照明产品是否满足人的行为模式需求，是否满足人的生理和心理需求，是否满足人的视觉系统需求，以上问题有待运用建筑光学、生理学、环境心理学、行为学等诸多领域交叉学科知识加以研究，这也是本书探讨的范畴。

本书涉及的各种光源较少选用 LED 光源，主要是基于当时的 LED 光源技术尚不成熟，其发光光谱成分在学术界尚存各种争议。近年来随着 LED 光源技术日臻完善，特别是其发光单元小、光源色温可选性多、发光单元组合灵活、便于编组控制、易于“互联网 +”融合的特点，使得 LED 光源在智能照明领域的使用变得更加游刃有余，本人将在这一领域做一些后续研究工作。

今后智能照明控制系统的光源选用将朝着高光效、便于控制的方向发展，但是人工照明光环境、智能控制的逻辑性对人的影响是一个需要不断积累和深入研究的领域，本书做了一些基础性研究工作的尝试。

当今智能住宅的控制技术发展已经渗透到住宅的各种功能，照明系统作为智能住宅家族的重要组成部分，将不再是一个独立的系统，而是与智能住宅其他子系统协同工作的集成系统。智能控制的目的是通过智能的方式获得家居生活各种舒适、便捷、健康的感受。因此，研究住宅行为模式与人工照明光环境的关系有利于获得更加精准、人性化的控制体验，本书的目的就是探讨如何使智能化的人工照明光环境更加贴切地服务于人。

本书通过家庭行为活动对住宅人工照明光环境的影响、住宅人工照明光环境质量研究、住宅人工照明光环境智能控制研究、住宅人工照明光环境的智能控制的实验验证几个章节从视觉与非视觉质量因素、控制质量因素和能效利用质量因素三个方面系统地、综合地研究了住宅人工照明光环境质量，力争创造一个高质量的住宅人工照明光环境，为住宅智能化照明提供更多可实践的依据。

目　录

第 5 章 住宅人工照明光环境智能控制的实验验证

第 6 章 总结与展望

第1章 绪论

在研究住宅人工照明光环境智能控制之前，首先应明确照明的智能控制技术与人工照明光环境智能控制之间的关系。随着智能技术的不断发展，智能化以惊人的速度向国民经济各个领域渗透，其中照明领域也不例外。本课题在1999年研究初期，对国内外照明的智能控制技术的相关研究及进展做了大量的调研及资料的收集工作，当时照明领域能够提供的相关产品与技术相对较少，但在短短的4年左右的时间，照明的智能控制技术得到迅速的发展，目前相关产品的种类与技术手段多种多样，并使该技术开始向普及化方向发展。

人工照明光环境智能控制是运用智能控制技术灵活及合理地控制人工照明，其目的是创造一个高质量的人工照明光环境，也就是说照明的智能控制技术和人工照明光环境两个要素是人工照明光环境智能控制的重要组成部分。回顾智能控制在照明领域不断发展的过程，会发现目前的人工照明光环境智能控制还仅仅停留在照明的智能控制技术这一概念阶段，而对如何运用智能的手段合理有效地控制光环境的研究几乎是空白，难怪目前市场上相当一部分产品在使用性能方面不符合人的行为习惯，不符合光环境的控制要求，造成产品有些功能冗余而有些功能不足。实际上，通过智能控制提高光环境的质量是目的，而照明的智能控制技术仅仅是实现这一目的的手段。

本课题研究的住宅人工照明光环境智能控制在建筑物理中的建筑光学方面是一个崭新的领域。同时，在智能控制方面，本研究将以市场上相关的住宅智能控制产品与自主开发的智能控制装置协同工作为控制手段，通过实现人工照明光环境智能控制获得所需要的光环境实验数据，从而研究和分析出住宅人工照明光环境的智能控制特征。

照明的智能控制技术是实现人工照明光环境智能控制的手段，因而有必要对该技术作全面而系统的分析。

1.1 照明的智能控制技术发展背景分析

1.1.1 国内外照明的智能控制技术现状综述

当前，国外的智能照明控制系统已经广泛应用于建筑领域，而我国的灯光调控使用率不到1%。早在2010年，住房和城乡建设部已要求全国大中城市中60%的住宅实现智能化[1]。照明作为建筑不可缺少的部分，随着国内外“智能住宅”的大量出现，与之配套的照明的智能控制技术也迅速地向前发展，并成为21世纪照明技术发展的一个重要方向。

国外在照明的智能控制方面研究工作起步较早，已开发出不少智能灯具和照明的智能控制与管理系统，如瓦西特智能照明系统、邦奇智能照明系统、施耐德智能照明系统、美莱恩智能照明系统、路创智能照明系统等，很多品牌具有LED调光及场景转换功能；国内在照明的智能控制技术方面的研究也相当迅速，如智能住宅中心控制系统（IHCC）、立维腾智能照明系统、瑞朗照明智能控制技术系统、欧普智能照明系统等。

1.1.2 影响照明的智能控制技术发展与推广的因素

住宅照明的智能控制提高了住宅人工照明光环境质量和住宅价值，以及为节约能源和保护环境提供了可靠途径，这也是实现人居环境可持续发展的关键技术之一，并且具有极为广阔的应用前景。总的来看，住宅照明的智能控制技术的广泛应用有赖于以下诸多方面因素的发展与进步。

1. 住宅产业的发展

改革开放三十多年来，我国人民的衣、食、住、行这生活四大要素发生了巨大的变化，住是其中要素之一，人生 2/3 的时间在住宅及居住环境中度过。据联合国统计[2]，一个国家正常的住宅建设指标为：每年住宅建设投资一般占基本建设投资的 30% ~ 50%，约占国内生产总值（GDP）的 5%；住宅的建设约占国家工程建设量的 50% ~ 60%，可见住宅建设在社会发展中的地位。

同时，住宅又是耐用消费品，使用周期很长，性能标准的定位要考虑在住宅全寿命期间有较大的适应性，使之可持续利用。要有适度的超前性，因为随着居住模式、生活水平、科技发展水平等诸多因素的变化，人们对住宅居住环境的要求也在不断提高。总之，住宅产业的发展，其核心动力是为人创造高品质的居住空间和居住环境，有效地发挥科技的价值、自然生态的价值、空间构成的价值、环境的再创造价值及人文价值等。譬如，要创造健康、舒适的建筑物理环境（包括声、光、热环境），就要充分考虑绿色技术、智能技术等因素对住宅的居住主体——人的影响。

2. 居住观念的变化

随着我国城市居民生活水平的不断提高，对生活质量的追求也在不断发生变化，用恩格尔系数作为衡量一个社会或家庭富裕程度的标准，高于 59% 为贫困型，50% ~ 59% 为温饱型，40% ~ 49% 为小康型，低于 40% 为发达国家标准（富裕型），低于 20% 为最发达国家（最富裕型）。2016 年初国家统计有关人士介绍[3]，最近几年体现居民消费结构的恩格尔系数都在下降，从 2013 年的 31.2% 降到 2014 年的 31%，2015 年进一步下降到 30.6%，我国人均国民生产总值已超过 7300 美元（2014 年），2022 年中国将成为高收入国家，人均 GDP 达到 12600 美元，从我国当前的发展水平来看，人们将普遍具有追求高质量居住环境的要求。目前对住宅室内居住环境的要求正在由以生理需求为主的发展中社会向休闲、理念为主的发达社会发展（图 1-1）。随着经济的发展，人民生活水平将由物质型向文化型转变以及生存型向文明型转变，对住宅更高层次的追求将不断加强。20 世纪 90 年代以后，人们的观念已从居住保障型、安居型向舒适型、享受型转变，讲究居住质量、提高居住水平成为人们追求的目标。对住宅功能的需求将出现多元化的趋势，人们将更多地关注居室内儿童的健康成长、老年人保持愉悦的心境、残疾人使用方便、多代人亲密相处、良好的室内物理环境（声、光、热环境）以及科技进步给住宅带来的新功能。丘吉尔曾经说过“人造住宅，住宅创造人生”，当我们创造了良好的住宅环境的同时，这一环境也创造了我们健康的性格和良好的心情。

当今社会，信息技术（IT）给人的居住观念带来了巨大的变化，互联网（Internet）甚至冲击了传统的办公观念，模糊了办公室与居室的界限。“SOHO”（Small Office Home Office，即在家办公）住宅使得从事文字处理、写作、广告设计、建筑设计、网页制作、软件编程等的工作人员在家办公成为现实，商务人员甚至足不出户便可完成电子商务（E-business）交易，网上购物梦想成真。由此看来，人们在家办公的时间和机会大大增加，为“SOHO”群体创造高质量的住宅办公照明环境显得尤为重要。

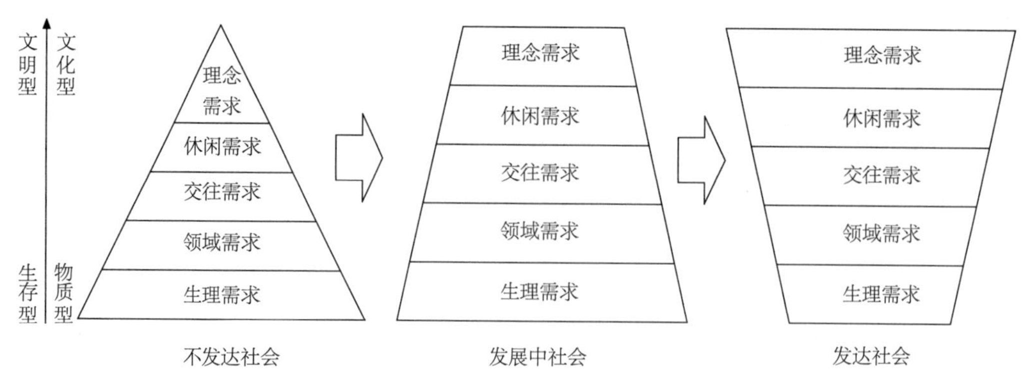

图 1-1 不同社会人的需求层次变化图

3. 智能住宅与智能技术的发展

智能住宅在 20 世纪 80 年代中期起源于美国，并在美国得到了迅速发展。在我国，智能住宅是近 10 年才发展起来的，并且随着相关技术，如计算机技术、通信技术、网络技术、信息技术、自动化控制技术、办公自动化技术的普及和应用而不断发展。智能住宅实质上是将各种家庭自动化设备、计算机及其网络系统与建筑技术及艺术有机结合的产物。现在许多新型家电都有与家庭总线系统（HBS）相连的通信接口，便于实现家电的智能化控制。照明的智能控制系统既可以作为智能住宅的子系统，与其他子系统共同构成家庭智能控制系统，也可以自成体系，对住宅各房间的照明实施单独控制。

智能化不是面面俱到，换句话说，它不能太“聪明”，必须同某一时期老百姓的生活水平相适应。从目前总体发展状况来看智能化有一定的超前性，但对于经济发达地区和部分中高收入人士来说，智能化并不是梦想。国内住房购买者虽然对智能化尚未如此看中，但智能化确实已成为影响人们居住的一个因素，一方面，个人购房时代是突出个性的时代，人们对居住环境的要求越来越高；另一方面，购房者中有相当一部分三十几岁事业有成、收入稳定的白领，他们对高科技有着极大的偏好。

4. 照明及照明控制科技的发展

1）荧光灯光效的改善

荧光灯技术的发展相当迅速，光源和控制电路的改进使光源的光效从 1940 年的 35lm/W 发展到现在的 100lm/W 以上，灯的寿命从 2000h 发展到现在的 15000h。三基色荧光灯大大提高了荧光灯的显色性，涂敷多光谱带荧光粉的荧光灯有极高的显色性（显色指数达到 90）和较高的光效。

2）荧光灯的调光技术日臻完善

对于良好的荧光灯调光器，它必须同时安装具有重新点燃和加热阴极的辅助元件，才能正常进行调光。目前，荧光灯调光技术已接近成熟。如选用特殊镇流器的充氩荧光灯，可调至正常光输出的 1%，任何水平上都能获得令人满意的再启动。

3）LED 灯的广泛应用

LED 灯的发展速度极为惊人，自 20 世纪 60 年代诞生至今，技术上的进展总超出市场的预期，尤其是 LED 灯以其灵活的布置、便捷的控制方式以及光谱的不断改进越来越广泛地应用于住宅照明当中。

4）遥控开关技术的发展

目前，家用开关朝着高档化、多功能化以及智能化方向发展，如邦奇、施耐德电气、美莱恩（Melion）电气、路创电子、立维腾电子、雷士光电等。

5）数字调光系统的发展

如基于 ICE929 修订草案之上的可寻址调光系统（DALI，digital addressable lighting interface）技术标准已被世界上主要镇流器厂商采纳，如 Osrarn、Magne Tek、Vs、Insta、Tridonic 等。可寻址调光系统不需要开关，灯具可以利用镇流器的可寻址功能预先设置照明亮度和控制编组 [4]。

6）传感器技术的发展

照度传感器、被动红外传感器、微波传感器、超声波传感器、用于人脸识别技术的图像传感器、智能传感器等各种传感器的技术日趋成熟，已经开始应用于智能建筑的各个领域。

5. 视觉科学的发展

如中间视觉理论、光谱的等效亮度理论、视亮度理论等用于电光源的开发，以及改善房间的视觉效果等方面均产生了积极的作用。

1.2　研究的意义

当今信息化时代，随着科学技术的进步，人们的物质和精神生活水平的提高，人们的生活和居住方式向追求文明的方向发展，从国际文明居住标准的内涵也体现了这一点，国际文明居住标准是世界各国占主导地位的先进居住水平的综合反映。其指标体系既包括居住的社会、经济、文化和住区环境方面的宏观指标体系，又包括居住水平的数量和质量方面的微观指标体系。这一标准也适用于住宅照明领域，国际文明居住标准有以下四个基本特征 [5]。

1. 人性化特征

20 世纪，随着生产生活质量问题的提出，人类对居住的需求已从“人适应房”转向了“房适应人”。国际文明居住标准将“以人为本”充分考虑现代人对居住生活的多元化、个性化的发展需求，满足人类对住宅的心理和精神感觉及社会性需要，成为住宅发展的趋势。充分体现社会对人的关心，已成为现代住宅建筑的灵魂。

2. 社会性特征

国际文明居住标准使得住宅成为人类文化进步和文明的载体，更强调居住同社会发展水平、人类对物质生活和精神生活需要满足的融合，特别是体现现代核心家庭形成后的新型家庭文化，为居民创造有利于自下而上发展物质和精神文明的条件，体现不同家庭、职业、文化、年龄的和谐统一。国际文明居住标准要求住宅建设体现更多的个性，包括民族性、地方性和时代性。

3. 科技性特征

人类居住水平的提高，始终是以科技进步为基础的。国际文明居住标准要求充分体现现代科技的进步和创新，尽可能地将现代环境、生态、智能、潜能等新技术融入住宅建设和居住生活之中，使住宅成为人类科技文明的载体。

4. 可持续性特征

自1976年首届联合国人居大会召开以来，人类住区的可持续性发展，已成为世界人居发展的基本目标和准则。因此，国际文明居住标准，要求住宅建设应有效、合理地使用土地、空间、水、空气、能源和生活资源，向居住者提供充分和配套的基础设施和服务，以促进经济、社会和环境协调发展。可持续性是国际文明居住标准最重要和最为综合性的特征之一。

这种文明居住标准对照明的要求也越来越高，要求照明满足人们的生理和心理需要，使工作、生活、学习的场所成为个人满意的、幸福的和有利于健康的场所。因此，创造出满足人们心理和生理舒适的室内人工照明光环境已成为当前国际上照明工程界关注的焦点，国际照明委员会（CIE）召开了专题研讨会，研讨有关舒适、灵活和个性化照明问题。为了达到照明舒适要求，采用变化照明的技术将是住宅照明发展的一个重要趋势——即在时间和空间上有高度调节性能的人工照明光环境智能控制技术，使光量、光方向和光色等按个人的需要灵活地变化，同时要满足不同年龄、性格、性别、爱好、生理特征、健康状况和工作内容的使用者对照明提出的不同要求，以及满足人们的生物节律的要求，使人工照明光环境达到个性化、人性化、社会化的要求，要实现这一目标，采用照明的智能控制技术是必不可少的手段，这充分体现了照明的科技性特征。

当然，实现人工照明光环境智能控制的所有手段应采用绿色照明的技术手段，它充分体现了环境的可持续性特征。

因而，本研究的意义在于实现具有人性化的、社会性的、技术先进的（科技性）、绿色的（可持续性）人工照明光环境智能控制。

1.3 研究的方法与内容

高质量的人工照明光环境应把握好如何充分考虑人工照明光环境质量各因素对光环境的整体影响，以便通过智能控制的手段调节尽量少的指标来创造满意的人工照明光环境。倘若在前期工作中对人工照明光环境质量考虑不周，仅通过后期工作创造一大批控制指标对该光环境实施智能控制，必然造成控制系统的庞大冗余，且增加了系统的不稳定性，实时性较差，甚至会出现“模糊性爆炸”（随着推理路径的增长，其模糊性将增大）[6]。基于此，应做好以下几方面的研究工作。

1. 研究住宅室内行为活动与人工照明光环境的关系

高质量的住宅人工照明光环境智能控制系统应该是建筑学专业、照明工程专业和自动控制专业技术的综合运用和高效整合，研究照明与住宅室内行为活动的关系是建筑学的范畴，是对行为学、人体工效学、建筑心理学、环境心理学的综合运用，是确定合理的人工照明光环境智能控制的前提条件。事实上，合理的照明控制策略应符合人的行为习惯和视觉习惯，智能化不等于控制的复杂化，在目前智能技术尚未成熟的时期，研究如何构建人工照明光环境的智能控制方法、满足什么样的居住形式和生活方式、照明如何适应外界环境的变化等方面的内容是必要的，而不是一味地追求面面俱到的高智能。

2. 研究住宅人工照明光环境质量

本书所研究的智能控制的主体是住宅，人工照明光环境质量应充分体现住宅的照明特性，而非办公环境下的特性，目前国内外学术界对住宅人工照明光环境质量的研究相对较少。提高住宅人工照明光环境质量是实现人工照明光环境智能控制的目的，也是照明工程及其建筑光学研究的范畴。具体研究方法是参考国内外现有的技术资料并结合问卷调查与现场测评的方式确定住宅人工照明光环境质量。问卷调查与现场测评是通过运用人工照明光环境质量语言差别分级量表，对抽样群体进行问卷调查与现场测评，再通过因素分析、相关分析等手段，确定光对人的心理影响程度，让被试者对人工照明光环境质量差别作出判断。总之，本书需要根据调查结果研究不同光量、光色等对人的生理和心理在不同环境下（如季节变化、日常生活、会客、团聚等不同气氛）的影响程度，并在照明科技和医学研究成果的基础上，利用模糊数学、层次分析法对人工照明光环境质量进行综合评价。

3. 研究住宅人工照明光环境智能控制

在住宅人工照明光环境的智能控制方面，本书将分别对基于现有技术和认识水平的住宅人工照明光环境智能控制及具有较高智能水平的住宅人工照明光环境自主型智能控制进行研究，前者符合当前的技术和认识水平的需求，具有实用性和市场推广潜力；后者则代表了未来住宅人工照明光环境智能控制的一个发展方向，具有前瞻性和潜在的应用价值。

自主型智能控制依赖于通过传感器、模糊神经网络的协同工作对人工照明光环境作出判断，而现有技术和认识水平的智能控制需借助人脑完成部分工作作出相应的判断。

1.4 拟解决的关键问题

（1）家庭行为活动如何对住宅人工照明光环境产生影响？

（2）如何归纳和总结住宅人工照明光环境质量各因素，并且如何在住宅人工照明光环境智能控制中充分考虑这些因素？

（3）如何实现住宅的人工照明光环境的智能控制？

（4）用什么样的实验手段对住宅人工照明光环境的智能控制进行验证？

第2章 家庭行为活动对住宅人工照明光环境的影响

2.1　住宅人工照明光环境现状分析

为了较为全面地了解住宅室内人工照明光环境状况，笔者对重庆市及部分其他地区的 45 人进行了住宅照明现状的问卷调查，其中多数是 1997 年后装修的个人所购住房或集资房，住宅建筑面积在 70 ~ 140m^2 之间，且普遍具有 4 ~ 12 年的使用期，问卷调查结果反映了住户对人工照明光环境状况的如下要求。

2.1.1　不同年龄段对人工照明光环境状况的要求有所不同

1. 老年人对照明的明亮水平要求高于年轻人。

2. 年轻人对照明的艺术效果需求高于中老年人。

3. 各年龄段普遍要求具有灵活的照明控制方法，但侧重点不同，一般老年人希望控制方式便于记忆和识别，且控制方便、节能；年轻人对照明的场景变化及照明的艺术表达力等方面的控制要求较高。

4. 年轻人更希望照明具有体现不同气氛的场景变化功能。

5. 白炽灯的使用量大于荧光灯（包括紧凑型荧光灯）的使用量。

6. 中老年人对于灯光的显色性要求高于年轻人，对灯具产生的眩光比年轻人敏感。

7. 不同年龄段都具有较强的节能意识，中老年人的意识高于年轻人，但普遍对光源的选择缺乏科学的认识。

2.1.2　缺乏住宅人工照明光环境的科学设计

近几年，新建的住宅要求配电线路到户即可，不作灯具的具体定位布置，给用户二次装修提供了认真考虑设计人工照明光环境的机会。然而，由于我国目前缺乏照明设计的专门人才，装修设计人员大多不具备照明技术和照明艺术的综合修养，照明设计随意性、盲目性较大，且不节能。

2.1.3　对老年人和未成年人所处的人工照明光环境重视不够

在调查中，拥有老年人的主干家庭（两代以上，每代只有一对夫妇）的客厅人工照明光环境格调以年轻夫妇为主体，对老年人和未成年人的关注不够。老年人单独居住的家庭照度偏低，这种原因与老年人平日节俭有关，但同时也反映出老年人对日常人工照明光环境状况缺乏足够的重视。

未成年人的眼睛尚未发育定型，极易造成近视，客厅照度偏低或偏高、眩光、房间各表面亮度分配不合理、荧光灯的频闪现象、LED 裸灯的蓝色光谱成分等都不利于未成年人视力的健康发育。

2.1.4　卫生间人工照明光环境状况不满意程度较高

在调查中许多人喜欢在卫生间排便时坐在坐便器上看报纸或杂志，他们普遍认为照度较低。事实上这种习惯虽然不好，但卫生间阅读是放松心情、调节工作和学习压力的一种好的方法。此外，人们普遍对夜间去卫生间排便（起夜）的灯光过强感到不适。

2.1.5 厨房人工照明光环境状况不理想

大多数厨房只设一般照明，且照度不高，没有充分考虑烹调操作时对局部灯光的补充。

2.1.6 缺乏高效率的控制手段

有些家庭开关布置不合理，甚至开关位置与家具布置相冲突，不便于操控，有些多联翘板开关控制大量的灯具（吊灯、吸顶灯、射灯、壁灯等）照明，经常出现误操作，给室内照明带来不必要的麻烦，还有些控制开关与人的主要活动区域的控制距离太远，不便于控制。

2.1.7 缺乏对灯具有效的维护

不重视照明使用后期光效衰减问题，究其原因，在于住户对电光源和灯具缺乏良好的后期维护，人们由于懒惰、节俭的心理因素影响，一般电光源不到彻底损坏几乎不去清洁和更换，甚至有些灯具坏掉也懒于更换。

2.1.8 缺乏有效的节能措施

全球照明用电占到总用电量的19%，我国照明用电占全社会用电量的13%左右，对于一个普通的家庭住宅来说，家庭照明消耗的电量在其中占据了一个很大的比重。这里面，浪费掉的电量也是一个极为可观的数字，这还仅仅只是一户人家的用电，中国乃至全世界亿万个家庭，长年累月下来，浪费掉的电量可以说是一个足以让人瞠目结舌的数字。对于住宅来说，想要节约家庭照明用电，对储藏室、卫生间之类的不经常照明区域，就要做到“人来灯亮，人走灯灭”，同时，也要能够配合自然光光照调整电灯光照强度，使其在满足家庭光照需要的同时，尽可能节约能源[7]。

2.2 公共行为活动对客厅人工照明光环境的影响

2.2.1 客厅空间的使用特点

对于上班族来讲，白天在家的天数约占全年总天数的四分之一，通常客厅是他们主要的活动空间；而老年人、婴幼儿，则一年中在客厅活动的时间更长；即便是学生，他们在寒暑假、双休日也有相当一部分时间在家中度过，主要活动空间也是在客厅。在白天，客厅的使用频率比卧室高得多，即使在晚间就寝前，也是如此。自从重庆市实施朝9（时）晚5（时）的上下班作息时间（午休时间减少）以来，客观上延长了家庭成员晚间在住宅内活动的时间，进而也增加了他们对客厅的占用时间，同时，晚间的照明时间也有所延长。

客厅已是现代住宅中的活动中心，是住宅中的公共空间，是家庭娱乐、休闲、交谈、团聚以及会客的场所。近年来居住者对客厅的面积要求有不断扩大的趋势，也反映了他们对客厅功能要求日趋复杂化、现代化、舒适化的特点。客厅的空间使用特点主要体现在以下几个方面。

1. 家庭团聚与会客

据有关资料对全国 9 个大城市 752 户的综合调查，晚饭后家庭团聚频率每周 3 次以上的达 78.5%，1~2 次的达 18.1%，总和为 98.2%；亲友来访频率每周 1 次以上和每月 1~2 次各为 40.5% 和 50.1%。以上活动主要集中在客厅内，约占总次数的 72.3%。近年来家庭户型结构发展状况是核心家庭户增多，但是家庭成员角色呈现多元化，隔代抚养现象明显 [8]，这意味着两代核心家庭围绕隔代抚养产生的家庭聚会交流的时间增多。

2. 静态活动

一些住宅虽面积较小但使用功能较多，少数客厅有工作学习、单人睡眠或留宿客人的行为，同时还有一些家务活动。

3. 客厅为家庭装修的重点

客厅是家人的活动中心，合理的装修使之更具有亲切、温暖、富于人情味的气氛。客厅又是一个家庭的窗口，在这里人来客往，它的装修品位在很大程度上能表现出主人的精神境界。

2.2.2　家庭户型与客厅照明的关系

所谓户型，就是家庭的人口结构。在住宅照明方面，户型不同反映了家庭对照明需求的差异，这种差异表现在不同年龄、不同职业、不同性别等对照明的需求方面，如老年人与年轻人的差异、未成年人与成年人的差异等。客厅是家庭交往与活动的中心，根据户型结构合理地设计客厅的照明，能够满足不同家庭成员对人工照明光环境、照明控制等方面需求的差异。

从户型结构看，目前我国常见的户型有单身户；夫妻户；核心户（一对夫妇及其未婚子女）；主干户（两代以上，每代只有一对夫妇，如老年夫妻 + 青年夫妻 + 第三代未婚子女）；联合户（一代中有两对夫妻）以及其他户型。夫妻户 + 核心户占家庭户型的大部分（66.5%），对这一类型家庭的照明设计要兼顾父母与未成年子女照明需求的差异（对于夫妻户要考虑今后有子女时的人工照明光环境状况）。拥有老年人的主干家庭所占比例也相当高（24.2%），同时，与子女合住也是老年人对未来居住方式的主要选择之一 [9]，因而对这一类型家庭的照明设计除考虑年轻夫妻和未成年子女外，还应考虑老年人的照明需求。

2.2.3　行为活动对客厅人工照明光环境的影响

1. 根据客厅行为活动的分类确定照明

人们在客厅内的活动大致分为：

（1）生理行为：如就餐、喝茶。

（2）家务行为：如育儿、扫除、编织、熨衣等。

（3）文化行为：如阅读、看电视、学习等，据有关资料对部分家庭的统计，在客厅有工作、学习行为的家庭占 21%，每户平均 3.2h/ 天，约 1/3 的家庭把工作、学习行为作为客厅行为非常重要的一部分 [10]。

（4）娱乐行为：弹琴、手工制作、游戏、鉴赏、玩麻将、与宠物玩耍等。

（5）社交行为：谈话、会客、家庭团聚等。

根据以上 5 种行为对照明的需求，可以把客厅照明分为 5 种照明方式。

1）日常照明

室内平均照度不宜太高，以室内主要活动区域平均照度 100 ~ 150lx 为宜[11]，如就餐、喝茶、育儿、扫除、休闲等。有时季节因素也会影响照度的取值。

2）会客照明

在问卷调查中，笔者请 45 位被访者对做客朋友家时所处人工照明光环境进行评价，认为主人家客厅的灯光艺术表现力较为重要，这和日常照明的要求是不同的。一般照明与局部照明的合理搭配能够吸引客人对客厅的装修风格以及主人生活情调的欣赏，而较明亮的光环境，能够为主客间交流创造良好气氛。通常灯光的艺术表现力体现在被照物的立体感、灯光的明暗对比等方面，会见客人时，室内明亮程度以平均照度 150lx（暖色调）或 200lx（冷色调）为宜[11]，若考虑到季节变化因素，还可适当提高。

3）团聚照明

团聚照明不同于会客照明之处在于，会客以平静的交流为主，而团聚以聚餐、聚会交谈和热闹的娱乐活动为主。由此可见，保持一个较亮的光环境有利于人们彼此交流和创造良好的活跃气氛。通常，团聚时的室内平均照度以 250 ~ 350lx 为宜[11]，有些场合需要更高的照度。

4）精细作业照明

客厅行为活动中有一些精细作业行为需要增加工作面的照度，如熨衣、阅读、学习、弹琴、手工制作、游戏、鉴赏、玩麻将等。通常在一般照明的情况下增加局部照明，如沙发旁设置落地灯为阅读、手工制作等照明，麻将桌旁设置可升降的灯具照明，照度宜在 250 ~ 350lx[12]。

5）看电视照明

詹庆旋教授对 200 户家庭的统计资料表明，看电视是夜晚家庭活动中占用时间最多的活动（表 2-1）[13]。看电视时的光环境需要相对较低的照度水平，以室内平均照度 50lx 为宜[11]，建议取 30 ~ 75lx，当看电视的同时伴随着其他行为活动时，应兼顾其他活动的照度需求，此时照度可根据需求适当调高。当看家庭影院时，还可以把照度调得更低些。

家庭日常活动占用时间排序 **表 2-1**

活动类型	看电视	休闲阅读	学习工作	家务	听音乐	会客
平均得分	2.30	2.78	3.05	3.14	4.88	5.16
排序	1	2	3	4	5	6

注：按时间长短，最长为 1，最短为 6。

许多拥有背投彩电的家庭已经不满足于把它当作普通电视机那样使用，而是力图追求家庭影院的气氛。当观看情节精彩的影碟片时，对人工照明光环境的要求也不同于观看一般的电视节目，国外有关机构对此作了全面的研究，美国国家电视标准（AVS，A Video Standard）和电视纲要（VE，Video Essentials）建议用浅灰色的墙面、顶棚，选用色温为 6500K 的荧光灯在电视机背后设置背光照明效果最佳，环境中各表面的亮度不能超过屏幕亮度的 10%[14]（图 2-1、图 2-2）。

2. 根据在客厅活动的时间划分确定照明

对于老年人、高校教师、家庭办公的自由职业者、放学后的中小学生等，一天中在家活动的时间较多，人们在不同时段对室内人工照明光环境的需求也不尽相同，根据行为活动时间和视觉特性可以分为以下五种状态。

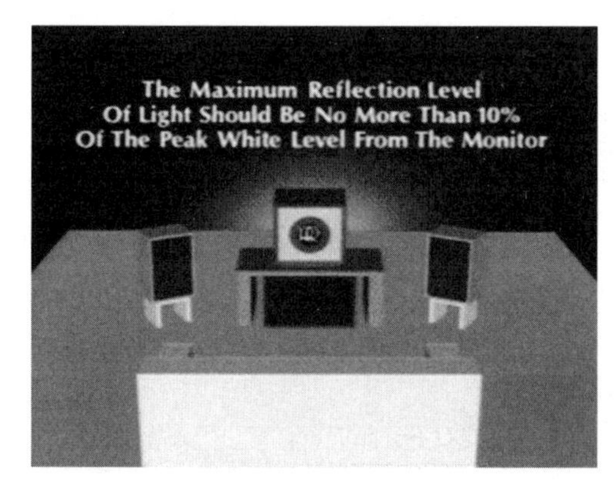

图 2-1　墙面的最大亮度不超过屏幕亮度峰值的 10%

图 2-2　灯光色温应在 6500K

（资料来源：Bill Cruce.A Video Standard 和 Video Essentials. TV Monitor Environment Lighting[EB/OL]. http：//www.cybertheater.com/Tech_Reports/Envir_Light）

1）补充天然采光不足的人工照明

对于任何给定的视野，眼睛的敏感度稳定在大致协调的适应状态，它起着一个参考标准的作用，当视野中个别对象具有比这个参考标准较高的物理亮度时，看起来就亮一些，而具有较低亮度的对象看起来就暗一些。当室内自然光线不足时，需要补充人工照明，此时的补充照明应以调整房间内各表面的亮度分布为主。Laurentin 在研究中发现 [15]，当室内靠近窗户部位的天然光水平照度大致保持在 500 lx 时，人们就会选择增加一定量的人工光源照射墙面，增加人工光源的照射并不是为了增加室内的照度，而是为了平衡室内各表面的亮度对比。在远离窗户的部位通过暗装灯增加水平照度时，250 lx（办公环境）相对低的照度便可达到较为满意的视觉效果，这主要得益于窗户产生的亮度对比影响减弱。尽管如此，考虑到节能因素，应根据室内气氛的需要、工作面的相对位置和窗户的亮度等因素选择人工照明的照度。当窗户亮度降低时，室内人工照明的照度可作相应调整。

有效的照明方式是在房间不能直接采光的深处开启几组灯，调节房间内的亮度分布，如墙面的壁灯、画框照射灯对提高墙面的亮度起到很好的作用。黄昏到傍晚，窗户的亮度渐渐降低，因而有必要对房间内的亮度进行重新分配，可以减弱非活动区内各表面亮度，增加活动区域内各表面亮度，但应保持一定的亮度对比。

2）晚间照明

这一状态包括了大部分晚间的家庭照明，如一般活动、看电视、会客、团聚、精细作业等模式，可根据不同的行为活动确定照明形式，这也是在后面章节中讨论的重点。

3）就寝前照明

据日本有关资料对 1732 人的上床、起床时间进行的调查显示，不同年龄段的人有自己的睡眠作息时间 [16]。

人类在长期进化中形成的日出而作、日落而息的习惯被工业社会的到来所打破，现代社会竞争激烈，导致人们的心理压力不断增大，提高 8h 睡眠质量，是保持第二天精力旺盛的基础。

夜晚 22：30（可根据每个家庭的作息时间而定）后家人将根据自己的作息时间陆续进入就寝前的准备阶段，适当地调暗灯光有利于降低心理的兴奋水平，从而保持一个高质量的睡眠状态。

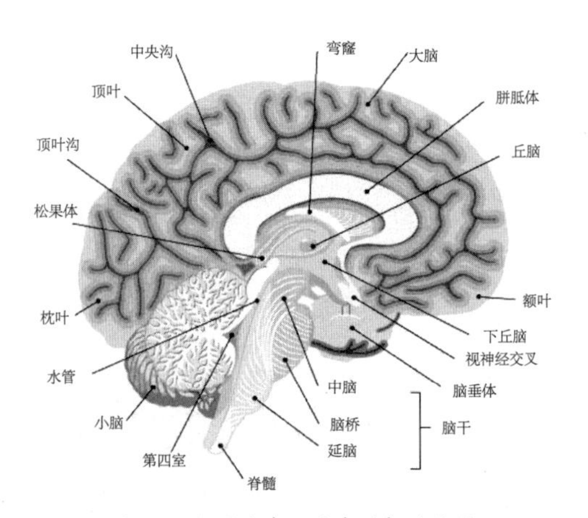

图 2-3 松果体在人脑中的相对位置
（资料来源：The Visual Dictionary of the Human Body[M]. *London*：*Dorling Kindersley*，1991）

另一方面，现代医学的研究表明，视觉系统不仅传递给大脑光的信号，而且把外界光环境的明暗信息传递给大脑的松果体，松果体位于颅内丘脑上后方，是一个仅有米粒大小的灰红色腺体（图 2-3）。松果体产生褪黑素进入血液、尿液、脑脊液、细胞内外液中，从而控制人的睡眠水平 [17]。褪黑素在体内的含量呈昼夜性的节律改变。夜间褪黑素分泌量比白天多 5 ~ 10 倍，清晨 2：00 ~ 3：00 达到峰值。Hakola 等对夜班工人唾液中褪黑素含量的研究结果，也证实了这种昼夜节律性变化。褪黑素生物合成还与年龄有很大关系，它可由胎盘进入胎儿体内，也可经哺乳授予新生儿。因此，在刚出生的婴儿体内也能检查出很少量的褪黑素，直到三个月大的时候分泌量才增加，并呈现较明显的昼夜节律现象，3 ~ 5 岁幼儿的夜间褪黑素分泌量最高，青春期分泌量略有下降，以后随着年龄增大而逐渐下降，到青春期末反而低于幼儿期，到老年时昼夜节律渐趋平缓甚至消失。光线的变化是外界环境中对褪黑素合成产生影响的最主要因素。其中，褪黑素分泌与黑暗期的长短成正比。因此，光暗周期通过对褪黑素合成昼夜节律性的影响而调整机体的内在生物钟节律（包括昼夜、季节律等）。在夜间光照可以抑制褪黑素的合成，并且，光照波长和强度均对褪黑素合成产生不同的影响作用，红色光对褪黑素的抑制作用最弱，而绿色光则对褪黑素的抑制作用最强，强光在瞬间即可抑制松果腺内褪黑素合成，而弱光则需要相对长的时间对其产生抑制作用。日本学者登仓寻宝发现白炽灯或红色荧光灯对褪黑素分泌的抑制能力较弱 [18]，并能达到较深的睡眠深度，因而，使用偏红色光谱的灯光照明有利于人们保持高质量的睡眠；而绿色和蓝色对褪黑素分泌的抑制能力较强，达到较浅的睡眠深度，因而，使用偏蓝绿色光谱的灯光照明不利于人们保持高质量的睡眠。Cardinali 等人对近紫外线、蓝、绿、黄、红光的研究表明绿色光谱对褪黑素分泌的影响最大。Brainard 等人的研究表明 500nm 波段蓝绿色光谱对褪黑素分泌的影响最大 [19]。冷白色、日光色、三基色荧光灯含有较多的蓝、绿色光谱，就寝前使用不利于睡眠。日本学者胜浦哲夫发现随着色温的升高，自律神经反应开始活跃，如心率变动加快、血压收缩压增大等，同时，中枢神经兴奋程度增大 [20]。

由此可见，就寝前采用较暗的人工照明光环境，选用色温较低的灯光有利于保持高质量的睡眠，如暖色 LED 灯、暖白色荧光灯等，就寝前若没有较多的行为活动，建议适当把灯光调暗一些。

4）深夜照明

笔者对 45 人进行的调查中，几乎所有的家庭在夜间去卫生间排便时使用正常亮度的灯光，其中 41 人认为这种灯光太亮，影响继续睡眠的质量。有些套型住宅的卫生间与卧室距离较远，夜间穿越客厅时主光源的亮度会使人的眼睛产生不适，尤其是老年人。因而从卧室、客厅到卫生间应设计夜间照明装置，合理地安排夜灯的具体位置，使家人夜间行走更方便，同时有利于提高继续睡眠的质量。

5）季节变化照明

大多数人对灯光的冷暖随季节变化方面有一定的要求，但人们的重视程度不够。实际上，对灯光冷暖的选择存在两方面的原因，一方面是心理感受，笔者对 12 户居民冬夏季的跟踪调查表明，冬季人们更希望选用暖色调的灯光，夏季选用冷色调的灯光。对于以暖色调灯光为主的家庭，到了夏天最热的日子时，夜晚照明往往采取降低照度水平的方式获得心理舒适感，导致人工照明光环境质量大大降低；另一方面是生理感受，白炽灯与荧光灯比较，发热量高得多（表 2-2），增加了室内的热量。有的被调查者这样描述荧光灯与白炽灯在冬季、夏季的照明心理感受，认为冬季荧光灯光色“惨白”，夏季白炽灯灯光“闷热”。由此可见，随季节的变化光色冷暖的合理调节有利于人们保持良好的心情。

荧光灯与白炽灯发热量比较　　**表 2–2**

	灯效率（lm/W）	综合效率（lm/W）	发热量	
			（kW /（1000 lm・h））	比值
荧光灯（40W）	80	64	13	1
白炽灯（100W）	15	15	57	4.4

注：综合效率包括镇流器损耗。

在美国的一些地区，由于季节变换，进入冬季阳光照射减少，有些人出现“季节性情绪紊乱”（SAD），或者称“冬日抑郁症”[19]，具体症状为：情绪明显低落、易发怒、显著疲劳、嗜睡、糖代谢增加等，此类症状与一般的抑郁症不同，一般抑郁症表现为无季节性倾向、失眠、食欲不振。这主要是因为日光摄取量减少导致体内荷尔蒙分泌变化而引起的生理反应，导致生物节律紊乱。这种症状多发生在青春期以后，妇女多于男子（5∶1），并且患者人数在各地区分布与某一地区冬日日照水平有关[19]。在美国的新罕布什尔州每年有 10% 的人患有季节性情绪紊乱，而在佛罗里达州仅有 2%，由此估算，有近一千万的美国人患有此症，二千五百万人怀疑有此症[20]。“季节性抑郁症”是一种常见的疾病，根据地区不同，患病情况也有差异，越往北边，患这种病的人就越多。在法国，有 1/10 的人患有这种“季节性抑郁症”，而在加拿大或斯堪的纳维亚，每两个人中就会有一个人是“季节性抑郁症”患者，女性又比男性更易患病[21]。我国地域辽阔，人口众多，所处纬度与美国相近，相信患有此症的人数相当庞大。

传统的方法认为用光疗法治疗这种症状只有在至少 2000lx 以上的强光照射下一定的时间才会产生光生物作用，这种高照度的光在国内的住宅照明标准中根本无法达到。但最近哈佛医学教育机构（Harvard Medical School）用核心体温衡量法（core body temperature as a marker）测得在 10 ~ 15lx 的稳定照度条件下，在给定时间内，在光的波动照射下核心体温的阶段性变化遵循与眼睛部位获得的照度均方根成正比的规律。由此可见，体温有效的阶段性变化可以发生在180lx这样照度较低的室内照明水平下[22]，而体温的变化将引起其他生物节律的变化。

根据以上分析，冬季客厅的照明除了适当调节灯光的冷暖外，还应提高室内人工照明光环境的照度，这将有利于调节人的生物节律，有利于改善冬季光线照射不足引起的心理和生理不适。照度提高的水平根据住户的经济状况和具体感受决定，以客厅一般照明的平均照度100lx为例，冬季可适当提高到150 ~ 200lx[22]，春秋季可提高到100 ~ 150lx。

2.3 私密行为活动对卧室人工照明光环境的影响

家庭私密空间包括主卧室、未成年人卧室（儿童卧室）、老年人卧室等。通常把主卧室以外的卧室称为次卧室，笔者认为这种称法有时并不合理，它忽略了对老年人（对于拥有老年人的家庭来说）与未成年人学习、睡眠、休闲环境的全面关注。设计人工照明光环境时应尽量考虑房间照明的均好性，尤其是对老年人和未成年人生活房间的精心设计，这将有利于保持老年人的身心健康，有利于儿童视力的健康发育和身心的健康成长。

当住宅内居住人口较多时（如主干家庭、联合家庭等），卧室往往成为会客、娱乐等活动的第二客厅，因而对于这一类卧室的灯光设计除考虑私密活动外，还应适当考虑部分公共活动的功能。

2.3.1 主卧室的人工照明光环境

据有关资料调查显示，主卧室除了私密活动外，在此交往会客还是较频繁的[23]。随着“大厅小卧”套型的发展，以及住宅新功能房间的增加（如工作间、健身房、多功能室等），在卧室会客的机会将会逐渐减少，因此，应根据住宅套型特点、家庭行为习惯、职业爱好等实际情况进行针对性设计。

1. 根据在主卧室的行为活动对人工照明光环境进行分类

通常，主卧室有以下几种行为活动：睡眠、看电视、躺在床上阅读、化妆、休闲、工作或学习、家务、手工制作等。根据这些行为活动可以把客厅照明分为三种状态。

1）一般照明

室内平均照度不宜太高，以室内主要活动区域平均照度50 ~ 75lx为宜，如休闲、一般性家务等。

2）看电视照明

当躺在床上看电视时，眼睛观看电视与周围环境时与坐、立姿势有所不同，其视角会发生变化，应避免眩光的产生，同时还应考虑环境以及背景的亮度分布，室内照度宜在30lx以下，当夫妻双方作息时间不同时，睡觉较晚的一方还应把灯光调暗一些。

3）精细作业照明

如阅读、伏案工作、学习、操作电脑等，这时应在相应的位置安装局部照明用灯具，照度可控制在300 ~ 500lx（《健康住宅建设技术要点》（2002年修订版）），床头阅读照度可适当降低，以200 ~ 300lx[12]为宜。

2. 根据在主卧室的行为活动时间对人工照明光环境进行分类

1）晚间照明

通常家庭成员大部分活动时间发生在客厅，此时的卧室基本是无人活动的，当他们需要各自做一些相对私密的事情时，这一阶段会把主要活动安排在卧室。这种私密空间的平均照度应适当比客厅同一照明状态下略低，夏季一般可控制在 50 ~ 75lx[12]，冬季可适当提高，建议控制在 100 ~ 150lx，春秋季可根据需要介于二者之间。

2）睡前照明

这一阶段的卧室照明非常重要，因为多数家庭成员晚间在客厅完成主要活动后，开始进入就寝前的准备阶段，因而卧室会逐渐成为主要活动空间，为提高入睡后的睡眠质量，这一阶段应适当调暗房间内的灯光，建议照度控制在 30 ~ 50lx。

3）深夜照明

深夜去卫生间排便时，尽量避免开启主光源，最好的方法是开启夜灯，减少对继续睡眠的干扰。

4）冬季起床唤醒照明

到了秋、冬季天亮得较晚，起早上学或上班的人往往感觉起床时精神不足，这是因为冬日的早晨人体缺少光的照射，体内的褪黑素浓度不能迅速降低，导致清晨起床没有精神。国外许多厂家及科研机构根据褪黑素控制人体生物钟这一原理，模拟夏天早晨天渐渐放亮的感觉发明了黎明模拟灯。事实上，这种灯的工作原理并不复杂，它是通过微电脑控制灯光的强弱（最好为全光谱灯）。通过对常规灯具的智能控制也能达到这一目的，使每天在设定的起床时间前逐渐增加照度，通过灯光照射人体，使体内的褪黑素含量发生变化，从而自动调节生物钟，达到轻松起床的目的。同时，还有助于增强体能、调节情绪、改善睡眠质量、提高工作效率。根据 D.H. Avery 的建议[22]，灯光可在黎明起床前的 90min 内缓慢地增加枕边的照度直到达到 250lx（局部照明）。

2.3.2　未成年人卧室的人工照明光环境

光对于未成年人视力的健康发育起着举足轻重的作用，我国现行的住宅照明标准基本上是根据成年人的视觉特征制定的，住宅照明大多以成年人的视觉特性进行设计，由于一些住宅照明缺乏科学性和合理性，使居室的灯光布置对未成年人视力的健康发育产生不利影响。

通常，根据身体发育状况，把不满 18 岁的人称为未成年人，根据他们年龄增长的不同阶段针对性地进行室内人工照明光环境设计，对生理的健康发育和心理的健康发展以及减少斜视、近视、弱视的发生均有较好的促进作用[24]。

1. 未成年人的视觉和心理特性

根据人工照明光环境的需求特点，可以大致把未成年人的视力发育分为三个阶段，即新生儿及婴儿期、幼儿及学龄前期、学龄及青春期。

1）新生儿及婴儿期

光线的强弱对新生儿（出生后 28 天）及婴儿（出生后 28 天 ~ 1 岁）视觉系统的健康发育起着关键作用，

尤其是对早产儿（怀孕期少于40周）更为重要。医学研究表明[25]，由于孕期内胎儿的眼睛尚未发育成熟，恒定、过强的光对他们的眼睛产生的危害比对发育成熟的新生儿更大，如窗户射进的自然光线以及人工光源的直射光线等。

通常婴儿的眼睑能够透过38%的白光[25]，这说明他们在强光下睡觉时眼睛仍然可以接收到很强的光线，因此应根据婴儿的睡眠周期、体温周期、哺乳周期提供循环、变化的天然光环境和人工照明光环境。

有关医学病例表明，光线过暗对婴儿的眼睛发育也不利，这样易造成婴儿眼底受光不足，严重时会造成弱视。因而从新生儿到婴儿获得渐渐增强且尽量减少直射的光照有利于他们的眼睛发育。

从光对非视觉影响因素来看，现代医学表明，在富含蓝色和紫外波长光谱的光照射下，新生儿生理性黄疸消退较快，因而采用荧光灯间接照明（避免直射新生儿的眼睛）有利于新生儿的肤色的恢复[25]。

2）幼儿及学龄前期

该年龄段大致为1～6（或7）岁。幼儿到1～3岁时，手眼的协调能力和视深度增加，3岁以上的儿童视觉功能发展很快，眼睛的生长渐趋完成，向成人屈光靠近。

这一时期的儿童在住宅内的玩耍活动往往在大人的视线范围内，有时边看电视边玩耍。有的儿童3岁以后会单独拥有一间自己的卧室，灯光过暗会使他们产生一种恐惧感。父母应充分考虑未成年人在玩耍和休息时对人工照明光环境的视觉和心理需求。

3）学龄及青春期

该年龄段大致为6（或7）～18岁，视觉功能的发育水平越来越接近成年人，未成年人在这一时期看近物的时间增多，如看电视、学习、电脑操作等，视网膜接受刺激的机会不断增大，极易患近视眼。进入青春期，眼睛屈光度增加的速度到达高峰期，因而到了中学阶段近视眼人数呈急速增加的趋势。

同时，学龄及青春期的少年心理上的独立性不断增强，更愿意在住宅内自己的小天地学习和玩耍，父母应为他们创造良好的学习、娱乐、交往空间，他们居住房间的人工照明光环境应充分考虑有利于保护视力并体现个性发展的特点。

2. 未成年人居室的人工照明光环境

1）新生儿及婴儿人工照明光环境

在我国，新生儿及婴儿大多与父母在同一卧室生活，因而父母卧室的人工照明光环境对未成年人的影响很大。

（1）采用窗帘系统遮挡窗户，以减小白天窗户的亮度，但不应完全遮蔽，否则会影响小孩的生物节律及视觉发育。由于窗户过亮，使观看时眼睛承受过强的光刺激，并引起婴儿眼睛的追光反应，可能会导致婴儿长时间的斜视或长时间保持一种姿势的侧卧，从而使两眼受光不均匀，对身体和眼睛发育均产生不利影响。

（2）采用间接照明。新生儿和婴儿的眼睛对直射光的承受力较差，而且他们缺乏自我保护意识。

（3）根据新生儿和婴儿的睡眠周期、体温周期、哺乳周期提供循环、变化的自然光环境和人工照明光环境。

（4）改善房间各表面亮度对比，减少亮度的突变。

2）幼儿及学龄前期人工照明光环境

这一年龄段的未成年人具有很强的求知欲和探索欲，有条件的家庭最好为他们设置单独的卧室，以便培养他们独立的性格。但父母同时也担心儿童独处会造成心理上的恐惧，或者由于自我保护能力较差而造成不必要的受伤等。

根据儿童行为、视觉和心理特征，可以把儿童卧室的照明分为两种状态。

（1）玩耍照明

儿童卧室的设计要考虑睡眠区的安全性和充足的游戏空间，父母应充分重视这两个区域的照明，和家中的其他地方一样，儿童卧室也适合采用一般照明结合局部照明的混合式照明方式。房间内的主要光源最好是来自于顶棚的吸顶灯或墙上的壁灯，为了消除房间内儿童独居的恐惧感和保持玩耍时良好的光线，房间一般照明的照度应适当比成年人房间的照度略高。由于我国现行标准规定适用于成年人，参照国外的照明标准（英国的 CIBSE，1994 年）建议平均照度适当提高到 75 ~ 100lx，最好在沙发旁设置可移动式落地灯，局部照度可达 300 ~ 500lx。随着年龄渐渐增大，可以对房间原有的人工照明光环境进行调整。

（2）深夜照明

有些儿童夜晚睡觉时对室内过暗的光环境会产生恐惧感，可在墙面的适当位置安装几盏壁灯，壁灯应安装调光器，这可以帮助儿童逐渐适应黑暗或在较低照度的光环境下睡眠。壁灯尽量采用间接照明的方式，避免眩光影响儿童的睡眠。同时，也可以在适当的位置安装夜灯，并确保在整夜开启的情况下不影响睡眠。

3）学龄与青春期的人工照明光环境

目前，中小学生视力下降的原因很多，其中一个重要原因是，在照明光源下长时间近距离阅读造成眼睛疲劳，而用眼过度疲劳会加重眼调节肌的负担，当肌体不能及时制造足够数量滋养眼膜和眼球的液体，眼睛处于“干渴”状态时，就会造成调节痉挛，进一步发展就是近视。现代医学称之为“光源性近视”。为中小学生创造一个良好的人工照明光环境有利于他们的视力健康发育，同时也有利于保持良好的心理状态。

（1）一般照明

这一年龄段的未成年人为中小学生，他们的居室除应具有良好的自然光线外，还应根据生理特点，进行科学的照明设计，居室一般设睡眠区、学习区、娱乐区和储物区，这些区域也可兼而用之，房间一般照明的照度应适当比成年人房间的照度略高，参照国外的照明标准（英国的 CIBSE，1994 年）建议平均照度以 75 ~ 100lx 为宜。

（2）学习照明

该模式采用局部照明结合一般照明的方式，局部照明的灯光应考虑来自书桌左上方，以获得良好的照度以及保持舒适的阅读姿势。学习时，视野中的环境应有一定的照度，可用壁灯间接照明方式作为环境照明，结合台灯 300 ~ 500lx 的局部照明能够达到较理想的人工照明光环境。

（3）视频显示终端照明

由于电脑与数字化教学方式的普及以及宽带网的发展，越来越多的中小学生的房间内拥有自己的电脑，因而要充分重视视频显示终端（VDT，video display terminal）的人工照明光环境要求，视频显示终端主要有阅读或书写源文件、识别键盘符号、阅读显示屏（CRT）等。对于偶尔阅读来说，速度和准确度可能是不重要的，但当持续性地阅读时，它们却是重要的[26]，特别是纸质文件和显示屏之间的频繁性视觉切换工作，因此需要良好的照明光环境质量，包括工作面水平面照度和显示屏的垂直面照度。

（4）床头阅读照明

许多中小学生喜欢在床上阅读，除应注意良好的阅读姿势外，还应充分考虑床头阅读的照度，应保持阅读工作面与环境照度间的关系，可选用壁灯间接照明方式作为环境照明，结合一盏能够自由调节照射方向、角度和亮度的40W折杆式床头灯，局部照明调至300～500lx能够达到较理想的人工照明光环境。

（5）深夜照明

调暗壁灯的亮度，使房间内平均照度控制在5lx以下，可以当作夜灯使用（同幼儿及学龄前期深夜照明），也可以在适当的位置安装夜灯。

2.3.3 老年人卧室的人工照明光环境

国际上有标准规定：60岁以上人口占总人口的比例达到10%或65岁以上人口占总人口的比例达到7%表明这个国家已进入老龄化社会，2000年年末我国已经进入老龄化社会。今后，我国进入老龄化的速度将进一步加快，2010年65岁以上老年人占全国总人口的8%，2020年将达到11.3%。

从居住状况来看，老龄化是目前乃至未来全社会普遍关心的问题，国家建设部和民政部联合签发了行业标准《老年人建筑设计规范》（JGJ 122—1999），该规范就目前对老年人生活的全面关注深度有待增强，例如在室内照明领域的规定几乎是空白[27]。

1. 照明对老年人生理和心理的影响因素

1）老年人的视觉特征分析

（1）视网膜功能衰退

随着年龄的增加，特别是超过40岁，人眼视网膜视觉细胞和视神经纤维减少，导致视网膜的功能开始衰退，使眼睛对光的感觉减弱，特别是对周边视觉的感觉影响更大。完整的图像传递到视网膜时由于产生散光和变形导致图像效果衰减。

（2）水晶体硬化

看近物时，由于水晶体收缩，睫状肌紧张，从而牵引了晶状体周围的睫状韧带放松，增强了屈光力，年轻人的晶状体弹性好，对近物的成像较好。随着年龄的增长，水晶体硬化，聚焦的近点距离变远，因而近物的成像变得模糊，人到了42岁，这种趋势越来越明显，俗称“老花眼”。

（3）水晶体的透光能力减弱

老年人眼睛的角膜和水晶体慢慢地变成浅黄色，成为短波光的过滤器，蓝色和绿色光谱过滤后，传递到远端视网膜部分的总量减少了，因而大脑识别蓝色和绿色的能力减弱，老年人的“夜盲”现象发生率较高。

随着年龄的变化瞳孔收缩状况　　表 2-3

年龄（岁）	白天（mm）	夜晚（mm）	差值（mm）
20	4.7	8.0	3.3
30	4.3	7.0	2.7
40	3.9	6.0	2.1
50	3.5	5.0	1.5
60	3.1	4.1	1.0
70	2.7	3.2	0.5
80	2.3	2.5	0.2

（4）瞳孔变小

当瞳孔收缩时，允许少量的光进入眼睛，表 2-3[28] 显示了随着年龄的变化瞳孔收缩功能的变化，由于睫状肌的老化，瞳孔的尺寸适应光的变化能力减弱。到了 80 岁瞳孔白天和夜晚的收缩差接近于零，这意味着在低照度的光环境下老年人的视力存在很大障碍。60 岁时人眼对光的感受只有 20 岁时的 33%，到了 75 岁，只能达到 20 岁时的 12%[28]。

（5）对比灵敏度

对比灵敏度是分辨空间内相邻区域的能力，随着年龄的增大，角膜、晶状体、玻璃体调节能力减弱，不能快速地分辨观看区域足够的对比和细节，导致对比灵敏度下降，因此，对于目标和背景的区分，老年人需要更加清晰的边界和更大的对比度。把 20 岁作为基准，为保持同样的可见水平，到 60 岁时目标和背景区域的对比度达到 2，并且对比灵敏度衰退速度加快，80 岁时达到 6（图 2-4）[28]。

（6）对眩光的敏感

对于老年人来说，除了对直接照射的灯光和表面反射过亮的光产生眩光外，还由于光进入眼睛不能很好地聚焦而产生光影浮动。同时，人到了 50 岁，由于水晶体和视网膜功能的衰退，眼睛受到眩光影响后的恢复能力减弱。

（7）视野减小以及视觉深度减弱

老年人由于有不同程度的驼背，视觉注视点与年轻人相比略微向下偏移，再加上周边视觉下降，导致视野减小，有时对眼前的物体视而不见。视觉深度的减弱表现在老年人观察物体的距离和立体感的能力下降，不能准确地判断物体的远近和高低，其中对比灵敏度的降低使物体间的对比和物体的边界变得模糊，也是导致视觉深度减弱的原因。

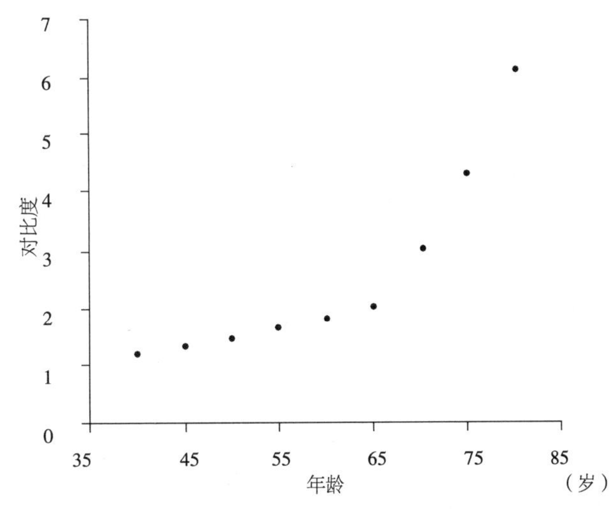

图 2-4　不同年龄获得同样可见水平对比系数（20 岁为 1）

（8）眼睛病变

过量吸烟、糖尿病、高血压、动脉硬化、心脏病以及过量紫外辐射等原因，会引起老年人眼睛白内障、青光眼、视网膜中央动脉栓塞、视乳头缺血等症状的发生，导致眼睛对周围环境的识别能力下降。

2）老年人的行为活动分析

步入老年后，闲暇时间增多了，随着年龄的增长，生理能力的衰退（特别是行走能力），滞留在家里的时间增长。国际上将 65 岁以上的老年人定为需要社会提供服务，并获得关照的界限。根据老年人健康行为特征，可将老年人分为四个年龄段：健康活跃期（60 ~ 64 岁）、自理自立期（65 ~ 74 岁）、行为缓慢期（75 ~ 84 岁）、照顾关怀期（85 岁以上）。

75 岁以下的健康老人，其行为是积极的，一般对生活、家庭和社会都有很高的热情。他们的业余爱好具有广泛性，从调查项目选择中看，其爱好次序为看电视、阅读、宠物花草、音乐、书画、聊天等，往往这些功能集于一室，由此可见，老年人的卧室有时兼客厅和卧室的功能。据调查，老年人每天在客厅的滞留时间一般为 2 ~ 3h，而在自己卧室的时间为 8 ~ 14h，他们需要自己卧室的内部空间具有一定的弹性，在卧室内不但要睡眠、休息，而且要完成轻微、简单的家务活动，以及与亲友、子女的交往，回避家庭中某些不便介入的场面等[29]。这一年龄段老年人卧室也应具有客厅和卧室的人工照明光环境特征，应体现安全、舒适、健康、便利、艺术效果等方面。

75 岁以上的老年人与外界交往的时间逐渐减少，生活上逐步需要他人的护理。对人工照明光环境的要求体现在安全、舒适、健康、便利等方面。

3）老年人睡眠与光照分析

1998 年日本的一项全国调查结果显示，约 700 万人有各种类型睡眠障碍，且随年龄增加而发病率增加，70 岁以上老人，每 5 人中有 1 人需治疗睡眠障碍[16]。老年人入睡中途易觉醒，即所谓睡眠维持障碍，其原因是白天身体活动减少，人脑的高级功能使用频率降低，故夜间不需要深度睡眠。随着年龄的增大，松果体分泌的褪黑素逐渐下降，到老年时达到最低水平。同时，一些老年人过少的户外活动使他们白天接受光线照射不足（至少应在 3000lx 日光下活动 1h 以上），导致褪黑素分泌不能恢复到与健康年轻人相同的水平。

4）照明对老年人心理因素影响的分析

目前，老年人居住环境照度普遍偏低，不仅对老年人的视觉状况产生不利影响，而且影响到老年人的心理健康，Stefan Sörensen 博士对一组改善居室照明条件和另一组维持原有居室照明条件的老年人 5 年来进行的对比研究表明，在记忆力、亲情交往、朋友交往、其他交往、食欲、身体条件、孤独感、自信心、脾气、焦虑、整体健康状况等 11 项指标中，前三项指标接近，后八项指标改善组优于维持现状组[30]。由此可见，居室内照明光线的强弱能够影响到人的心理变化，因此，适当提高老年人生活环境的照度值有利于老年人的身心健康。

2. 老年人卧室人工照明光环境特征

由于老年人卧室兼有客厅和卧室的功能，因而卧室的人工照明光环境也应兼有客厅与卧室功能的特性。但老年人的生理、心理与年轻人存在着很大的差异，在考虑人工照明光环境因素时应体现以下几个方面。

1）提高室内照度

老年人需要更多的光，特别是观察亮度对比度较小的目标，日本学者横田健治经研究给出了老年人居室的人工照明光环境在不同视觉情况下相对于年轻人的照度增加水平[31]。结合《建筑照明设计标准》（GB 50034—2013）关于住宅照度的规定，对老年人居住环境的照度水平进行以下分类（表 2-4）。

2）改善房间亮度的均匀性

老年人的眼睛对从亮的环境到暗的环境或者从暗的环境到亮的环境的适应能力较弱，应避免光的亮度突变。根据横田健治的研究（见表 2-4），对于照度较低的人工照明光环境，其照度值增加的幅度适当大一些，而照度较高的人工照明光环境，其照度值增加幅度相对小一些，以避免由于亮度均匀性降低而导致对光的适应能力减弱。

老年人住宅照度推荐值　　**表 2–4**

<table>
<tr><th>老年人照度提高范围</th><th colspan="2">区域</th><th>照度标准值（lx）</th><th>老年人推荐值（lx）</th></tr>
<tr><td>深夜照明的 5 倍</td><td colspan="2">深夜去卫生间</td><td>2 ~ 4*</td><td>10 ~ 20</td></tr>
<tr><td>交通区域的 3 倍</td><td colspan="2">门厅、过廊</td><td>1 ~ 10*</td><td>3 ~ 30</td></tr>
<tr><td rowspan="5">约一般照明的 1.5 倍</td><td rowspan="3">一般活动</td><td>起居室、客厅</td><td>100**</td><td>150</td></tr>
<tr><td>卧室</td><td>75**</td><td>100 ~ 150</td></tr>
<tr><td>书房</td><td>75 ~ 100</td><td>100 ~ 150</td></tr>
<tr><td colspan="2">餐厅、厨房</td><td>100 ~ 150**</td><td>150 ~ 250</td></tr>
<tr><td colspan="2">卫生间</td><td>100**</td><td>150</td></tr>
<tr><td rowspan="3">约局部照明的 2 倍</td><td>起居室、客厅</td><td>书写、阅读</td><td>300**</td><td>500（建议值 600）</td></tr>
<tr><td>卧室</td><td>床头阅读</td><td>150**</td><td>300</td></tr>
<tr><td>书房</td><td>书写、阅读</td><td>300</td><td>（建议值 600）</td></tr>
</table>

* 横田健治 • 高齢者の為の住空間け於る推奨照度 • 照明学会誌 •Vol.79.No7.1996 .pp37

**《建筑照明设计标准》（GB 50034—2013）。

3）避免产生眩光

应采用多光源照明来达到较高的照度，为增加照度的均匀度和避免眩光，不宜采用单个过亮的光源照明，同时还应做好灯具的遮光处理，最好适当地考虑一些间接照明。

4）选用显色性好的电光源

老年人对色差的识别能力减弱，对于色调较接近的色彩，如红色和橙色、蓝色和绿色区分能力减弱，选用显色性较好的电光源有利于老年人对室内色彩的正确分辨。白炽灯的显色性较好，但由于它不节能，因而宜用显色性较好的荧光灯作为房间一般照明，白炽灯作为局部照明。当然，老年人居住环境的照明应注意光色的搭配，最好考虑布置 2 ~ 3 个层次冷暖搭配的灯光组合，并具有调光功能，以便根据不同季节、不同心情、不同视觉需要进行调节。

3. 老年人卧室的人工照明光环境

1）根据老年人在卧室的活动行为对人工照明光环境进行分类

（1）一般照明

室内平均照度不宜太高，根据表 2-4 的建议值，以室内主要活动区域平均照度 100 ~ 150lx 为宜，如休闲、一般性家务等。当卧室兼有一部分客厅功能时，平均照度可提高到 150 ~ 200lx，冬季可适当增加照度[22]，平均照度可提高到 250 ~ 300lx，春秋季可介于二者之间。

（2）看电视照明

当躺在床上看电视时，眼睛观看电视与周围环境时与坐、立姿势有所不同，其视角会发生变化，应避免眩光的产生，同时还应考虑环境以及背景的亮度分布，室内照度宜在 50lx 以下，当夫妻双方作息时间不同时，睡觉较晚的一方还应把灯光调暗一些。

（3）会客照明

会客时，室内明亮程度以平均照度 150 ~ 200lx 为宜，夏季适当低一些，春秋或冬季适当高一些。

（4）精细作业照明

通常在精细作业时用一般照明和局部照明相结合的方式，应避免眩光的产生，照度宜控制在 500 ~ 600lx（为主卧室书写、阅读照度的 2 倍，见表 2-4）。

2）根据在卧室的行为活动时间对人工照明光环境进行分类

同主卧室分类相同，老年人卧室照明同样分为以下三种状态。

（1）晚间照明

（2）睡前照明

（3）深夜照明

深夜照明对老年人显得更为重要，由于老年人肾功能衰退，特别是一些老年男性前列腺增生，夜间起床排便的次数多于年轻人，这样，过强的灯光会影响他们的睡眠质量，夜灯是老年人卧室必不可少的照明装置。

2.4 学习工作行为对书房人工照明光环境的影响

2.4.1 书房的功能分析

书房是主人学习、阅读、工作和娱乐的空间，现代书房不仅仅作为阅读、学习空间使用，工作、休闲、娱乐已成为书房的重要功能。随着科技的发展，越来越多的人把家当作自己的办公室。这些人被称为“SOHO 一族”，随着互联网经济的快速发展，社会为家庭办公提供了越来越多的机会，因而，有些住宅的书房功能已经发展成为工作间，对于一些科技工作者、大学教师、电商、互联网金融从业者、自由职业者等来说，拥有一间独立的书房非常重要。

2.4.2 书房的人工照明光环境

1. 根据客厅活动的行为对人工照明光环境进行分类

1）一般照明

《健康住宅建设技术要点》（2002 年修订版）规定的平均照度值为 75 ~ 100lx，《建筑照明设计标准》

（GB 50034—2013）对书房的照度值没有明确规定。

2）学习或工作照明

学习或工作时，视野中的环境应有一定的照度，应在一般照明的基础上，结合台灯产生的照度为 300 ~ 500lx[12] 的局部照明可满足视觉要求。

3）视频显示终端 VDT 照明

视频显示终端 VDT 的视觉活动主要有阅读或书写源文件、识别键盘符号、阅读显示屏等，由于眼睛的注视范围经常在这三者之间变换，不同的亮度背景影响到操作人员观看目标的可见度以及视觉舒适程度（瞳孔波动、眼睛聚焦不断变化等）。住宅内视频显示终端 VDT 的人工照明光环境设计非常重要，视频显示终端 VDT 使用者经常抬头观看垂直面的显示屏或源文件，视频显示终端 VDT 上前方的灯光会对眼睛产生直接眩光，而后上方的灯光又会通过显示屏反射到眼睛产生反射眩光。

杨公侠教授建议视频显示终端 VDT 工作区域的照度应为 300 ~ 500lx[9]；日本一些专家经过实验，建议显示屏照度在 100 ~ 300lx 之间，键盘为 300 ~ 700lx，源文件作业面为 300 ~ 700lx；上海的《智能建筑设计标准》规定水平面照度为 500 ~ 750lx，垂直面照度为 150 ~ 300lx。综上所述，本书建议显示屏垂直面照度为 150 ~ 300lx，键盘与源文件水平面照度为 300 ~ 750lx。

当我们改变视线方向去看不同的目标时，我们的视觉敏感度就发生瞬时适应性的变化，这种视觉上的费力程度在很大程度上取决于眼睛必须适应和再适应的亮度分布。为减轻疲劳，通常建议视场中心与其周围亮度比不超过 1∶5，视场中心与环境亮度比不超过 1∶10。要求键盘、显示屏和源文件纸的反射率尽可能相近，同时应采用低亮度的灯具和高反射率的室内墙面和顶棚，增加漫反射照度，并可降低反射眩光。

4）会客照明

有时书房承担着“第二起居空间”的作用，会有一些会客、工作交往的行为活动，参考客厅会客的行为要求，夏季书房会客照明的平均照度建议 150 ~ 200lx，冬季可适当提高到 200 ~ 250lx（参考客厅照度）。

2. 根据在客厅活动的时间对人工照明光环境进行分类

1）补充天然采光不足的人工照明

对于在家庭办公、互联网办公一族，他们工作的时间往往是全天候的，当自然采光不足时需要人工照明的补充。根据前文分析，白天应适当提高室内的照度，从而使房间内各表面亮度提高，用以平衡窗户的亮度，提高视觉的舒适感。

2）晚间照明

这一状态包括了大部分晚间的家庭照明，如一般活动、会客、工作或学习、视频显示终端 VDT 照明等。一般书房没有必要考虑睡前照明，因为这一空间以工作为主，应保持工作阶段照度的稳定性。

2.5　炊事行为对厨房人工照明光环境的影响

2.5.1　厨房行为活动分析

笔者在对 45 人的问卷调查中发现，对住宅内人工照明光环境普遍不满意的场所是厨房和卫生间。大多数厨房只设一般照明，且照度水平不高，没有充分考虑烹调操作时如何增加局部照明。在对其中 14 个家庭的洗涤池、操作台、灶台的照度测量中，其中 10 家仅考虑了一般照明，且平均照度仅为 23.5lx，另外 4 家考虑了操作台的局部照明，照度可达 68lx，但这一照度值仍然不够。

当厨房内只设一盏吸顶灯作为一般照明时，各操作面不仅照度不够，而且还会由于操作时人的遮挡给操作面带来阴影，降低操作效率。应在操作流程的每一个区域增加局部照明，如在操作台、洗涤池上方的吊柜下底内侧装设照明灯，以 20 ~ 40W 荧光灯或 15 ~ 30W LED 灯为宜，局部照明光线尽量来自左前（上）方或正前方。

2.5.2 灯光与厨房杀菌

1. 厨房的卫生状况

美国亚利桑那大学的科学家对 15 个家庭作了历时 30 周的调查，对象是厨房和卫生间的 14 个部位。研究人员对每个部位的样本作了检测后发现，厨房的剁肉板上的细菌是坐便器的 3 倍，厨房洗碗布上的细菌是坐便器的 100 倍，可见，厨房内的污染不能忽视。由于我国与西方的饮食习惯存在很大的差异，厨房内烹、炒、煎、炸的机会更多，油污很难清除，为各种病菌创造了良好的滋生环境。

在消除病菌污染方面，选用安全无污染的厨房消毒方式显得尤为重要，定期清洁、喷洒消毒剂、臭氧除菌都是较为有效的方法，一些家庭的厨房开始选用家用紫外线杀菌灯定期消毒。

2. 紫外线的杀菌作用

紫外线杀菌作用显著的部分在波长 300nm 以下，其中波长 254 ~ 257nm 的紫外线杀菌作用最强；阳光中紫外线波长在 300nm 以上，故杀菌作用弱；低压水银石英灯（紫外线灭菌灯）辐射成分中 80% 为波长 254nm 的紫外线，故有很强的杀菌作用。杀菌灯的另一个特点是可产生臭氧，臭氧也能杀菌、消毒，恰好可弥补由于紫外线只沿直线传播、消毒有死角的缺陷。

有些场合不能有臭氧，也可使用在炼制过程中加钛（Ti）的石英玻璃，使它透过的紫外线在波长 200nm 以下发生截止，而对 254nm 的紫外线透过基本无影响，即通常所说的无臭氧杀菌灯。

紫外线对细菌和病毒的杀灭与紫外线照射剂量有关，照射剂量 = 照射时间 × 照射强度。一般情况下各种细菌和病毒所需杀灭的照射剂量不同，在被杀灭点测出照射强度就可计算出照射时间，在对被消毒的对象不了解的情况下，一般需延长照射时间来确保杀菌效率。

2.5.3 厨房人工照明光环境

1. 一般照明

主要用于厨房内短暂而简单的行为活动的照明，如拿放东西、洗手等。一般照明以《建筑照明设计标准》（GB 50034—2013）规定的 100lx 为宜。

2. 精细操作照明

精细操作包括清洗、配菜、制作面食、烹饪等行为。根据英国利物浦理工学院（Liverpool Polytechnic）的 P.J.McGuiness 等人对不同照度下厨房内的阅读食谱、给蔬菜称重、切黄瓜、挑选餐具四个行为动作的完成时间、照度满意程度、完成的难易度、动作的使用程度（改变姿势、把物体拿近眼睛看等）的研究表明[32]，当照度低于 100lx 时，随着照度的增加，完成时间均有不同程度的减少、照度满意程度大幅提高、完成的难度均有不同程度的降低、动作的使用程度下降，且老年人的行为变化幅度大于年轻人[33]；当照度达 100lx 时，完成时间、照度满意程度、完成的难易度、动作的使用程度达到最佳状态；继续升高直到各种变化幅度趋于平缓。英国 1977 年的住宅厨房照明标准（CIBS）为 300lx，根据以上分析，100lx 的照度便可达到较为理想的精细操作要求，再明亮一些可以使操作者保持良好的心情，建议精细操作照明参考《建筑照明设计标准》（GB 50034—2013）的照度规定，以 150 ~ 200lx 为宜。

3. 紫外线杀菌

小剂量紫外线照射对眼没有伤害，大剂量的紫外线照射则可引起光感性眼炎，即角膜、结膜的非特异性炎症，长时间的照射还可能导致眼睛产生白内障病变[29]，因此，家用紫外线杀菌灯的选择与应用应遵循以下几个原则。

1）合理地选择灯的功率

小功率紫外线灯管可用于消毒柜、保洁柜、饮水机及其他消毒仪器上；大功率的可用于医院、饭店、宾馆、办公室的空气和环境消毒；中等功率的可用于家庭，建议选用功率为 10 ~ 20W 的灯。

2）合理地选择照射时间

可选择家人夜间入睡后到起床前为照射时间，时间的长短可根据需要确定。由于紫外线的穿透能力较差，仅能够杀死物体表面的细菌，因而厨房内的各种物体应适当调换被照面。

3）选择合理的控制装置

目前市场上已开发出消毒灭菌自动控制装置，它由电源、振荡（时钟）、循环计数（定时）、复位、驱动等单元组成。其优点在于，当使用该控制装置的紫外灭菌灯进行消毒灭菌时，它可以按照《消毒技术规范及标准》（2002 年）的要求实现每日两次紫外灯的定时自动启动及定时关闭，也可以根据需要自行设定照射时间，确保紫外线消毒灭菌的效果，避免用户受紫外线损伤的可能。

2.6　餐饮行为对人工照明光环境的影响

2.6.1　餐厅空间的行为分析

在住宅内，餐厅很少作为单一就餐功能的独立房间使用，一些别墅或跃层式住宅由于面积较宽裕，可以适当地考虑设置独立式餐厅。大多数住宅的餐厅与其他功能的房间共用，与客厅共用时能起到增大客厅空间、分担客厅人流的作用。

2.6.2　餐厅的人工照明光环境

餐厅的照明最好由 2 ~ 3 个层次的灯光构成，第一个层次为一般照明，可开启餐桌上方的部分光源；第二、三层次为就餐或精细作业照明，可根据需要增加一些光源的照射，提高该区域的照度。餐桌上方的灯具可选用具有分组控制功能的吊灯，也可选用向下直接照射的灯具或下拉式灯具，使其下拉高度在餐桌上方 600 ~ 700mm 的高度。为增加食欲，尽量采用显色指数较高的荧光灯或白炽灯。为防止照在人身上造成阴影，下射光线应限制在餐桌范围内。人的面部可得到来自壁灯或其他补充光源的照明。

1. 一般照明

一般照明主要用于家人日常活动、就餐。参考《建筑照明设计标准》（GB 50034—2013）的规定值，照度为 100 ~ 150lx。

2. 会客就餐或精细作业照明

会客用餐时，可采用一般照明结合局部照明的方式，局部照明可通过调节餐桌上方的下拉式灯具的高度调节照度，也可开启另外一个层次的灯光增加照度，照度可控制在 150 ~ 200lx[12]，当有精细作业时，照度可控制在 300 ~ 500lx。

2.7 个人卫生行为对卫生间人工照明光环境的影响

2.7.1 卫生间行为活动分析

卫生间除了具有通常意义的排便和洗浴行为外，还具有一些其他的行为。

1. 更衣行为

据有关资料对 73 户的调查显示，有 91.4% 的住户洗浴更衣是在卫生间进行的，这与住户的私密性有关[30]。一些卫生间由于灯光昏暗，给更衣带来某种程度的不便，特别是对穿戴较为挑剔的女性。

2. 洗漱、化妆等行为

根据有关资料统计，化妆、洗漱行为绝大部分在卫生间完成[23]，洗漱台前灯光的效果影响到一个人化妆时对自己的肤色、衣着、形象的心理感受，因此应充分重视这一照明光环境。

3. 洗衣行为

住户在卫生间内洗衣是最佳的选择方式，通常，使用洗衣机时对卫生间的照度要求并不高，但洗衣机洗不净衣物的细部，有时这些部位需要手工清洗，由于卫生间的照度较低，常常会给洗衣带来诸多的不便。

2.7.2 灯光与卫生间杀菌

卫生间的潮湿会滋生细菌，通风差的卫生间也会促进浴帘上真菌的生长，这种环境也能传染病菌，如洗手间墙壁、洗脸盆、毛巾、洗漱用具等。因而，同厨房一样，使用紫外线杀菌灯可以有效地控制卫生间各种病菌的繁殖速度。

2.7.3 卫生间人工照明光环境

1. 一般照明

卫生间内仅有短暂的行为活动如解小便、洗手等，根据 2000 年小康型住宅科技产业工程项目实施方案《小康住宅电气设计导则》的建议值，以照度 50（普及目标）~ 75（理想目标）lx 作为一般照明的平均照度，由于经常开关的缘故，最好选用白炽灯作为照明形式。当有洗浴、解大便等行为时，照度以 100 ~ 150lx 为宜，可在相应的位置增加一盏紧凑型荧光灯，且采用吸顶灯照明方式较好，应选用防雾灯具。当然，卫生间面积较大时还应考虑一些提高艺术品位的灯光，从而活跃这一空间的气氛。

2. 化妆照明

包括洗漱、剃须、化妆等，这些行为主要在卫生间的洗漱区域完成，由于洗衣、更衣可在这一区域中进行，因而这两种行为活动可以借用化妆照明。通常在一般照明的基础上结合洗面台的镜前照明（局部照明），照度可达 200 ~ 500lx。

3. 深夜照明

应配合客厅、卧室等其他区域的夜间照明，可选用 3W 夜灯，设在距地小于 0.4m 高的墙面上，但应注意防水、防潮。

4. 紫外线杀菌

安装 10 ~ 20W 家用紫外线杀菌灯。为避免儿童不慎打开紫外线杀菌灯，灯的控制开关最好安装在 1.8m 的高度，杀菌时应关闭卫生间的门，防止臭氧泄漏。

2.8　交通行为对过渡空间人工照明光环境的影响

2.8.1　过渡空间的行为分析

过去人们把门厅、过道等过渡空间视为浪费，其实不然，看似没什么必要

的过渡空间是联系各主要房间的交通枢纽。比如过道，在担负交通功能的同时，还起着联系空间、降低各空间之间干扰的作用。在动静区之间设置过道，可有效降低动区噪声，在洁污区之间设置过道，可使居室更为整洁。另外，它对空间的起承转合，给人带来柔和的心理感受。过道的照明非常重要，它既起着引导进入主空间的作用，又起着衬托主空间的作用。它不但是一种交通空间的照明，更是一种意境空间的照明。

再如门厅，它是户内外的过渡空间，也是从家庭入口到其他房间的过渡空间，是家庭生活和宾朋来访的起点，起缓冲作用，也是住户出入家门时换鞋、整理衣装或放置雨伞的场所，这时门厅就显出了不可替代的作用。这一空间的照明除了具有引导功能外，还应具有体现主人的自信和对客人热情的特点。

住户入口的户外部分也是一个不可忽视的部位，这里设有各种标志，如门牌等，这些标志的识别是很重要的，夜晚主人开门也需要一定的光线。此外，还有一个重要的功能，当夜晚客人来访时，可以通过门的猫眼（或可视电话）辨认客人的身份，因而要求这一区域有一定的照度，并且不给进门者造成眩光。

2.8.2　过渡空间的人工照明光环境

1. 一般照明

作为日常交通与活动的照明，根据《小康住宅电气设计导则》的建议值，过道照度为 20 ~ 30lx；门厅照度为 30 ~ 50 lx，《建筑照明设计标准》（GB 50034—2013）没有相应的规定。

2. 门厅更衣照明

通常，包括前面叙述的出入家门的一些行为，最好在门厅安装一块合适的梳妆镜，并设置合理的镜前照明。采用投射灯或镜前灯等，其照度可以满足如更衣、整理衣着或发型、换鞋等行为需求。

3. 会客照明

可在一般照明的基础上增设一些艺术性、引导性灯光，但应低于主要空间的平均照度值，留给客人入户时一段适应并品味新环境的时间。

4. 入户照明

通常，楼梯间有单独的照明，但在住户入口处照度较低。应在门洞上方增设一盏 7W 的 LED 灯。该灯应有延时熄灭功能，以避免主人入户后忘记随手关灯而造成不必要的浪费。当有客人来访时，主人还可在室内通过双控开关开启这里的灯光确认来访者的身份。

2.9 本章小结

本章创新之处在于首次在国内系统地研究了住宅室内不同个体、不同时间、不同空间的家庭行为活动对人工照明光环境的影响，这些研究成果是制定智能控制策略的依据，使智能控制满足了使用者对人工照明光环境的多元化和个性化需求。

本章在人工照明光环境的智能控制中充分考虑了照明的多元化和个性化需求，并根据家庭行为活动的需要，在不同的时间和空间上分别确定合理的照度水平，也就是说把现行规范规定的一个照度水平合理地分解为适应不同需求的多个照度水平，适应了人工照明光环境的智能控制需求。

现行照明规范遵循着这样一个准则，即，尽管存在个体（中青年人、老年人、未成年人）、职业、生活习惯、气候、文化、行为方式、时间（一天的不同时刻、一年的不同季节）、空间等的差异，只要是同一功能的房间，就要执行相同的照度标准，换句话说，是“人适应照度”，而不是“照度适应人”，国际文明居住标准中的人性化特征提出，人类对居住的需求应从“人适应房”转向“房适应人”。并充分考虑现代人对居住生活的多元化、个性化的发展需求，满足人类对住宅的心理和精神感觉及社会性需要[16]。

2.9.1 公共行为活动对客厅人工照明光环境的影响

客厅作为家庭的公共空间，为亲情交流、友情交往提供了一个开放的环境，这种空间的人工照明光环境特征具有包容性（折中性）和开放性。包容性体现在家中任何一个成员都是家庭的主角，无主次之分，人工照明光环境也应尽量满足所有家庭成员的要求，尽管它不是每个人认为最好的，但它是公认最合理的；开放性体现在家庭每一个成员在他认为必要的时间或场合有享受自己喜欢的光环境的权利，无论是年轻夫妇、老年人还是未成年人。因而，客厅的人工照明光环境不可能是一种，而应是多种，每一种变化称其为一个场景，场景的划分是根据客厅行为活动的分类结合客厅活动的时间划分确定的，如日常、会客、团聚场景，不同场景有不同的照明水平供家庭成员选择。同时，季节变化引起的光环境需求的变化也应作为考虑的重要因素，根据本书对人的生理和心理的分析，认为冬季人工照明光环境的照度值应比夏季适当提高一些。

2.9.2　私密行为活动对卧室人工照明光环境的影响

卧室作为私密空间，人工照明光环境应满足个性化特征。应根据年轻夫妇、老年人、未成年人的生理特征、心理特征、文化需求、娱乐需求的差异，对整体光环境进行针对性考虑。同时，人工照明光环境随季节变化对生理和心理产生的不同影响也不容忽视。

2.9.3　学习、工作行为对书房人工照明光环境的影响

书房作为学习、工作的场所随着时代的进步而不断被赋予新的功能，如“SOHO”功能。随着家用电脑的普及，传统的照明方式也应适应这一要求。因而，人工照明光环境应充分考虑水平作业面、垂直作业面（VDT）的视觉需求，把一般照明和局部照明合理地结合。有时书房会成为与朋友交往、工作交流的“第二起居空间”，因而，人工照明光环境应适当考虑诸如日常、会客等一些场景的变化，以适应这一需求。

2.9.4　炊事行为对厨房人工照明光环境的影响

厨房是一个家庭的文明水准与生活质量窗口，人工照明光环境不仅要注重功能性，还应提高它的品位。功能性要求根据炊事活动的操作流程充分考虑每一个操作区域均有良好的照度，应考虑一般照明与局部照明相结合的照明方式。适当考虑一些装饰照明可以调节操作者的心情。

厨房是住宅中污染最严重的区域，合理使用紫外线灯杀菌是一种绿色技术手段。

2.9.5　餐饮行为对人工照明光环境的影响

餐厅的照明最好由 2 ~ 3 个层次的灯光构成，第一个层次为一般照明，可开启餐桌上方的部分光源；第二、三个层次为会客、就餐或精细作业照明，可根据需要增加一些光源的照射，提高该区域的照度。

2.9.6　个人卫生行为对卫生间人工照明光环境的影响

卫生间的人工照明光环境应具有足够的照度，以满足排便、洗浴、洗漱、化妆、洗衣、更衣等各种功能要求，同时灯光效果应具有一定的艺术品位。

2.9.7　交通行为对过渡空间人工照明光环境的影响

过渡空间在担负交通功能的同时，还起着联结空间、降低各空间之间干扰的作用。另外，它对空间的起承转合，给人带来柔和的心理感受。这部分空间的人工照明光环境除具备功能性照明外，还应成为体现住宅主人品位的意境空间照明。

第3章 住宅人工照明光环境质量研究

3.1　住宅人工照明光环境质量的研究范围

国内外照明领域习惯上用“照明质量”来评价一个光环境的整体照明效果，而在建筑领域则习惯于用“光环境质量”来表述。英国的 Loe 博士提出的人对整个光环境总体效果评价的设计战略，也就是综合考虑人的视觉特性、舒适感、建筑和照明艺术及节能等因素，从光文化高度，以人为本，把艺术和科学融为一体，最后求得高水平、高质量和高效能的照明效果 [34]。中华人民共和国行业标准《建筑照明术语标准》(JGB/T 119—2008) 对光环境的定义为“从生理和心理效果来评价的照明环境”。《室内工作场所的照明》(GB/T 26189—2010) [35] 指出光环境要关注以下的主要参数：亮度分布、照度、眩光、光的方向性、光和表面的颜色、闪烁、昼光、维护。由此可见，照明质量与光环境质量的研究范围没有本质的区别，根据对大量相关资料的分析，照明质量更侧重于表述人工照明光环境的综合照明效果，即人工照明光环境质量。

《健康住宅建设技术要点》(2004 年修订版) 把人居环境的健康性描述为“具有良好的住区环境、居住空间、空气环境质量、热环境质量、声环境质量、光环境质量、水环境质量” [6]。其中，光环境质量应包括采光和人工照明两方面的内容，可称其为天然光环境质量和人工照明光环境质量。因而用“住宅人工照明光环境质量”的概念研究人工照明下的住宅光环境各影响因素，这一概念更容易与以上提到的空气环境质量、热环境质量等形成一个广义的“居住环境质量”概念，并成为健康住宅的一个有机组成部分。

为便于研究智能化人工照明光环境，把影响住宅室内人工照明光环境质量的因素分为三类，即住宅人工照明光环境的视觉与非视觉质量、住宅人工照明光环境的控制质量以及住宅人工照明光环境的能效利用质量。

3.1.1　住宅人工照明光环境的视觉与非视觉质量

根据光环境的定义，结合住宅室内环境的基本功能与特性，综合国内外相关文献对照明质量与视觉环境质量的评价，对住宅人工照明光环境因素作如下分类。

1. 影响视觉效果的住宅人工照明光环境因素

詹庆旋教授把影响视觉效果的各个因素分为三个层次，即明亮 (作业可见度)、舒适 (无眩光和频闪、人和物的造型立体感愉悦和自然、作业面和环境表面的亮度比适当、照明控制灵活与方便)、光自身的艺术表现力 (情调和气氛、环境亮度图式有吸引力、建筑空间和装饰细部以及灯饰外观优美) [36]。

杨公侠教授根据在一定的照明条件下室内的视觉印象、视觉效能、视觉舒适和经济的综合因素，把室内的视觉环境质量分为照明水平、视野中的亮度分布、眩光、造型立体感、光源的光色、颜色的显现。

本书针对住宅的具体特征，把影响视觉效果的住宅人工照明光环境分为以下 10 个因素：

1) 照明水平：包括照度、亮度；

2) 照度与亮度分布：包括照度均匀度、亮度对比；

3) 眩光；

4）视亮度；

5）造型立体感；

6）色温引起的心理感受；

7）色彩表现；

8）空间宽敞感；

9）环境协调性；

10）整体印象。

由于增加了不同色温光源在同一空间的混合照明效果以及在不同时间的变化照明效果，因而在住宅人工照明光环境因素中增加了对色温引起的心理感受、环境协调性方面的研究。

2. 影响非视觉效果的人工照明光环境因素（视觉影响因素以外的生理影响因素，非定量因素）

1）影响人的生物节律

国际照明委员会（CIE）第六部分专门对光环境学和光生物学这一领域进行研究，杨铭教授认为室内环境中可能存在着自然光和人工光照明之间相互补偿的关系[37]。良好的照明质量对季节性情绪紊乱（SAD）、季节性荷尔蒙分泌、倒班和时差、褪黑素的分泌起到一定的调节作用。

2）影响人的行为表现

Baron[38] 对工作环境下人的身体状况、个性以及个体和群体行为表现做了一些研究工作，表明良好的照明条件使人在复杂的认知工作中产生积极的行为表现并保持令人满意的社会行为，他认为照明除了关注视觉功效、美学评价外，还应关注后视觉功效（视觉效果之外的工作和行为表现）、社会影响与交往、情绪状态（高兴、机敏、满意、爱好）、健康与安全。

3.1.2 住宅人工照明光环境的控制质量

在人工照明光环境控制方面，应根据使用者在住宅室内的行为活动和视觉特征合理地确定照明控制方式，传统的控制开关都是单一孤立的（开环控制），而照明的智能控制系统令所有房间开关状态可由一块面板得以监控（闭环控制，甚至智能化程度更高的控制），提高了人工照明光环境的控制效率，使控制更具亲和力、人性化，更加贴近使用者的需要。

Jennifer A.Veitch 认为照明控制质量也是照明的组成部分[39]，灵活多变的控制能够满足不同个体的照明需求，并有利于节能，Aldworth 和 Bridgers 建议[40]，个性化的控制使照明富于变化，减少室内空间的单调感。詹庆旋教授把照明控制灵活与方便归入“舒适”这一层次，但随着照明控制方式趋于多样化，把它作为人工照明光环境质量的一个独立研究层次更利于对这一领域的深入研究。

3.1.3 住宅人工照明光环境的能效利用质量

光环境的能效是绿色照明的重要组成部分，高能效的照明不是以牺牲人工照明光环境质量为代价，而是依据视觉科学的最新成果，使用最新的节能灯具、光源产品以及先进的控制手段，充分利用天然光资源，并以降低资源消耗、减少环境污染、降低运行成本为最终目的。R. Wibom 和 A. Ottosson[41] 在研究中特别强调高质量照明是由视野中的亮度和工作面的照度决定的，因而最佳的能效分布应与工作环境相匹配，高光效的光源与灯具能够有效地提高室内人工照明光环境的整体亮度水平。

3.2　住宅人工照明光环境的视觉与非视觉质量研究

3.2.1　住宅人工照明光环境的视觉因素

1. 照明水平

通常把照度和亮度共同称作照明水平[42]，对于漫反射表面来说，联系这两个量的公式如下：

$$L=\frac{E\rho}{\pi} \tag{3-1}$$

式中 L——亮度（cd/m^2）;

E——照度（lx）;

ρ——反射比。

这两个量是反映室内照明状况的最基本的量。由于亮度和人视觉观察到的明暗程度有关，所以人的眼睛只能感觉到亮度而不能感觉到照度，但事实上亮度随人眼所观察物体的表面反射比变化而不同，而当照明条件不变时，某一点的照度值则为恒定值，因而用照度值衡量室内照明水平更加方便一些，当需要用亮度值衡量时，可根据公式（3-1）进行换算。

室内照度值的选取

我国在2000年小康住宅科技产业工程项目实施方案的《小康住宅电气设计导则》中提出的住宅照明的相关照度建议值比前者有了很大的改进，但有些照度建议值缺乏说服力，如书房理想目标的平均照度过高（300lx）。国家住宅与居住环境工程中心制定的《健康住宅建设技术要点》（2004年修订版）对健康住宅光环境的照度值作了规定（表3-1）。2013年颁布的《建筑照明设计标准》（GB 50034—2013）提高了住宅室内的整体照度水平，这一规定符合我国现有住宅发展水平的需求。

《健康住宅建设技术要点》（2004年修订版）与《建筑照明设计标准》（GB 50034—2013）对比　表3-1

区域		参考平面及高度	《健康住宅建设技术要点》照度标准值（lx）	《建筑照明设计标准》（GB 50034—2013）照度标准值（lx）
起居室、客厅	一般活动	0.75m 水平面	75 ~ 100	100
	书写、阅读	0.75m 水平面	200 ~ 300	300
卧室	一般活动	0.75m 水平面	50 ~ 75	75
	床头阅读	0.75m 水平面	200 ~ 300	150
书房	一般活动	0.75m 水平面	75 ~ 100	—
	书写、阅读	写字台台面	300 ~ 500	—
餐厅、厨房		0.75m 水平面	150 ~ 200	150
卫生间		0.75m 水平面	100 ~ 150	100
楼梯间		地面	75 ~ 100	50

如何为一些不同的行为活动提供合理的照度建议值，目前我国现行的规范对这方面内容尚无详细的规定。本文对智能化住宅人工照明光环境的研究过程中需要把某一功能房间的单一照度规定值合理地分解为针对不同时间、不同空间、不同行为活动需要的照度值，使照度值尽可能随时随地符合人的需求。表 3-2 给出了部分发达国家照明规范的照度规定值作为本文研究工作的参考。

国外住宅照度水平（lx） 表 3-2

	日本 JIS（1979 年）	美国 IESNA（1993 年）	英国 CIBSE（1994 年）	德国 DIN（1990 年）	国际照明委员会（1983 年）
客厅	30 ~ 75	—	—	—	—
• 团聚	150 ~ 300	50 ~ 75 ~ 100	—	—	—
• 阅读	300 ~ 750	200 ~ 300 ~ 500	—	—	200 ~ 300
• 裁缝	750 ~ 2000	500 ~ 750 ~ 1000	—	—	—
厨房	50 ~ 100	100 ~ 150 ~ 200	150	200	—
• 餐桌	200 ~ 500	—	—	—	100 ~ 200
卧室	10 ~ 30	—	100	—	—
门厅	75 ~ 150	—	200	—	—
走道	30 ~ 75	50 ~ 75 ~ 100	20 ~ 100	100	—
楼梯	30 ~ 75	—	100	100	—
储藏	20 ~ 50	—	100	50	—
厨房	50 ~ 100	—	150 ~ 300	—	300 ~ 500
• 操作台	200 ~ 500	200 ~ 300 ~ 500	—	—	—
• 洗涤池	200 ~ 500	200 ~ 300 ~ 500	—	—	—
卫生间	50 ~ 100	—	100	100	100 ~ 200
浴室	75 ~ 150	—	150	—	—
• 剃须	200 ~ 500	200 ~ 300 ~ 500	—	—	—
• 洗涤	150 ~ 300	200 ~ 300 ~ 500	—	—	—

结合我国的国情以及第 2 章的研究成果对现有的住宅照度值进行相应的调整和分解，提出以下的建议值（表 3-3）：

住宅各房间照度建议值 表 3-3

房间类型	人工照明光环境类型	人工照明光环境状态	平均照度值（lx）	备注
客厅	夏季晚间照明	日常照明	75 ~ 100	
		看电视照明	30 ~ 50	50 lx 为宜
		会客照明	150 ~ 200	
		团聚照明	200 ~ 250	
	冬季晚间照明	日常照明	150 ~ 200	春秋照度季介于夏冬季之间
		看电视照明	50 ~ 75	
		会客照明	200 ~ 250	
		团聚照明	250 ~ 300	
	精细作业照明	—	300 ~ 500	局部照度
	睡觉前照明	—	30 ~ 50	冬季适当提高
	深夜照明	—	2 ~ 5	地面照度

续表

房间类型	人工照明光环境类型	人工照明光环境状态	平均照度值（lx）	备注
主卧室	夏季晚间照明	日常照明	50 ~ 75	春秋照度季介于夏冬季之间
	冬季晚间照明	日常照明	100 ~ 150	
	看电视照明	—	30 ~ 50	
	睡觉前照明	—	30 ~ 50	
	深夜照明	—	2 ~ 5	地面照度
	冬季起床照明	—	300	局部照度
	精细作业照明	—	300 ~ 500	局部照度
未成年人卧室	新生儿及婴儿照明	—	30 ~ 75	逐渐增大照度
	幼儿及学龄前期照明	日常照明	75 ~ 100	
	深夜照明		5 ~ 10	地面照度
	学龄与青春期照明	日常照明	75 ~ 100	
	学习照明	—	300 ~ 500	局部照度
	视频显示终端照明	—	水平照度 500 ~ 750 垂直照度 150 ~ 300	局部照度
	床头阅读照明	—	300 ~ 500	局部照度
	深夜照明	—	2 ~ 5	
	冬季起床照明	—	300	局部照度
老年人卧室	夏季晚间照明	日常照明	100 ~ 150	春秋照度季介于夏冬季之间
		会客照明	200 ~ 250	
	冬季晚间照明	日常照明	150 ~ 200	
		会客照明	250 ~ 300	
	看电视照明	—	50 ~ 75	
	睡觉前照明	—	50 ~ 75	
	深夜照明	—	10 ~ 20	
	精细作业照明	—	600 ~ 1000	局部照度
书房	夏季晚间照明	日常照明	75 ~ 100	
		会客照明	150 ~ 200	
	冬季晚间照明	日常照明	100 ~ 150	
		会客照明	200 ~ 250	
	学习或工作照明	—	300 ~ 500	局部照度
	视频显示终端照明	—	水平照度 500 ~ 750 垂直照度 150 ~ 300	局部照度
厨房	日常照明	—	75 ~ 100	
	精细操作照明	—	150 ~ 200	
餐厅	日常照明	—	75 ~ 100	
	会客、就餐照明	—	150 ~ 200	
	精细作业照明	—	300 ~ 500	局部照度
卫生间	日常照明	—	50 ~ 75	
	洗浴、排便照明	—	100 ~ 150	
	化妆照明	—	200 ~ 500	局部照度
	深夜照明	—	2 ~ 5	地面照度
过渡空间	日常照明	—	15 ~ 30	
	门厅更衣照明	—	75 ~ 100	
	过道照明	—	30 ~ 50	地面照度
	入口照明	—	20 ~ 30	地面照度

2. 照度与亮度分布

1）照度的均匀度

《室内工作场所的照明》（GB/T 26189—2010）规定了室内工作场所照度均匀度不应小于0.7，而对于室内居住环境的照度均匀度尚无明确的规定。由于室内居住场所与室内办公场所对人工照明光环境照度要求存在着多方面的差异（表3-4），因而办公场所不应小于0.7的照度均匀度并不适合于室内居住环境。住宅人工照明光环境照度均匀度有以下几种情况：

室内工作场所与室内居住场所中的人工照明光环境照度均匀度要求的差异　　表3-4

	室内办公环境	室内居住环境
行为差异	工作面相对稳定	工作面经常变动
	视觉行为相对单一	视觉行为变动较多
	单一视觉行为的维持时间相对较长	单一视觉行为的维持时间相对较短
	行为活动空间相对单一	行为活动空间变换相对较多（注1）
	照明使用者无强烈的节能愿望	照明使用者有强烈的节能愿望
	以工作、学习的行为方式为主	以休闲、家务的生活方式为主
空间特性差异	空间构成相对简单，净高较高	空间构成相对复杂，净高较低
照度均匀度	$E_{min}/E_{av} \geqslant 0.7$	根据气氛而定，一般情况下 $E_{min}/E_{av} \leqslant 0.5$（注2）
灯具布置方式	可均匀布置	不均匀布置（均匀布置感觉很死板）

注：1. 室内居住场所行为活动空间包括客厅、餐厅、厨房、书房、卧室、卫生间、阳台等。
2. 详见本文第4章。

（1）看家庭影院时，观看者需要集中注意力，为获得最佳的视觉效果，通常仅在观看区域有一定的照度，而其他区域照度较低，此时的照度均匀度较低。

（2）当房间内某一区域行为活动较少时，只要开启较少的光源满足简单的行为动作便可，此时对照度均匀度的要求并不高。

（3）当家庭成员活动范围较小时，如日常生活、会客、就餐等安静的气氛，人们更希望通过明暗区域的对比创造出空间的归属感，使空间变得生动，因而此时的照度均匀度也不宜过高。

（4）当有家庭团聚或家庭成员在室内各区域活动较为频繁时，进一步提高照度均匀度会感觉到空间增大，归属感减弱，活跃气氛增强。

（5）当继续增大照明均匀度时，空间缺乏生动感，但感觉明亮，同时会感觉到空间更大，这种光环境更适用于老年人以及活泼好动、活动范围较大的儿童使用。

图3-1所示为一客厅与饭厅相连的住宅空间，如图中的1，当a、b光源开启时，房间内照度与亮度分布较为均匀，就餐时缺乏中心感，图中的2改善了就餐时的人工照明光环境，f光源的照明强调了餐桌的中心感，同时e、g光源的开启创造了柔和的环境光，从而整体上加强了就餐的气氛；图中的3为家人在沙发上休闲、看电视、交谈的人工照明光环境状况，仅开a光源时，餐厅部分较暗，使空间感觉变得

狭小，图中的 4 改善了这一局面，a、g 光源的开启加强了沙发附近区域的照度与亮度，c、e 光源的开启同样创造了柔和的环境光，d 光源的开启强调了画框的艺术效果；图中的 5、6 为家人团聚、会客时的人工照明光环境状况，亮度分布较为均匀，使整个空间没有中心感，图 6 中 a、f 光源的开启加强了两个活动区域的中心感，同时 c、e、g 光源的开启创造了柔和的环境光；图 7 为夫妻两人独处时的照明状况，仅开 a 光源时，餐厅部分较暗，使空间感觉变得狭小，d 光源的开启强调了画框的艺术效果；图中的 8 为改善后的人工照明光环境状况，g 光源的开启增强了两人交谈的亲近感，c、e 光源的开启同样创造了柔和的环境光，d 光源的开启强调了画框的艺术效果 [43]。

图 3-1　不同照明方式下的视觉舒适感比较

（资料来源：Toshiaki Harada.Basic Lighting Solution and Applications for Parlor-Living Rooms[J].J.Illum. Engng. Inst.Jpn，2001，85（10）：828-833）

2）亮度对比

亮度对比是决定物体可见度水平的重要因素，合适的亮度比也是视觉舒适的必要条件。物体与背景亮度比过小，则降低物体的清晰度，过大则容易使视觉疲劳，甚至产生眩光。为此，在住宅人工照明光环境中，应充分考虑工作面的亮度及其附近的背景亮度以及周围的顶棚、墙面、地面窗帘等表面的亮度，作为恰当的亮度分布条件。目前，国内外照明标准及有关文献对办公环境的亮度分布提出了相应的建议值，对住宅室内环境而言，缺少相应的数据，但办公环境的亮度分布对住宅室内环境有一定的参考价值。室内照明光环境亮度建议值见表 3-5。

工作面周围亮度分布建议值　　　　表 3–5

亮度分布条件	环境等级		
	A	B	C
工作面与相邻的暗背景之间	3：1	3：1	5：1
工作面与相邻的亮背景之间	1：3	1：3	1：5
工作面与较远的暗环境之间	10：1	20：1	*
工作面与较远的亮环境之间	1：10	1：20	*
灯具（窗户、采光口等）与室内相邻的表面之间	20：1	*	*
视野中任何表面之间	40：1	*	*

注：A：整体室内环境都控制在建议值内的最佳光环境。
　　B：工作区域附近可控制在建议值内，较远的区域不受限制。
　　C：环境标准较低。

资料来源：Factors of Quality Illumination，2003 Acuity Lighting Group，Inc. 12/11/2001.www.lithonia.com。

3. 眩光

1）眩光对生理的影响

（1）眩光对视觉工效的影响

失能眩光会引起视觉工效的下降，而不舒适炫光影响人们的视觉舒适[44]，具体表现在：

①眼睛在适应状态下直接看到高亮度光源时，光刺激使眼睛留有后像，因而会使眼睛可见度降低。在暗适应条件下，视野内的亮度和高亮度光源的亮度值差越大，可见度的降低也就越大。

②当眩光光源接近视野中要观看的物体时，则眼睛对物体的可见度将会降低，而且距离越近，降低的程度越大。

当作业面产生光幕反应时，作业面的可见度也有不同程度的降低。

（2）眩光对不同年龄的影响

健康的人随着年龄的增长，对于眩光会敏感起来，60岁的老年人对眩光的敏感度是20岁年轻人的2～3倍。大约在40岁时瞳孔的散射逐步增加，到了50岁，眼睛受到眩光影响后的恢复能力减弱，因而，老年人居住的人工照明光环境应适当提高亮度的均匀度，减少亮度突变。

0～1岁的婴儿，由于他们的眼睛机能还没有发育完全，对眩光较为敏感，应采取一定的保护措施，如采用一部分间接照明、避免直接使用裸灯、提高房间亮度的均匀度等。

（3）眩光对健康的影响

人们的健康情况反映出对于眩光感受的差异，有眼科疾病的人对于失能眩光的感光性能与正常人不一样。患白内障的人对失能眩光就很敏感，病人在摘除白内障后还会出现血管扩张，要经过一定的时间才会感到眩光效应有所减弱。对于某些偏头痛的患者来说，他们对较亮的灯和较亮的人工照明光环境较为敏感，这也是偏头痛的诱因之一。

（4）眩光与个体差别

眩光因个体差别而感受不同，个体差别包括种族特点、男女性别、环境适应性、文化差异等。

2）眩光对心理的影响

在环境中影响人们感觉舒适与否的重要因素主要是有关光刺激方面，但是光环境中各表面的亮度实质上起着很大的作用。光环境变暗或变亮，都会引起眼睛的适应问题和相应的心理效果，因此，变换住宅照明光环境场景时，变化的效果应该是渐变而不是突变，以免引起不舒适眩光的产生。

3）限制眩光产生的措施

住宅内不一定所有的眩光都有害处，眩光限制得太严格时会使室内缺乏生气和趣味，适当的眩光反而会消除房间的单调印象，如玻璃画框、艺术品、电视墙等的重点照明都会产生不同程度的眩光，这些眩光也是不可避免的，关键是如何把它们限制在一定的范围内。可采用以下几种限制眩光的措施：

（1）避免使用裸灯，采用灯具的材料应具有扩散性，可采用乳色玻璃或半透明塑料等，以使灯光漫射。

（2）保持房间合理的亮度分布，可采用直接照明和间接照明相结合的方式。

（3）根据房间的尺寸确定吊灯的挂高。有些住宅进行装修时房间的开间或进深较小，却在顶棚布置了悬吊较低的吊灯，当坐在沙发上看电视时，灯光极易产生眩光。应选择吊杆较短的吊灯，或改用吸顶灯提高光源的高度。

（4）合理地确定灯具的位置和亮度。客厅是家庭人口每天活动最多的场所，而坐在客厅沙发上看电视占据了家庭生活的相当一部分时间，因而，应防止眩光对沙发附近区域活动的人的影响。对于电视墙、装饰画框照明产生的眩光，应合理确定灯光的亮度，避免产生不舒适眩光。对于卧室照明，有些专家建议不要在顶棚的正当中安装灯具，因为人在卧室躺着休息时由于视线的变化，这一位置的灯具易对眼睛造成眩光，特别是睡醒当中突然开灯时眩光的感觉更加明显。

（5）要充分考虑老年人眼睛对眩光的感受。对于老年人居室，应尽量减少过多的装饰照明，增加部分间接照明，进一步提高亮度均匀度。

4. 视亮度

通常认为，亮度（luminance）是物体本身的物理特性，我们主观所感受到的物体明亮程度，除了与物体表面亮度有关外，还与我们所处环境的明亮程度有关[45]。因此，“亮度”这一概念并不能完全反映光环境的实际状况。目前，国外对视亮度（brightness）进行了大量的研究工作，其中总结的一些经验公式得到国际照明委员会的承认并建议采用。我国行业标准《建筑照明术语标准》（JGJ/T 119—2008）对视亮度定义为：“人眼知觉一个区域所发出光的多少的视觉属性”，视亮度是更多地从心理物理量和生理物理量的角度去研究光环境。

1）住宅人工照明光环境亮度分布对视亮度的影响

传统的亮度计测得的亮度值并不能完全反映视场内光环境的视亮度，近年来一些研究表明，空间内的亮度分布差异将直接影响视亮度。Rowlands 等人认为在获得视亮度的感觉方面，室内垂直表面的亮度比实际灯具的亮度更为重要。D. K. Tiller 等人认为亮度不均匀分布的房间比亮度均匀分布的房间看起来显得明亮[45]。

当然，一些学者在实验中得到相反的看法，如 Perry 和 Campbell 认为室内空间亮度不均匀分布会导致空间明亮感觉变暗，这与 D.K.Tiller 等人的研究似乎有些矛盾。究其原因，存在观看方式的差异，这与被试者对室内光环境作判断时所处的观看位置有关。对于亮度的不均匀分布比亮度均匀分布看起来显得明亮的看法，存在着平均亮度相等的情况下，不均匀分布的最明亮区域比均匀分布的最明亮区域的亮度高的现象。相反，如果持续观看均匀分布的最明亮区域后把视觉注视点转向不均匀分布的亮度较暗区域，必然会导致对亮度均匀分布感觉明亮的结果。但事实上人的眼睛都具有趋光性，进入一个室内空间感兴趣的是空间内较亮的区域，而忽略了空间较暗的区域，因而，亮度不均匀分布的房间比亮度均匀分布的房间看起来显得明亮的说法更具有说服力，且这种说法适用于亮度分布应有主次之分（行为活动较多的区域为主要照明区域，较少的区域为次要照明区域）的住宅人工照明光环境中。由此可见，合理地安排室内人工照明光环境的亮度不均匀分布，不但可提高室内人工照明光环境的视亮度水平，而且能达到在整体亮度水平不变的条件下节约能耗的目的（5% ~ 10%）[45]。

2）亮度与视亮度的关系

Haubner 在其博士论文中提出了视亮度的模型公式，他采用在背景亮度下对发光圆盘测试的实验方法，发光圆盘的亮度 L_T 对应的视角为 ϕ，背景区域的亮度为 L_u，最终得到视亮度经验公式[46]：

$$B = 17.346L_u^{0.31} - 1.6506 \tag{3-2}$$

令 K_1=17.3460，K_2=1.6506，β=0.31，上式即可化成

$$B = K_1 L_u^{\beta} - K_2 \tag{3-3}$$

式（3-3）与 Stevens 定律[3]

$$\psi = k\,(L_t - L_0)^{\beta_1} \tag{3-4}$$

类似地，式中视亮度 ψ 用布日尔（bril）表示，1bril 表示在暗适应状态和 3.18×10^{-3}cd/m^2 的亮度刺激条件下所能看见的视亮度；L_t 是目标亮度；k 是系数，且随适应水平变化；指数 β_1 和光感觉阈值 L_0 均随适应水平变化。

对于 L_t=$L_u \geqslant$ 10cd/m^2 时，当忽略式（3-3）中常数项后，可把该式近似写成

$$B \approx 17.346L_t^{\beta}$$

或

$$B \approx K_1 L_t^{\beta} \tag{3-5}$$

式（3-5）与 Stevens 最简单的视亮度公式接近[47]。

3）视亮度均匀度与亮度均匀度的关系

设某一区域内的亮度和视亮度最大和最小值分别为 L_{max}、L_{min}、B_{max}、B_{min}。亮度的均匀度（LUR）定义为 L_{max} 与 L_{min} 的比值：

$$LUR = \frac{L_{max}}{L_{min}} \tag{3-6}$$

同样，视亮度的均匀度（BUR）定义为 B_{max} 与 B_{min} 的比值，则：

$$BUR = \frac{B_{max}}{B_{min}} = \frac{K_1 \cdot L_{max}^{\beta} - K_2}{K_1 \cdot L_{min}^{\beta} - K_2} \tag{3-7}$$

由式（3-6）和式（3-7）比较可知，对于给定的 L_{max}、L_{min}，通常 $LUR>BUR$。

由于 K_2 的值对公式（3-7）的影响较小（不大于 5%），因此该公式可简化为：

$$BUR = \frac{B_{max}}{B_{min}} = \frac{L_{max}^{\beta}}{L_{min}^{\beta}} = LUR^{\beta} \tag{3-8}$$

假如一个发光区域最大亮度 L_{max}=400cdm^{-2} 和最小亮度 L_{min}=80cdm^{-2}，则亮度均匀度 LUR=5：1，而视亮度均匀度 BUR=1.6：1，也就是说人眼对于亮度均匀度 5：1 的真实感受为 1.6：1，而前者并没有视觉含义[48]。

5. 造型立体感

如果一个室内的结构特征及其中的人和物都能清晰而适当地显示其形状和质地时，整个室内的视觉效果就可以得到提高。当光线具有明显的方向性时，就可获得这种照明效果。这主要是被照的对象有明、暗面以及一致的影子，构成了良好的立体感。但是方向性照明的强度又不能过于强烈，否则又将形成不舒适的且刺眼的明暗对比。例如，当人处于因控制直射眩光而采用的下射型灯具下时，额部和眉毛在人脸上形成深影，如果这种照明在作业面上，会造成强烈的明暗对比而使工作效率降低。但是光线也不能扩散得太厉害，例如发光顶棚和间接照明下的物体则丧失了立体感，因此，造型立体感被认为是人工照明光环境中的一个重要因素。

人们常常用影子来表示或加强三维物体的立体感，而影子的长度、影子的对比、影子的结构以及其他一些特征对于立体感具有明显的影响，其中以影子的长度和对比最为重要。而这些因素与光源的性质（点光源、线光源或面光源）、光源的数量、照射的方向和强度、环境照明、被照物体及其背景的反射率等条件有关。为了能用一个影子的质量指标来综合表示这些条件的影响，用立体感指标来衡量一个物体在光照下的立体感水平，常用的方法有 4 种[49]，

即垂直照度（E_v）/ 水平照度（E_h）、垂直照度（E_v）/ 半柱面照度（$E_{semlcyl}$）、柱面照度（E_{cyl}）/ 水平照度（E_h）以及矢量照度（$|\bar{E}|$）/ 标量照度（E_s），本文对矢量照度（$|\bar{E}|$）/ 标量照度（E_s）立体感指标作详细的分析。

方向性照明在一个室内的效果可以用照度矢量（$|\bar{E}|$）/ 标量照度（E_s）来描述。一个点上的照度矢量（$\bar{E}$），其数量等于在此点上一个小圆盘平行正反两个表面上的最大照度差 E_f–E_r（图 3-2），其方向为从此圆片的较高照度一侧向较低的一侧。

标量照度（E_s）亦称平均球面照度（图 3-3），它是一个无向量，只有大小而无方向。空间一个给定点上的标量照度即指该点上的受照量，它与入射光的方向无关，并且也不指明受照面的方向。

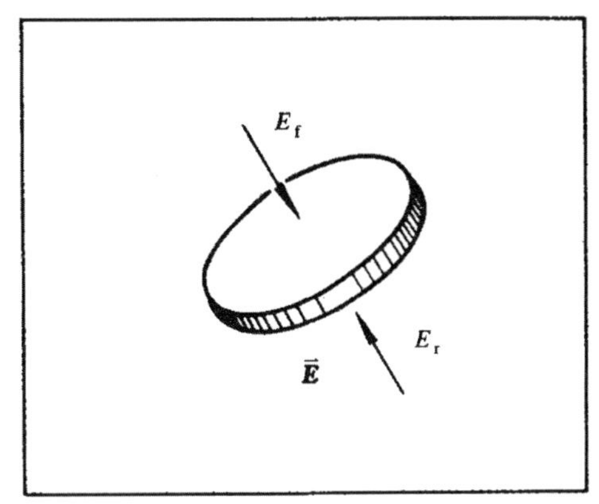

图 3-2　矢量照度 E_f-E_r

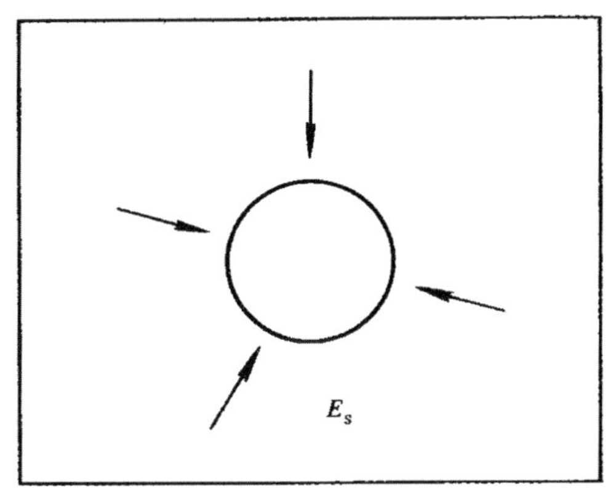

图 3-3　标量照度（E_s）

（资料来源：杨公侠 . 视觉与视觉环境 [M]. 上海：同济大学出版社，2002：109）

在一均匀漫射照明的室内，墙面、顶棚和地板均为漫反射表面，$|\bar{E}| \to 0$（即无影子）。$|\bar{E}|/E_s$=0。反过来讲，在一个完全黑的房间里，光线只是从一个方向照射过来（例如只有直射阳光）时，有鲜明的影子，此时$|\bar{E}|/E_s$=4。故立体感指数的值在 0 ~ 4 之间（表 3-6）[49]。

由表 3-6 分析可见，在住宅人工照明光环境中，$|\bar{E}|/E_s$ 立体感指数在 1.5 ~ 2.0 比较合适，1.5 左右体现在房间照度相对较为均匀，较适合于团聚或日常室内活动较为活跃的人工照明光环境状况。2.0 左右体现在房间照度相对突出重点区域，适合于会客照明场景，这时可在一般照明的基础上开启一些装饰照明（定向照明、局部照明等）的灯光，增加房间内物体的明暗对比。同时，会客时人脸也是交谈双方相互观察的重点，因而这一照明场景应体现出人脸的最佳立体感。Cuttle 建议对于观看人脸特征最佳的矢量高度角（人眼的水平视线与人眼看光源视线的夹角）为 15º ~ 45º 范围，也就是说，作为会客主要场所的沙发附近区域，增加来自墙面或偏离沙发区域的顶棚的直接照明会增强人脸的立体感。

不同立体感指数的适用范围 表 3–6

$\bar{E}/E_s$ 造型立体感指数		立体感质量评价	典型的照明环境
3.0	很强烈	对比强烈；阴影中的细节无法辨认	有选择地布置的投光灯；直射阳光
2.5	强 烈	具有较强的立体感效果；适宜于展览；对于人的面貌一般觉得太硬	窄配光，以下射光为主的灯具，深色地板；单面有窗，深色的内表面
2.0	中等强度	在正式社交场合或保持一定距离接触时，人的面貌有较好的感觉	窄配光，以下射光为主的灯具；中等颜色的地板；中等或较窄配光的灯具；深色地板；单侧窗，淡色内表面，常设辅助人工照明
1.5	较 弱	非正式交往或近距离接触时，人的面貌有较好的感觉	窄配光，以下射光为主的灯具；中等颜色的地板；中等或较窄配光的灯具；单侧窗，淡色内表面，常设辅助人工照明
1.0	弱	对比柔和，较弱的光影效果	宽配光灯具，淡色地板；双侧有窗
0.5	很弱	平淡，无阴影，不感觉有立体感	发光顶棚或间接照明，淡色的内表面

6. 色温引起的心理感受

1）住宅人工照明光环境中光源色温与照度的关系

关于色温与照度的关系，目前普遍认为人们偏爱“高色温高照度，低色温低照度”（Kruithof 曲线，仅通过对两个被试者的实验得到的结果）的观点。Bodmann、P.R.Boyce、Divis 和 Ginthner、Boyce 和 Cuttle、C L B Mccloughan[15]、Laurentin[16] 作了相同或类似的实验，均没有证明与 Kruithof 曲线特征相一致，严永红教授认为高色温光环境均可加重学生视、脑疲劳。对于人工照明光环境来说，只要使用者需要，不同色温的荧光灯均可通过调光调到满意的水平 [50]。

由此看来，对于住宅人工照明光环境来说，只要使用者需要，不同色温的荧光灯均可通过荧光灯调光镇流器调到满意的水平。

2）环境温度不同使人们对住宅人工照明光环境产生心理上的感受差异

Kearney 认为环境温度和光色的喜好存在着一定的关系 [51]，当被试者在凉爽的环境中对某些波长光色的喜好反应积极时，却在温暖的环境中反应消极。换句话说，当人们感觉冷时，他们偏爱红色和橙黄色的光，当感觉温暖时，更喜欢蓝色的光。

在炎热的夏季人们往往喜欢色温较高的荧光灯照明，而到了冬季白炽灯的光色会给家人带来更多的温馨。由于人们所处区域的气候条件差异，通常亚热带的人较喜欢 4000K 以上较高色温的光源照明，寒带的人较喜欢 4000K 以下较低色温的光源照明，不同色温的光源造成的照明效果的冷暖感觉弥补了气候条件的差异 [52]。

Nakamura[53] 的研究认为环境温度的高低影响人对灯光色温的选择，环境温度高，普遍喜欢高色温灯光，环境温度低，则偏爱低色温灯光。

Yamazaki[53] 的研究认为当照度较低时，人们对环境温度的敏感性降低，随着照度的增加，对环境温度的敏感性也随之增加。

Laurentin 博士 [54] 的研究认为：

（1）女性对环境的感受更加敏感，如当温度不可接受时，照明环境也就难以接受。关于不同性别对光环境舒适感觉产生的差异，C.L.B.Mccloughan 等人也有相关的实验研究 [55]，他们的实验结果是：在暖色灯光下女性的负面情绪减弱，而在冷白色灯光下，负面情绪增强。而男性在这两种环境下情绪表现平稳；在高照度灯光下女性的负面情绪减弱，而男性的负面情绪增强。这些结论需要进一步验证。

（2）在各种感觉中，天气情况（晴朗或多云）影响对照度和温度的感觉。被试者在多云的天气需要更明亮的光环境。

（3）对于人工光源照明，当环境温度不同时，作业面的视觉舒适感觉相同，而环境明亮感觉不同，同一光源和照度在环境温度高（27℃）时感觉暗，温度低（20.5℃）时感觉亮。这种敏感性没有在自然光环境中发现。对自然光不敏感的原因是因为干扰因素太多，如天气条件、相关色温的变化、窗外的景观对人的吸引以及地理和季节的差异对人的行为影响等。

（4）被试者对不同光谱特性光源的视觉评价认为自然光环境的舒适照度水平为 311lx，人工光源为 479lx，混合光源为 558lx。

（5）光源的不同光谱特性影响对视觉舒适感的评价，但认为与光源的照射方式和亮度的分布有关。并认同相关色温与环境温度间的感受关系，即相关色温影响对温度的感受——红色代表暖的感受，蓝色代表冷的感受。

以上各种实验结果由于缺乏进一步的验证，还不能作为结论，但是每个实验具备的环境条件有一定的代表性。因而，根据以上实验分析提出如下建议：

（1）在住宅人工照明光环境设计中应适当考虑不同季节灯光色温的变化，即夏季使用偏冷色的光源照明，冬季使用偏暖色的光源照明。这种不同季节使用色温的倾向并不是要求夏季全部使用冷色的荧光灯，冬季全部使用暖色的白炽灯（或暖色荧光灯），而应在设计时把室内灯光分为冷暖两个层次，在不同的季节以某一种色温为主色调，而春秋两季可以适当地增减灯光的冷暖成分。当然，这种照明方式还应根据文化、习俗、地域、个体等差异作相应的调整。

（2）当室内自然光照射不足而需要补充人工光源时，混合光源照明的照度水平应高于夜晚人工光源单独照明，这样使人对光环境的舒适感受不至于有明显的下降。

（3）适当照顾性别差异对光环境的感受，某一区域的人工照明光环境应以该区域的主要活动者的舒适感觉为依据，如卧室的化妆台附近的灯光照明更应体现女人的个性和自信，又比如室内在一年四季的不同温度下的照度水平差异应适当照顾家人的共同感受。

7. 色彩表现

1）灯光与装饰物表面色彩的配合及产生的心理感受

当视野中一切物体都是用相同光谱特性的光源照明时，对相似材料的表面的知觉是相似的 [49]。人们在不同的光线下（例如在直射阳光下的影子中，阴天或在荧光灯、白炽灯下）看到的物体不会在知觉上有显著的颜色差别，这是因为人的大脑随时都在对光的颜色进行补偿，如在一个连续的表面上，如果部分是用天然光照明，而另一部分用白炽灯照明，在白炽灯下的那一部分看起来要比较黄一些。当日光过去了，先前感到黄的那部分面积变得白了。但是在这些不同的情况下，如果用相同的胶卷拍照时，照片的颜色将是十分不同的。颜色的适应需要一定时间才能起作用，当颜色变得太快，或者一些性质不同的光源被同时看到时，大脑对颜色的补偿作用不可能奏效。如果使用了不同光谱特性的光源，显色指数相差较小时，只要这些不同的光源合理地与视野中的各种物体相配合，其效果是不会发生干扰的。假设房间是用荧光灯进行一般照明，而住宅室内的局部墙面用白炽灯照明，这两种光不同的颜色特性不会引起大脑对颜色的判断差异。然而，在连续的墙面上，断续地或不连贯地被不同光谱特性的光源照明时，大脑的感知会有明显的不同，甚至会使人感到不舒适。

由光源的显色性可知，照明效果可通过灯光色彩与室内装饰色彩的配合来实现。实践证明，合理的配合可使室内装饰更鲜明、生动活泼，产生有益的心理感受。通常选用荧光灯与白炽灯的照明对住宅室内色彩进行再塑造，而不提倡大面积地使用彩色灯光照明，但对一些装饰品用少量的彩色灯光照明可对整个房间起到画龙点睛的作用。表 3-7 列出了常用光源的光色与室内装饰色的配合及产生的气氛与效果。

光源对装饰色彩的影响对比　　表 3–7

光源种类	名称	色温	暖色（红、橙、黄）	冷色（蓝、紫、蓝绿）
荧光灯、LED 灯	中性白色	4800K	能把暖色冲淡或使之带灰色	能使冷色加重
	日光色	6500K	能使暖色变淡，使一般浅淡色及黄色稍带黄绿色	能使冷色带灰色，并能使绿色成分加重
	暖白色	2700K	加重所有鲜艳的冷暖色	能冲淡浅蓝、浅绿等色，使蓝色、紫色罩一层粉红色
白炽灯	—	2400 ~ 2900K	加重所有暖色使之更鲜艳	使所有冷色变暗、变灰

2）合理的照度创造良好的色彩感知环境

一个良好的住宅人工照明光环境是由多种照明方式组成的亮度分布不均匀的光环境，灯光的强弱造成人们对室内色彩的视觉感受也不尽相同，特别是对低亮度区域，存在着色彩识别的偏差（表 3-8）。据对日本有关资料的研究 [56]，在低照度下，深色眼睛（如日本人、中国人）比浅色眼睛（欧美人）识别色彩的能力弱，而对于非色彩的识别则差异较小。照度的降低不但影响到眼睛对明度和彩度的感知，而且也影响色调。在很低的照度时，所有看得见的表面，不管什么色调看起来都呈蓝色 [57]。照度的增加有利于增加彩度，使得颜色看起来比较鲜艳一些。并且，在大多数情况下，在记忆中的有颜色的物体比实际看到的色彩更为饱和。另一方面，过分高的照度也会削弱对表面的知觉，当一个物体的亮度显著超过它的背景亮度时，它的彩度开始降低。

两种灯光在不同亮度下的色彩识别准确率　　表 3–8

光源	亮度（cd/m^2）			
	0.01	0.1	1.0	10.0
200W 白炽灯（2912K，98CRI）	54%	82%	97%	100%
紧凑型荧光灯（2857K，80CRI）	61%	81%	93%	97%

8. 空间宽敞感

在一个有限的住宅空间内，房间的宽敞感会给人带来愉悦的感觉。当然，使用者的行为活动不同，对光环境引起的房间宽敞感的心理需求也不同。

1）照明水平引起的空间宽敞感

较高的且分布均匀的照度使房间内各表面的亮度水平普遍提高，增加了房间的宽敞感，这种人工照明光环境适用于家庭团聚或日常气氛较活跃的行为活动。对于会客、看电视等行为活动，均匀的照度使空间缺乏生动感和归属感。

2）墙面的亮度分布引起的空间宽敞感

均匀的周边（墙面）照明使人们对空间的宽敞感觉加强，尽管墙面的亮度不是造成这一感觉的决定性因素[49]，但对于会客、交谈等行为活动这种感觉有时比提高房间整体照明水平获得宽敞感效果更有意境，比如用一些射灯均匀地照射房间四周的墙面或墙面与顶棚的交界处暗藏灯具间接照明，均能使人在心理上产生空间变宽敞的感觉。

3）色温引起的空间宽敞感

一般认为"暖色向前，冷色后退"[49]，对于大多数以白色基调为主的住宅室内空间，光源色温的不同也会引起空间宽敞感的差异，也就是说暖色光源使房间感觉变小，冷色光源使房间感觉变大。这种感觉用于冬夏季照明场景冷暖的变换是非常恰当的，冬季暖色光照明使人感觉房间温暖、贴近，夏季冷色光照明使人感觉凉爽、通畅。

对于以彩色基调为主的房间，房间各表面色彩本身就会产生空间宽敞感觉的差异，灯光的色温与房间色彩接近则会加强这一感觉，相反则减弱这一感觉。

9. 环境协调性

单一色温的光源较容易保持环境的协调，特别是白炽灯，由于其种类的多样性，对环境的表现能力很强，但住宅内大量使用这种光源不节能。又如单一色温的荧光灯，作为一般照明能够很好地保持与环境的协调性，但作为装饰照明就会显现出其表现能力的不足，还需要白炽灯的补充。另外，单一色温的荧光灯由于自身光谱组成的不足（全光谱荧光灯除外），有时需要 2 ~ 3 种不同光谱组成的荧光灯混合照明获得最佳的视觉功效，好的视觉功效对老年人和未成年人尤其重要。如此看来，一个既节能又能体现视觉舒适的住宅人工照明光环境，很难避免不出现各种不同光谱成分光源的混合照明。

有时随着时间、季节、气候变化人工照明光环境场景会发生变化，导致原有场景的灯光色温也随之变化，这种变化或多或少会影响对环境的协调性的重新适应，因此，环境协调性这一因素比在单一色温光源照明下的人工照明光环境显得更加重要。

10. 整体印象

一个良好的人工照明光环境并不是其中任何一个因素都处于最佳效果，而是把各因素综合到一起。整体印象非常重要，它既要考虑视觉功效，又要考虑视觉舒适，还要考虑光环境的艺术表现力，甚至光环境的节能效果等，整体印象是对住宅人工照明光环境各种因素的一种折中判断，也是突破了感性认识的理性判断。

3.2.2 住宅人工照明光环境的非视觉因素

1. 人工照明光环境对的人行为表现的影响

住宅人工照明光环境的照明水平对人的行为会产生一定的影响，有时这种影响对于视觉与非视觉来说并没有明显的界限，可能首先影响视觉因素，进而影响到非视觉因素。Sanders 和他的研究小组认为，当周围环境较暗时，人们处于相对较安静的状态。因此，当人们在居室内需要一个较安静的环境时，一种好的办法是调暗灯光。Sanders 等人还认为，当室内灯光调暗时，不仅仅是低照度的因素，还因为灯光被调暗后，室内的亮度分布发生变化，使房间亮度产生不均匀感。对于夜晚好动而不肯入睡的儿童，调暗灯光，或改变房间内的亮度分布，可使儿童尽快安静下来[58]。

当居住者在房间内独处时，较暗的人工照明光环境会增加他的孤独感，并对他心理上的安全感提出挑战。这种心理作用对于老年人和儿童来说表现得尤为突出，因而，当他们独处时，提高室内的照度会增加其安全感。

正如在本文第 2 章所述，Sörensen 博士研究认为，适当提高房间的照度使老年人在交往、食欲、身体条件、孤独感、自信心、脾气、焦虑、整体健康状况等等各项指标中，大多数有不同程度地向好的方面发展的趋势。

Shigeo Kobayashi 等人[58]认为室内空间的特性决定照明的形式，这是因为照明设计手段与人的行为活动的舒适性有着密切的关系，他们对问卷调查结果进行详尽的分析后得出的结论是，在室内的各种行为活动中，人们更偏爱不均匀的光环境。

2. 荧光灯、LED 灯照明对人体健康不构成负面影响

对于荧光灯发出的紫外线对人体健康影响方面，以往文献主要关心的问题是：

（1）荧光灯照明与皮肤癌的因果关系。

（2）荧光灯照明与光敏性皮肤的因果关系。

（3）荧光灯照明与皮肤红斑及眼睛发炎的因果关系。

英国国家辐射保护委员会（National Radiological Protection Board）的 McKinlay 和 Whillock 对荧光灯导致皮肤致癌的可能性进行过研究[59]，得到的结论是在一般的荧光灯照度为 500lx 长达 2000h 以上的照射下，其照射剂量为 5MED，而在英国每年接收日光的辐射剂量为 40 ~ 400MED。该结果得到了国际照明委员会的引用。由此保守地推算，人在 40 ~ 44 岁皮肤鳞状癌变死亡的危险中，荧光灯照射致死的可能性为每年 1/2500000，而住宅内荧光灯照明的平均照度通常小于 100lx，因而，在这一方面的危险几乎为零。

紫外线对一些人的光敏性皮肤会产生刺激，产生光致皮炎，这种刺激主要受到日光和强烈的人工光源的影响，特别是来自于 UV-A 辐射，有时来自于 UV-B 辐射。但由于荧光灯辐射的紫外线非常微弱，因而这种可能性也非常微小。

在荧光灯对皮肤红斑及眼睛发炎的影响方面的研究，美国政府工业卫生学会议（The American Conference of Government Industrial Hygienists）经过研究认为荧光灯对人体在这一方面的影响也是微不足道的。

适量的紫外光辐射（日光或人工照明）确实能影响到人体对钙的代谢作用，例如在英国，解剖冬天

死亡的尸体时发现患骨软化病的比例比在夏天时要多，因而，含有适量 UV-B 的荧光灯照明可使皮下的 7-脱氢胆固醇转化为维生素 D，促进人体对钙、磷的吸收，这对长时间停留在室内的老年人或行动不方便的人以及长时间在室内工作的人相当重要。

关于 LED “蓝光溢出伤眼”的说法多次出现，有些人因此不敢使用 LED 灯，复旦大学电光源研究所副所长张善端副教授指出：“白光 LED 的原理是蓝光 LED 芯片激发黄色荧光粉转化后形成白光。蓝光危害是指光源的 400 ~ 500nm 蓝光波段如果亮度过高，眼睛长时间直视光源后可能引起视网膜的光化学损伤。蓝光危害程度取决于人眼在灯光下所累积接收的蓝光剂量。”

“目前市场上 LED 灯具常用的技术‘蓝光芯片 + 黄色荧光粉’，使 LED 灯光中蓝光的含量相对较高，但这不代表 LED 灯比其他灯具更伤眼”，张善端说，在他们所作的比对实验中，相同色温的 LED 灯和节能灯的安全性相差无几。

色温，是光源光谱质量最通用的指标。“暖光”色温较低，而“冷光”的色温相对较高。色温提高后，蓝辐射的比例增加，蓝光随之增加。同时，亮度也影响蓝光的比例。一般来说，同样色温的日光灯和 LED 灯，只要后者的亮度不超过前者的 3 倍，基本上没有危害。不过个别过于明亮的 LED 灯具，其蓝光比例有可能超过安全值。张善端说，随着 LED 工艺的日渐成熟，厂商不再需要通过一味提高灯具的色温和功率来实现高流明度，客观上也降低了蓝光过度的可能性。

LED 灯具最好要配上灯罩，一方面，光线可以更柔和，另一方面，检测证明，这样做可以把蓝光溢出降低 1 ~ 2 个数量级。

3. 照明对人的生物节律的影响

通过改进灯内荧光粉涂层的化学成分而改善光谱分布的荧光灯称为全光谱灯或自然光谱灯（图 3-4），它的光谱分布较为接近自然光，与普通荧光灯相比（图 3-5），虽然发光效率有所降低（大约 25%）[60]，但它不仅可增强视觉的舒适感，减轻眼睛的疲劳度，而且对视觉系统以外的人体健康有利，能够调节人的生物节律，如本文第 2 章研究的照明调节体内的褪黑素分泌，改善轮班工作造成生理上的时差紊乱、预防或治疗季节性抑郁症（SAD）、增强大脑功能等 [1]。最新荧光粉成分的改进可以使全光谱荧光灯既有较高的发光效率，又具有良好的显色性。

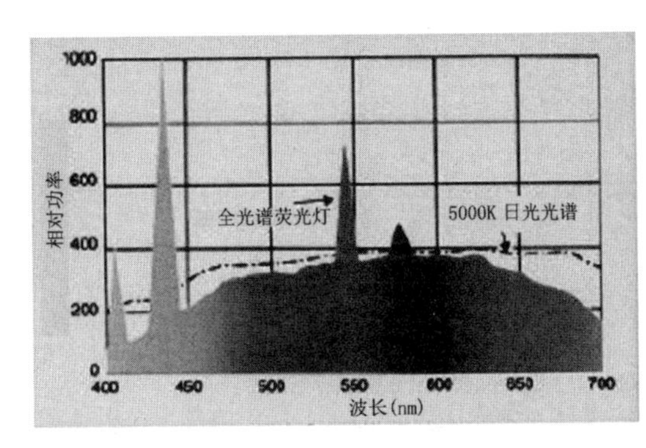

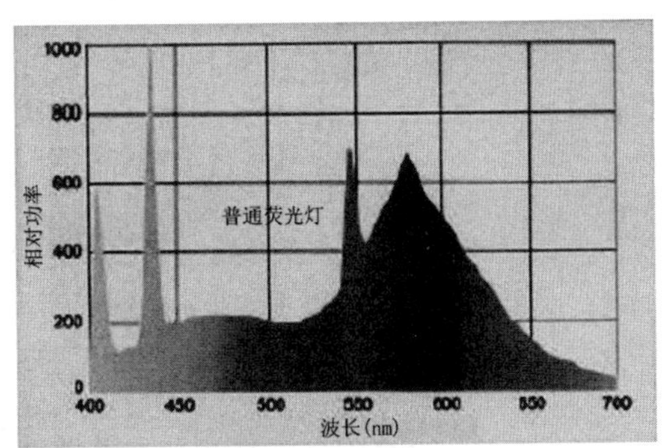

图 3-4　全光谱荧光灯（图中的点划线为日光光谱功率分布）　　图 3-5　普通日光色荧光灯

（资料来源：Full-Spectrum Fluorescent Lighting:A Review of Its Effects on Physiology and Health [J]. Psychological Medicine, 2001，31（6）: 949-964）

3.3 住宅人工照明光环境的控制质量研究

Dennis W.Clough 对 2020 年建筑照明系统及其应用提出如下展望[61]：

（1）增强人的行为与表现能力；

（2）方便地适应每一个人的不同需求；

（3）高质量、高效率地使用每一种光源；

（4）一个完整系统的功能胜过单独个体的组合以及单独个体与其他系统的集成；

（5）在光源的生产、安装、维护、使用和废旧处理中与环境产生最小的冲突。

前四项说明照明控制把人的行为、光源的利用、控制系统的有效运作作为一个有机整体是未来照明控制的发展方向。

3.3.1 住宅人工照明光环境控制方式的研究

常规的照明开关控制方式存在着以下的缺点：

（1）不适合于目前面积较大的住宅，如别墅、跃层等；

（2）没有遥控功能，房间越大就越不方便；

（3）没有简单的方法实现全开全关的操作；

（4）没有人工照明光环境场景转换功能，不能对复杂编组的灯进行灵活控制；

（5）双控开关布线复杂，更无法实现三控或多控；

（6）改变一个开关的控制对象是不可能的事；

（7）在装修好的房间内增加新的光源或开关就会破坏原有装修；

（8）由于开关灯不方便，造成开灯不及时而影响光环境质量，关灯不及时而浪费电能，使能效利用降低；

（9）荧光灯没有调光功能，不能适应人的需求变化，且费电；

（10）开关灯时，明暗的突变对人眼会产生一定的刺激；

（11）开关灯时，光源工作状态的瞬间变化引起灯丝温度突变，灯泡使用寿命受到影响。

要克服常规控制的缺点，就要大力提高照明的智能控制技术，常规开关与以下研究的几种控制方式是实现照明的智能控制技术的重要组成部分。

1. 调光

笔者对近年来装修的 31 户家庭住宅灯光控制状况进行调查，发现仅有 4 户家庭安装了灯光调光装置，占被访者的 12.9%（除某些自带调光功能的台灯外）。国内外较为知名的照明控制系统，如瓦西特智能照明系统、邦奇智能照明系统、施耐德智能照明系统、美莱恩智能照明系统、路创智能照明系统、立维腾智能照明系统等，有 LED 调光及场景转换功能。

大多数住户对灯光的调光认识存在一定的误区，通常认为调光主要是为了节能，事实上，调光有以下几种功能：

（1）节约能源；

（2）改变房间各表面的亮度分布；

（3）适应使用者不同时刻的生理、心理和生活方式的需求；

（4）当几种色温的光源混合照明时，通过调节不同光源的光通量来调节人工照明光环境的冷暖；

（5）使荧光灯获得最佳的光效率，稍微调暗的荧光灯的光效率略高于未被调暗的荧光灯的光效率（图 3-6）；

（6）调亮灯光可以补偿由于光源和灯具光效下降、室内墙面积灰等导致照度的下降；

（7）LED 不同色温灯珠的分组控制可以获得冷色、暖色、暖白色、冷白色等色温场景；

（8）在灯光产生突变的场所调整灯光亮度，使之产生明暗渐变。

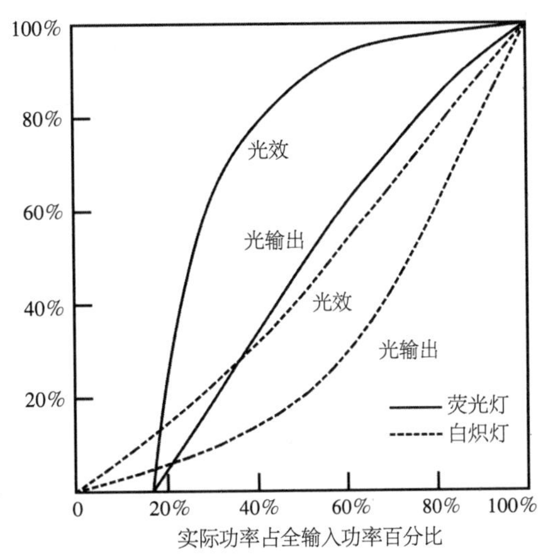

图 3-6　荧光灯的调光特性

（资料来源：J•R• 柯顿 . 光源与照明 [M]. 上海：复旦大学出版社，1999：285）

2. 灯具的遥控

（1）近年来，有些厂商开发了能够遥控灯具的悬吊高度、灯具的照射角度的灯具，改变了以往灯具位置难以变化或者以手动为主的特点。这种“动感光源”的运用大大丰富了居室照明的表现手法，满足了不同场景下人们对人工照明光环境的不同需求，如餐桌上的吊灯有时用来全家聚餐，有时用来夫妻独处时就餐，有时用来为孩子提供做家庭作业的场所，因而，餐桌上照明光环境需求可通过遥控调节升降式吊灯的高度来实现。

（2）定向聚光灯是另一种可以遥控调节的灯具，通过遥控可以实现对该灯具水平 360°、垂直 45° 转动范围的控制。

3. 照明控制系统与窗帘控制系统的联动

电动窗帘控制系统是整个居室照明系统的一个重要功能部分，它把家中的窗帘系统纳入整个智能照明中，电动窗帘控制系统的核心是窗帘电机控制器。

窗帘的开闭可由一个光线探测器来控制，白天当它感测到足够的亮度，可以自动打开窗帘；当夜幕降临，又可以将窗帘自动关闭。除此之外，还可以根据喜好自行设计窗帘开关程序，比如开 1/2、关 1/2、打开 1/3 位置等。

4. 被动式光源自控开关

光源自控开关按其接收控制信号的来源，可分成被动式和主动式两种。被动式光源自控开关的控制信号是由人体的活动产生的，可分为触摸开关、声控开关、红外线开关、超声波开关和微波光源开关五种。主动式光源开关的控制信号是由控制开关自己发出一定波长的辐射，经目标反射后形成信号控制动作。可分为红外线遥控开关和无线电遥控开关两种。各种形式开关的主要特性如下[62]。

1）触摸开关

是一种将人体触摸电极时产生的人体感应信号经电容耦合输入电路，通过延时电路及控制电路来控制电源的开通或关闭。触摸开关必须人主动触摸，不受外界干扰，无误动作。

2）声控光源开关

是一种利用人体活动时产生的声音来控制光源开闭的开关。声控开关内装有传声器、放大器、延时和执行机构。当人体活动时产生的声音通过传声器产生压降，经放大器放大后由执行机构控制光源开关的开通或关闭。声控光源开关无方向性，误作率较高。

3）超声波光源开关

超声波具有一定的透射和绕射障碍物的能力，因而其开关特别适用于办公室、大型会议厅、洗手间和仓库之类有门窗和薄层隔板的场所；它具有全方位探测的能力；超声波光源开关的抗干扰能力强。

4）红外线光源开关

被动式红外线光源开关的应用非常广泛，它是将来自移动人体自身的红外线辐射经过光学聚焦后，照射到热释电红外线传感器上来控制光源的开闭。只要人体进入探测区域横切某一视场时，红外线传感器就会收到移动人体辐射的红外线信号，启动开关而使灯点亮。等到探测区域内无人且延迟到一定时间后（延时间为 5 ~ 90s），则可自动将灯熄灭。

被动式红外线光源开关内设有光度调节器，当环境照度高于某一设定值时，开关自动关闭；当等于或低于此值时，开关才可能开启。

5）微波光源开关

是一种利用多普勒效应制成的另一种光源自控开关，由于微波辐射具有较强的穿透能力，可以穿透墙体探测信号和操纵光源开关的开通或关闭，因而微波光源开关适用场所最为广泛。

微波光源开关具有抗干扰能力强、灵敏度高的特点，可以探测到诸如人的写字等动作。

5. 主动式光源自控开关

1）红外遥控开关

由红外编码发射及红外接收译码控制两部分组成。红外遥控开关的有效范围为 180°，5 ~ 10m，灵敏度高。

2）无线电遥控开关

由无线电编码发射部分及无线电接收译码控制两部分组成，无线遥控开关能够全方向探测，不受墙壁、门窗等障碍物的影响，有效控制半径 30m，其灵敏度受发射及接收电路的影响。

6. 对人工照明光环境场景的记忆功能

人工照明光环境场景的设置既有相对变化的一面，又有相对稳定的一面，因而，合理地组织这些场景的记忆功能对创造一个良好的人工照明光环境显得尤为重要。在以下几方面需要对这些场景进行记忆：

（1）日常生活照明、会客照明、家庭团聚照明需要一个相对稳定的照度水平和亮度分布。

（2）一天中不同时间段具有相对稳定的照度水平和亮度分布。

（3）一年中不同时间段具有相对稳定的人工照明光环境。

（4）当家人外出时，需要模拟有人在家时的人工照明光环境。

（5）对于个人喜欢的人工照明光环境的控制方式，家人可以通过遥控器或开关面板把它储存起来。

（6）当在某种人工照明光环境下突然断电时，应在电网重新供电时，恢复原有场景的设置。

7. 集中控制与多点控制

所谓集中控制就是在任何一个区域的终端（控制面板）均可控制不同区域的灯；多点控制是指不同区域的终端可控制同一盏灯。实现以上两种功能还需要集中显示功能，即在每个终端的控制面板上均可观察到其他区域所有灯的开启或关闭状态，以便准确地实施集中或多点控制。为防止某一区域内正在被使用的灯被其他区域内的人误认为不需要工作而关闭，该区域的灯光控制应具有免打扰的锁定功能，只有本区域的控制开关可以控制开启与关闭，其他区域的开关无法控制。

集中控制可以使家人在某一个位置控制房间内任何一个位置的灯，从而最大限度地减少了由于控制较为复杂的灯光而产生不必要的行为动作。如冬季夜晚脱衣上床后准备就寝时，集中显示功能显示厨房或客厅的某一处灯没有关闭，因而可以很方便地实施异地控制，避免衣着单薄地走来走去逐一关闭其他区域的灯。

8. 程序控制

对于一天当中有规律的照明控制行为可以用编程的方法实现定时开关的功能，如冬季早晨起床唤醒照明、紫外线定时杀菌、外出旅游照明场景随机变换功能等。

9. 模糊逻辑与神经网络的控制

在智能要求较高的环境中，一方面，可以通过模糊逻辑的方法实现控制的要求；另一方面，神经网络控制的应用使得智能住宅照明的组织更有效，管理更方便，住宅能自动感知外界的任何变化，能自适应地自动调整照明，并对人工照明光环境场景进行学习。这两种方法也可以不用不同的方式结合，形成模糊神经网络控制系统，这时的住宅照明系统更像一个生命体，与住户同呼吸、共感受。

照明系统智能控制的另一个发展领域是实现家庭总线制，与家庭其他设备的智能化形成一个智能家居系统。

3.3.2　住宅照明开关控制点布置的研究

对于面积较大的住宅或者是复式住宅、别墅等，传统的照明开关控制点布置已经不能满足居住者较为满意而灵活控制的要求，需要增加集中控制和多点控制的开关，因而就需要增加房间内开关的控制点，以提高控制的灵活性。但开关的布置点并不是盲目设置，应根据人的行为习惯、人体工效学、家庭成员的年龄和身体状况合理布置。

1. 行为习惯对照明控制点布置的影响

1）客厅开关控制点的布置

笔者在第 2 章曾经对客厅的功能进行过详细的探讨，客厅是家庭活动的中心、家庭装修的重点，因而灯光设计的重点也应放在客厅。但客厅往往不是独立的空间，它通常与过渡空间（门厅、走道）、餐厅相连，并且形成一个统一的整体，因而，客厅的灯光控制还包括过渡空间和餐厅的灯光控制。

传统的灯光控制开关通常布置在过渡空间进入客厅的入口处，对于经过这一位置的行为活动，开关布置在这里比较方便。但家人或客人在客厅的许多时间往往是以沙发为中心从事一系列活动，其次是餐厅。因而，在沙发附近和餐厅附近的墙面上增加布置开关控制点将大大提高灯光控制的效率。一般可在沙发靠背的墙面上布置一个开关控制面板，同时，为了提高控制的灵活性，在沙发附近用红外线遥控器控制能接收到信号区域的墙面上布置一个红外线接收开关，遥控器放置在沙发附近的茶几上可以对灯光实施灵活控制。

餐厅的餐桌不仅仅是用来用餐，而且还有手工制作、儿童学习、棋牌娱乐等活动，因而在餐桌附近的墙面布置一个开关控制面板，可以满足不同行为活动所需人工照明光环境的控制要求。

2）主卧室开关控制点的布置

夜晚，对于一套面积较大的住宅，灯具配备相对较复杂，某一处的灯光忘记关闭的情况也会经常发生，因而，主卧室的主人承担着监控全家灯光开启与关闭状况的任务。为了控制方便，建议设置 2 ～ 3 个开关控制点，即主卧室的入口处设置一个，主要用来控制主卧室的灯光，同时还可用来控制主卧室的卫生间照明状况。主人的床头可设置 1 ～ 2 个（可在双人床两边的床头各设一个）。床头开关的设置能够确保对整套住宅照明状态实施控制。

3）儿童房开关控制点的布置

儿童房建议设置两个开关控制点，其中一个可设在门外入口处，这样，夜晚进入房间前可以先开启灯光，避免视觉系统对“明亮—黑暗—明亮”变化的不适，也消除了年龄较小的儿童面对瞬间黑暗的恐惧感；另一个设置在靠床头的墙面上，便于睡觉时控制房间内的灯光，同时，年龄较小的儿童夜晚产生恐惧时可方便地开启，并把灯光调整到合适的亮度。

4）老年人卧室开关控制点的布置

老年人卧室建议设置两个开关控制点，其中一个可设在门外入口处，这样，夜晚进入房间前可以先开启灯光，避免眼睛对光线突变产生的不适；另一个设置在靠床头的墙面上，便于睡觉时控制房间内的灯光，同时也避免冬季下床开关灯操作引起身体的冷热不适。

2. 人体工效学对照明控制高度布置的影响

通常开关控制面板安装在距地面 1.2 ～ 1.4m，距门框水平距离 150 ～ 200mm 的位置。开关的位置与灯的安装位置相对应，同一室内的开关高度应一致。卫生间应选用防水开关，确保人身安全。但对于有些场所需要适当调整开关控制面板的安装高度。

1）老年人卧室开关面板设置高度

老年人由于生理上的变化，使各项人体测量数据减少许多，例如一般妇女身高 60 岁时比 40 岁时矮 4cm，70 岁时比 40 岁时矮 7cm[63]，老年人相应的眼高、肘高以及各种家务操作时的高度都有所降低，因而在设置开关控制面板的高度时应适当考虑这一因素，降低墙面开关面板的高度，建议设置在距地面 1.0 ～ 1.2m 的高度。由于老年人的视觉功能呈不断下降的趋势，对开关操作的准确性也有所下降，因而，应选用大面板控制开关。同时，建议安装有一定色彩或背光显示的开光控制面板，避免用与墙面色彩接近的开关面板，以提高老年人操作开关的准确性。

2）儿童房开关面板设置高度

在不同的生长发育阶段，儿童的身高变化较大，据有关资料显示 3 ～ 6 岁的儿童身高变化约为 94.9 ～ 121.2cm，到 18 岁时身高已非常接近成年人。对低龄儿童来说，通常 1.2 ～ 1.4m 的开关面板高度操作起来有些费力，而对于大龄儿童对这一高度的操作相对显得较为容易。建议适当降低开关面板的安装高度以适应不同年龄段儿童的使用要求。安装高度可设在距地 1.0 ～ 1.1m。

3.3.3　照明场景转换对视觉与心理影响的研究

1. 视觉系统的暗适应和明适应

当人从亮的地方进入黑暗的地方时，不能马上适应黑暗的环境，而是逐渐提高。进入暗环境大约前 10s，锥状细胞比杆状细胞需要较少的光达到灵敏度阈值，随后，杆状细胞则需要较少的光。杆状细胞变得较为灵敏的点称为杆状细胞—锥状细胞断点。这一过程 20 ～ 30min，其间视网膜的敏感度逐渐增高的适应过程就是暗适应，也就是视网膜对暗处的适应能力（图 3-7）。暗适应发生在视觉系统适应亮度大约在 0.034 cd/m^2 的情况下。在暗适应中对紫色的适应最快，依次是绿、白、黄三色，橙色和红色最难适应。

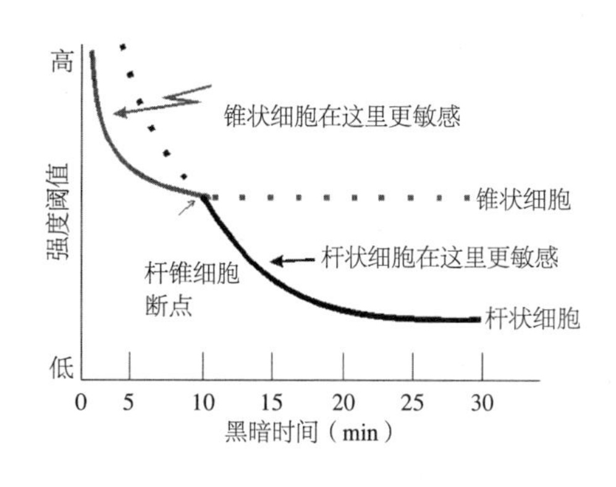

图 3-7　暗适应时间

从暗处进入亮处时，视觉感受能力降低的过程称为明适应。从暗处到亮处，在强光的刺激下，视网膜中锥状细胞立即投入工作。刚开始时工作的锥状细胞还较少，眼对光刺激的敏感度较大，所以觉得光线刺眼，周围的景物无法看清。但在很短的时间内，锥状细胞都投入了工作，眼对光的敏感度降低，这时对强光能够适应，看物体也趋于正常。锥状细胞感光色素再生很快，其再生过程同杆状细胞的暗适应过程相反，即其敏感性随着曝光时间的增加而降低，因此明适应在最初的数秒内敏感度迅速降低，此后变慢，明适应的过程在 1min 左右即可完成。明适应发生在视觉系统适应亮度大约在 3.3 cd/m^2 的情况下。一般来说，目标的照明条件略高于眼睛的适应光水平则视觉功能最佳。

在灯光产生突变的场所调整灯光亮度，使之产生明暗渐变，满足在明适应和暗适应下视觉系统的舒适要求。如夜晚外出归来的灯光设置，夜晚去卫生间时的灯光设置，房间关灯时的灯光延时渐变等，因而在这些照明光环境需求下光源接收到开关信号时，应在 0 ～ 10s 内使灯光渐亮或渐暗，减弱亮度突变产生的视觉不适。

2. 照度变化对心理满意度产生的影响

在住宅人工照明光环境中，场景的变化适应了家庭不同活动的需求，但灯光的强弱突变会给使用者的视觉生理和心理带来不舒适的感觉。庞蕴凡等人 [64] 曾对 9 岁、17 岁年龄组进行过实验研究，比较照度变化对视觉心理产生的影响，并分别对白炽灯与荧光灯的照度变化作了实验。发现两个年龄组在相同照度条件下，照度上升时的心理满意度比照度下降时要高些，这是因为照度上升时心理总觉得有些满足，相反，照度下降时总觉得比以前不舒适，所以相应的满意度就较低。当照度达到最好以后，也就是说照度上升会感觉太亮，则照度上升时的满意度与照度下降时的相反，即前者的满意度又低于后者，这是因为人们从心理上要求照度趋于“最好”的结果所致。徐向东等人对 20 ～ 40 岁的成年人进行了照度变化的心理满意评价实验，他的研究也得到了相同的结论 [65]。

9 岁和 17 岁年龄组对照度的满意度对比表明，正在发育的 9 岁儿童组所需的照度高于已经发育趋于成熟的儿童组的照度。这一结果与他们先前对中小学生作的三个实验结果的结论是一致的 [64]。

由此可见，要保持视觉生理和心理的平稳过渡，应避免照明场景变换引起的灯光的突变，而应用调光的方式使两个照明场景之间产生渐变。

3.4 住宅人工照明光环境的能效利用质量研究

对于住宅人工照明光环境场景，除了应满足光环境的视觉与非视觉质量要求、光环境的控制质量要求外，创造这一人工照明光环境的能效利用质量因素也非常重要。从 2002 年起，为了提高照明产品整体能效水平，推动全民节约用电，中国将全面建立专门的能效标准和节能认证制度，它由“照明产品国家能效标准研究与制定”和“照明产品节能认证和能效标识”两个项目具体实施。

北京市标准《绿色照明工程技术规范》（DBJ01-607—2001）对住宅能效问题也作了相关规定，规定住宅单位面积功率指标为 7.0W/m^2，与之相比，美国标准为 11.8 W/m^2，美国《建筑物能量标准》（energy standard for building except low-rise residential buildings）规定客厅为 16.68 W/m^2，住宅餐厅为 20.45 W/m^2。

3.4.1 用等效亮度理论对光源能效的分析

1. 等效亮度

据对有关资料的研究表明，在接近无彩色光刺激时，或在暗视觉条件下，等效亮度 L_{eq} 约等于由亮度计测得的亮度 L；在明视觉情况下，国际照明委员会建议了一个在 2° 视场中把亮度 L 换算成等效亮度 L_{eq} 的经验公式 [66]：

$$L_{eq}=10^{c(x,\ y)}L \tag{3-9}$$

式中　x 和 y 是视场的色品坐标值，且有

$$c(x,\ y)=0.256-0.184y-2.527xy+4.656x^3y+4.657xy^4$$

由式（3-9）可得

$$L_{eq}/L=10^{c(x,\ y)} \tag{3-10}$$

式（3-9）反映出人眼中锥状细胞对色光刺激的非线性响应，由实测表明，式（3-9）与实际情况吻合很好，计算结果的精度令人满意。

总之，在 2° 视场中，色光刺激用直接视亮度匹配法获得的等效亮度 L_{eq} 的评价比用亮度 L 预测更好，更符合客观实际情况（图 3-8）。

2. 住宅照明光源的等效亮度和亮度的比值

因为不同色温的普通白炽灯的色品坐标均与普朗克轨迹极为相近，可近似地把它们认为是普朗克体（黑体）。普通白炽灯的发光效率不高，仅为 12 ~ 18.6 lm/W，它的色温随功率的变化而变化，一般约 2400 ~ 2900K。

于是可根据式（3-9）和式（3-10）算得不同光源的等效亮度和亮度的比值 L_{eq}/L，如表 3-9 所示。

从上面的讨论中可以看出，人工照明光环境不仅要考虑光源的显色性问题，而且还要考虑光源的等效亮度和亮度的比值大小。亮度计测得同样亮度的情况下高色温的荧光灯看起来要明亮一些，6500K 的荧光灯看起来比白炽灯亮 11%。换句话说，在同样的视觉功效下，高色温的灯光照明具有较高的能效。

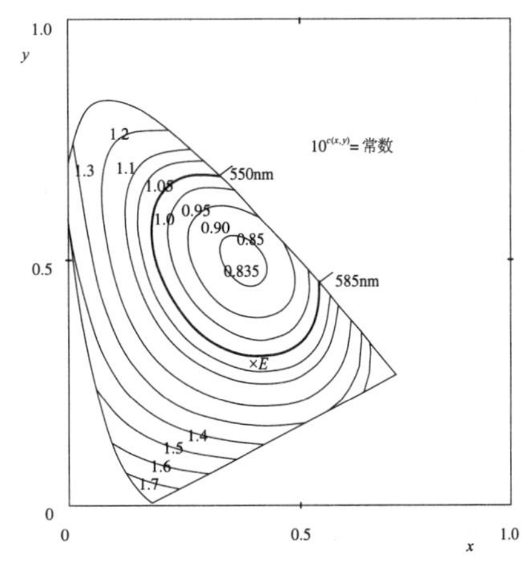

图 3-8　在 2° 视场 L_{eq}/L 的明视觉条件

（资料来源：H-W Bodmann Dipl Phys Dr Rer Nat. Elements of Photometry，Brightness and Visibility[J]. Lighting Research and Technology，1992，24（1）: 29-42）

不同光色的等效亮度和亮度的比值　　**表 3–9**

光色		普通白炽灯 *（40W）	LED 灯 *（5W）	暖白色荧光灯 ***	冷白色荧光灯 **	中性白色荧光灯 **	三基色荧光灯 ***	高显色性日光色荧光灯 **
色温		2700K	2900K	3000K	4200K	5000K	6500K	6500K
平均显色指数 R_a		96	85	74	82	92	85	96
色品坐标	x	0.430	0.410	0.470	0.371	0.345	0.313	0.315
	y	0.406	0.394	0.430	0.368	0.347	0.337	0.328
$c(x,y)$		-0.0552	-0.0523	-0.0458	-0.0375	-0.0207	-0.0056	-0.0073
L_{eq}/L		0.88	0.89	0.89	0.92	0.95	0.98	0.98
与白炽灯的比值		1	1.01	1.01	1.05	1.08	1.11	1.11

注：1. * 国际照明委员会（1931 年）色度图的黑体轨迹。
** 日本照明学会编 . 照明手册［M］. 北京：中国建筑工业出版社，1985：156.
***www.xinguang-lamp.com.
2. 日光灯分类：日光色 (RR)6500K；中性白色（RZ）5000K；冷白色（RL）4000K；白色（RB）3500K；暖白色（RN）3000K；白炽灯色（RD）2700K（引自 www.chinasunlight.com）。

3.4.2　光源的能效利用与经济性分析

以 11W 紧凑型荧光灯为例，它的光通量是 40W 白炽灯的 1.28 倍，若以每天开 4 个小时计算，使用一年消耗电能（不考虑光衰）16.06（kWh）。相同光通量输出的 40W 白炽灯使用一年消耗电能（不考虑光衰）74.75（kWh）。

相同光通量输出的白炽灯比 11W 紧凑型荧光灯一年多消耗电能 58.69 kWh。按重庆市居民生活用电费用 0.396 元 /kWh 计算，11W 紧凑型荧光灯比相同光通量输出的 40W 白炽灯节省费用 23.24 元。

朱绍龙教授提出了“回收时间”这一概念[67]，对紧凑型荧光灯和白炽灯购置和运行费用进行比较。使用紧凑型荧光灯可以节省电费，照明时间越长，节省的电费也就越多。回收时间是指节省的电费的时间正好能够抵偿多付的购置光源的费用。

图 3-9 所示为 11W 紧凑型荧光灯和相同光通量输出的 40W 白炽灯点灯时间每隔 500h 的经济指标比较，其中，紧凑型荧光灯的平均寿命为 7000h，白炽灯为 1000h。

由图 3-9 可见，白炽灯初始购置费用较小，但随着点灯时间增加，费用增长很快，约在 1670h 时，紧凑型荧光灯的开支与白炽灯相等，这就是回收时间。而到了紧凑型荧光灯报废时（7000h），在其生命周期内总消耗费用为 63.38 元，而白炽灯已经更换了 7 支，其总消耗费用为 164.32 元，比紧凑型荧光灯消耗费用高出 100.84 元。

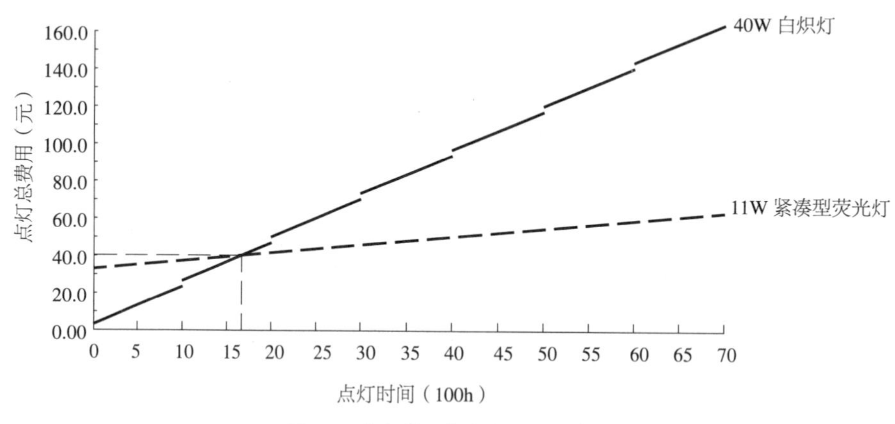

图 3-9 点灯费用与点灯时间的关系

（断点为白炽灯每隔 1000h 增加 2.5×1.28 元 =3.2 元购置新光源的费用）

我国现有每户住宅的照明总容量平均为 500W，其中白炽灯（假设为 10×40W=400W）388W，占 78%；荧光灯（假设为紧凑型荧光灯 10×11W=110W）112W，占 22%。若在总光通量基本不变的情况下，调整紧凑型荧光灯和白炽灯的使用比例，即 15 支 11W 紧凑型荧光灯，占 79%；4 支 40W 白炽灯，占 21%。那么，以每天开 4 个小时计算，在一年的照明时间内，前者耗能为 744.6kWh，消耗总费用（根据欧司朗牌光源平均使用寿命计算，紧凑型荧光灯的购置费大致按每年扣除购灯总价的 1/5 计算，白炽灯的购置费大致按总灯数的 1.5 倍计算）398.4 元，后者耗能为 473kWh，消耗总费用 301.3 元。后者比前者节能 271.6kWh，节省费用 97.1 元，由此可见后者具有较高的能效，且节省费用。

3.4.3 照明热负荷对住宅人工照明光环境能效的影响

住宅照明已不再是以往的一室一灯的照明状况，往往一个房间内拥有多种形式的照明，如作为一般照明的吊灯、吸顶灯、筒灯、壁灯等，作为装饰照明的轨道灯、射灯等，作为局部照明的台灯、落地灯等，因而光源照明产生的热负荷也不容忽视。照明热负荷属于稳定散热，热负荷不随时间变化，根据照明灯具和安装方式不同计算热负荷。通常，白炽灯的热负荷用下列公式可以估算出：

$$Q=100N \tag{3-11}$$

荧光灯的热负荷用下列公式可以估算出：

$$Q=1000 \cdot n_1 \cdot n_2 \cdot N \tag{3-12}$$

式中　N——照明灯具所需功率（kW）。

n_1——镇流器消耗功率系数，当明装荧光灯镇流器装在房间内时，取 n_1=1.2；当暗装荧光灯镇流器装在顶棚时，取 n_1=1.0。

n_2——灯罩隔热系数，当荧光灯罩上部穿有效孔（下部为玻璃板），可利用自然通风散热于顶棚内时，取 n_2=0.5 ~ 0.6；而荧光灯罩无通风孔，取 n_2=0.6 ~ 0.8。

假设客厅面积为 25m^2，白炽灯总功率为 200W，发光效率为 15 lm/W，不考虑灯具散热的通风，代入公式（3-11），则白炽灯的热负荷为：

$$Q=1000 \times 0.2=200\text{W}$$

则每平方米热负荷为：

$$200/25=8\text{W/m}^2$$

以重庆地区夏季空调制冷热负荷 120W/m^2 计算，照明产生的热负荷占总的热负荷的百分比为：

$$8/120=6.67\%$$

同样条件下，荧光灯发光效率为 70 lm/W，当光通量相同时，荧光灯的功率为：

$$200 \times 15/70=42.86\text{W}$$

代入公式（3-12），则荧光灯的热负荷为：

$$Q=1000 \times 1.2 \times 0.7 \times 0.04286=36.0\text{W}$$

则每平方米热负荷为：

$$36.0/25=1.44\text{W/m}^2$$

则照明产生的热负荷占总的热负荷的百分比为：

$$1.44/120=1.20\%$$

当房间照度提高时，则照明产生的热负荷占总的热负荷的百分比相应地也在提高。总体来说，光通量相同时，白炽灯照明热负荷为荧光灯（考虑一部分荧光灯镇流器的热负荷）的 4 ~ 5 倍。

Schröder 和 Steck 1973 年的研究和经验证明[51]，当热负荷不超过 20 W/m^2 时，人就没有不舒适的感觉，随着热负荷的增加，人的不舒适感觉也随之增加，而这种情况在热负荷为 40 W/m^2 时，不舒适感觉显得非常突出。

以重庆地区冬季空调采暖热负荷 70W/m^2 计算，白炽灯和荧光灯产生的热负荷占总的热负荷的百分比分别为：

白炽灯：8/70=11.43%

荧光灯：1.44/70=2.05%

由此可见，夏季用白炽灯照明不仅降低了照明的能效，而且增加了空调的负荷，进而使用电能效进一步降低，而荧光灯则相反。到了冬季，白炽灯产生的热负荷对室内的采暖有一定的贡献。

3.4.4 充分利用天然光资源提高能效

充分利用天然光不仅可以节能，而且还可以使人们在生理和心理上更为舒适，从而提高工作效率和生活质量，减少了长期在室内工作生活的人群患各种疾病的可能。基于这些原因，近年来国际上对天然光用于室内照明方面的工作相当重视，天津大学的沈天行教授在这方面做了大量的工作。

1. 利用特殊玻璃改善房间的光环境

门窗玻璃的光学性能以及窗户的采光措施对室内人工照明产生一定的影响，应尽可能增加天然光照射室内的时间，减少人工照明的时间。

1）智能调光玻璃

智能调光玻璃又称为电致变色玻璃，它通过改变电压的大小可调节玻璃的透光率，是调节外界光线进入室内很好的措施。通过电压变换可控制玻璃变色和颜色深浅度，从而控制及调节阳光照入室内的强度，使室内光线满足人们的需求。它在建筑物门窗上使用不仅具有光透射比变换自如的功能，而且在建筑物门窗上占用空间极小，省去了设置窗帘的机构及空间（图 3-10）。

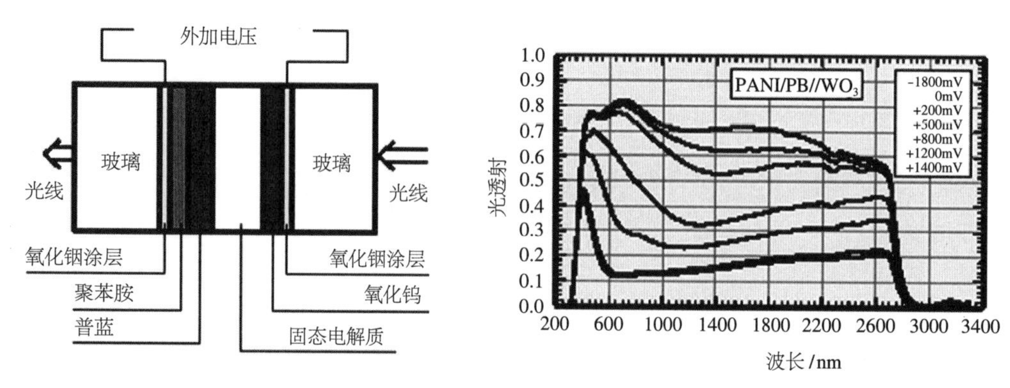

图 3-10 电致变色玻璃的组成（左图）及不同波长光线电压与光透射的关系（右图）
（资料来源：Bjorrn Petter Jelle，Georg Hagen. Electrochromic Windows-Regulating the Solar Energy through Windows[Z]. Norwegian University of Science and Technology）

2）自净玻璃

自净玻璃是在平板玻璃表面涂覆了一层透明的 TiO_2 光催化剂涂膜的新玻璃。当被称为“光触媒”的 TiO_2 催化剂膜遇到太阳光或荧光灯、紫外线照射后，在外界光的激发状态下会使玻璃面层上的透明 TiO_2 表面附着的有机物、污染物变成二氧化碳和水，且自动消除。目前，它已被用于盖板玻璃、室外玻璃、灯具灯罩、住宅厨房玻璃以及高级建筑物的玻璃幕墙装饰玻璃。

2. 采用反光措施把天然光引入房间深处

通常侧窗采光的室内天然光的均匀度很差，在窗户附近的天然光照度可能大大高于室内深处的照度，给使用带来很多不便。为充分利用天然光，国外已开发成功一些新的材料或装置，使室内天然光照度的均匀度大大提高。

1）反光遮光百叶窗帘

它是由反光材料制成的窗帘，水平百叶不仅能遮挡阳光直接射入窗内，降低了靠近窗户的室内区域的照度，同时还把光线反射到顶棚，再由顶棚反射到房间的深处（图 3-11），从而改变了房间各表面的亮度分布。它可以根据太阳光的入射角度调节百叶水平方向的角度，百叶窗帘安装了电动遥控装置后可以根据人们的需要方便地进行遥控。垂直百叶可以通过调节垂直方向的角度改善房间开间方向的采光状况。夜晚使百叶处于闭合状态，可以有效地把人工照明的光线反射到室内。

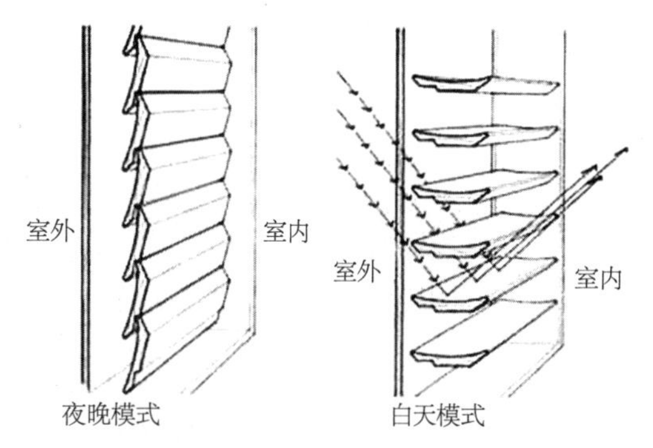

图 3-11　反光遮光百叶窗帘

（资料来源：Progressive Architecture[EB/OL]. November 1981 techno-info.com/HannaShapira）

2）反光板反射光线

在室内窗户的上部设置部分反射材料制成的反光板，可以防止附近活动的人受到日光直射产生的眩光干扰，同时，反光板不会遮挡眼睛对窗外景观的观看，调节上部百叶的水平角度，可以把光线反射到房间的深部，调节了室内各表面的亮度分布（图 3-12）。

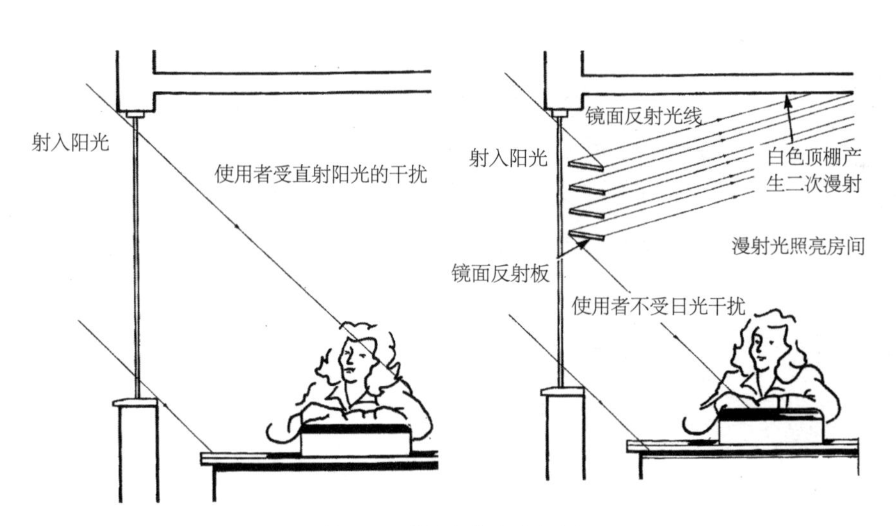

图 3-12　设置在室内的反光板

（资料来源：Glenn Sweitzer. Daylighting［Z］. Department of Building Services Engineering Hong Kong Polytechnic University，12 October，2000）

3）天然光采光系统装置

国外开发的 Anidolic 天然光采光系统装置（Daylighting Systems）（图 3-13）能够收集来自天空的直射和漫射光线，并通过装置内部的两组反射面对收集到的天然光完成一次或两次反射，使光线到达房间深处的顶棚或墙面，大大改善了房间的采光水平。当然，这组装置用于住宅采光时还需要与房间内部空间布置相协调，当房间高度较低时，它显得不够美观。

图 3-13　房间内普通采光窗（左图）与天然光采光系统装置（右图）效果对比
（资料来源：Anidolic Daylighting Systems［EB/OL］. Leso.www.epfl.ch）

4）日光收集与导光装置

日本开发的称为 SO-LIGHT 的活动日光照明系统装置，其收集日光的性能非常出色。一天中，太阳在天空的位置持续变化，当日光照射角度很低时（早晨与黄昏），普通天窗很难采集到光线，而 SO-LIGHT 使用光电元件驱动平板棱镜，并可根据计算机设计好的程序自动跟踪太阳的位置，不需要人工供电驱动，最大限度地减少了运行成本（图 3-14）。

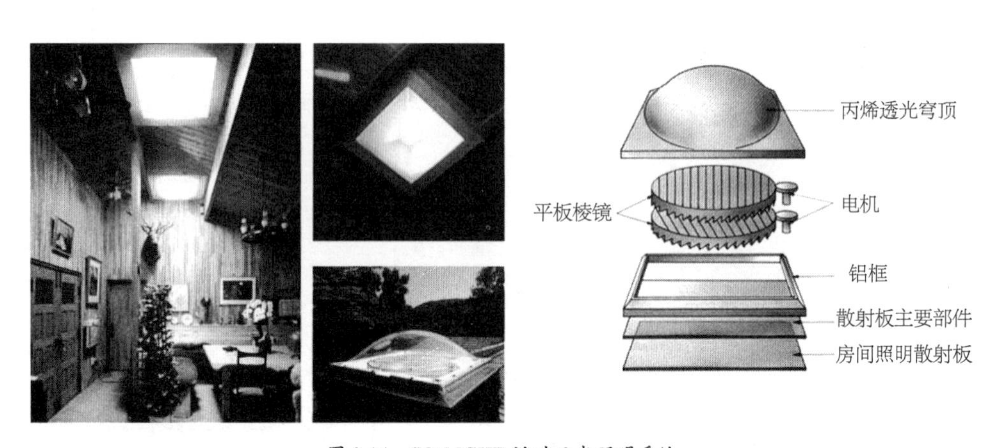

图 3-14　SO-LIGHT 活动日光照明系统
（资料来源：K.P. Cheung. Department of Architecture，The University of Hong Kong［Z］. Arch.hku.hk）

5）棱镜玻璃的导光与遮光

棱镜玻璃由两层玻璃组成，每层玻璃暴露在外表的面与普通玻璃一样有着平滑的表面，两层玻璃交接的部分为呈 90º 三角形交叉排列的平行棱镜，棱镜面可由普通玻璃、丙烯玻璃、聚碳酸酯玻璃构成，并且有以下光学特性：

（1）间隙的上部设有镜面反射涂层，在夏季太阳高度角较高时，阻挡了日光的直射，而下部为漫射面，夏季的天空漫射光和冬季太阳高度角较低的日光都可直接穿过玻璃进入室内（图 3-15）。

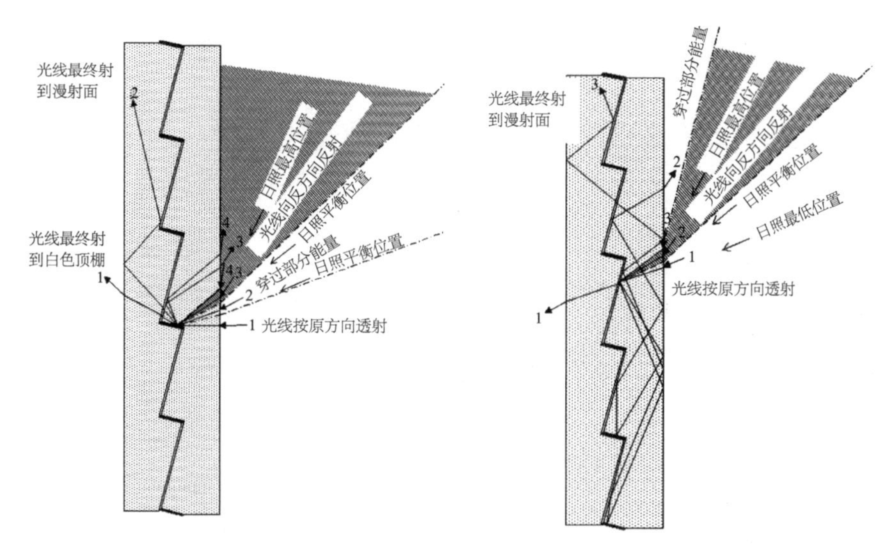

图 3-15　光线入射镜面反射面的轨迹（左图）及光线入射间隙面的轨迹（右图）
（资料来源：Dr.-Ing. Werner Lorenz，Essen Germany . Glazing Units for Solar Control[J/OL]. Energy Conservation and Daylighting. We. orenz.bei.t-online.de）

（2）镜面反射面把夏季太阳高度角较高时的日光反射出去，一部分光线经过间隙面的下部反射到室内顶棚，再由顶棚漫射到室内深处，另一部分反射到室外。冬季太阳高度角较低的日光可以直接反射到室内深处或室内顶。

这种玻璃对日光进行了合理的再分配，当安装在可以通过计算机调节角度的旋转窗户上时，便可发送有效的指令控制天然光进入室内的总量。

3.5　住宅人工照明光环境质量的模糊综合评价

3.5.1　人工照明光环境质量各因素在住宅中的综合应用

1. 住宅套型与家庭户型分析

该套住宅位于重庆市沙坪坝区学林雅园住宅小区，建筑面积为 151.97m^2，套内面积为 129.89 m^2。住宅套型为三室两厅，设有一个厨房和两个卫生间，入口处为一花园式阳台。

该套住宅的主人为重庆高校教师，家庭户型为主干家庭，人口构成为 5 人：青年夫妇（35 岁）、中老年人（丈夫的父亲，67 岁，母亲，65 岁）、儿子（2 岁）。主要行为方式：丈夫和妻子在高校学习、工作，除授课和社会活动外，大部分时间都在家中。即，住宅已经成为工作、学习和生活的主要场所。SOHO 住宅是本套住宅追求的目标，因而需要一间书房满足这一功能要求。丈夫的父母已退休多年，大部分时间在家，需要一间单独的卧室。孩子目前尚不具备单独设一个房间独立生活的能力，因而，他将来使用的卧室可暂作书房用，以后书房的一些功能可调整到主卧室（图 3-16）。

2. 住宅人工照明光环境构成的原则

根据前面各章节的理论分析，对该套住宅人工照明光环境构成的原则作如下总结：

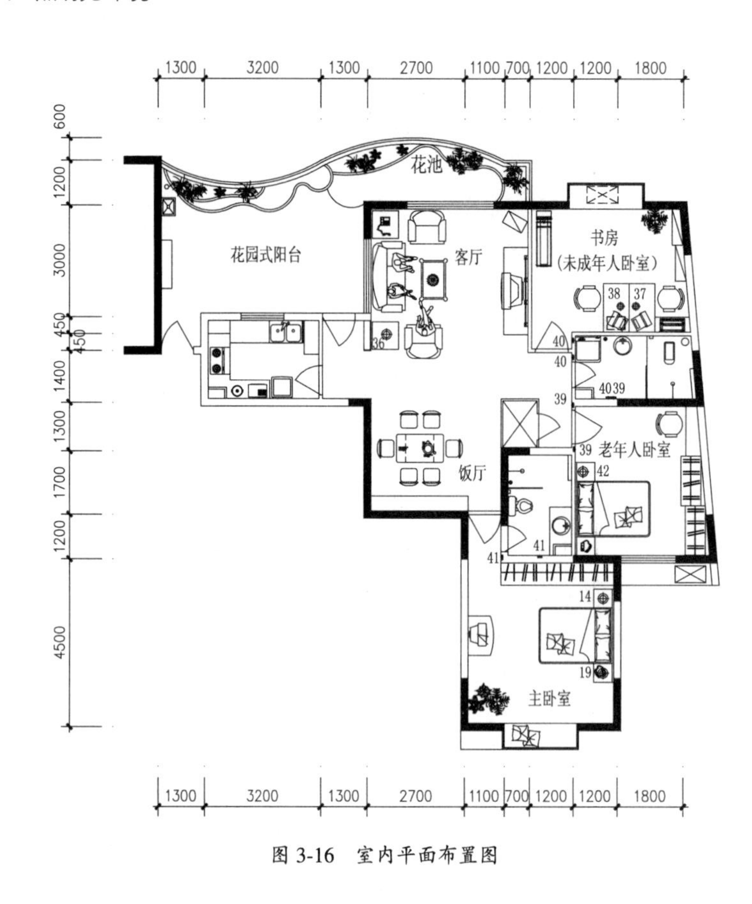

图 3-16 室内平面布置图

（1）从视觉生理因素方面考虑，不同年龄段的人对光环境需求存在着差异。儿童视觉系统尚处在发育期，需要一个明亮的人工照明光环境；中老年人的视觉能力在不断地衰退，需要一个明亮且亮度分布相对均匀的人工照明光环境。

（2）从视觉心理因素方面考虑，人工照明光环境对人的生活质量、精神状态产生一定的影响，不同的行为活动需要不同的人工照明光环境，应根据家庭行为活动的不同综合考虑人工照明光环境。

重庆地区夏天炎热且光照充足，冬天阴冷且多云多雨，住宅人工照明光环境的设计应充分考虑在不同季节时人的心理需求。

（3）从非视觉因素方面考虑，冬季天然光照不足会造成人体生物钟紊乱、季节性荷尔蒙分泌不足、季节性情感紊乱，应合理运用人工照明光环境调节和改善生理状况。

（4）充分考虑人工照明光环境质量各因素的和谐统一。

（5）生活和工作方式影响人工照明光环境的品位，如本套住宅的书房以创造能够体现“SOHO”理念的人工照明光环境为目的。

（6）人工照明光环境在富于变化的同时应具有相对稳定性，且场景间过渡应采取渐变而不是突变的方式，使视觉系统逐步适应。

（7）创造高能效的住宅人工照明光环境，在光源的选择方面充分体现绿色照明的观念。

（8）合理利用紫外线灯对厨房及通风不良的暗卫生间定期消毒。

（9）在房间的适当位置充分考虑夜间去卫生间排便的深夜照明。

（10）设计合理的控制方式，应具有操作简便、易于记忆以及控制灵活的特点。

（11）用智能控制手段对以上各原则有效地整合,使人工照明光环境达到在某种程度上随心所欲地变化。

3. 不同人工照明光环境场景下的灯光组合方式

表 3-10 对灯具布置平面的每一组灯具作了详细的编号，然后通过其中若干组灯光的组合创造出不同的人工照明光环境场景（表 3-10 ~ 表 3-14，图 3-17），每种场景均有 2 ~ 3 种灯光的组合方式，家庭成员可根据自己的爱好选择符合个人意愿的照明方式,图 3-18 ~ 图 3-23 为部分场景实景拍摄图。客厅墙面、地面、顶棚的反射比测定值见表 3-15。

光源的编号及灯具类型 表 3–10

编号	光源类型	光源色温	灯具类型	光源数量	备注
1	36W 紧凑型荧光灯	4000K	吸顶灯	2	0 ~ 100% 调光
2	38W 紧凑型荧光灯	6400K	吸顶灯	2	0 ~ 100% 调光
3	55W 紧凑型荧光灯	2700K	吸顶灯	1	
4	13W 紧凑型荧光灯	6400K	吊灯	2	
5	3×15W+2×3W 紧凑型荧光灯	2700K	嵌入式筒灯	5	
6	13W 紧凑型荧光灯	2700K	吊灯	1	
7	35W MR 灯	3000K	低压线吊灯	3	
8	15W 紧凑型荧光灯	6400K	嵌入式筒灯	3	
9	11W 紧凑型荧光灯	2700K	壁灯	2	
10	3W 紧凑型荧光灯	6400K	电视机背光灯	2	
11	35W MR 灯	4000K	筒灯	3	
12	9W 紧凑型荧光灯	6400K	吊灯	2	
13	3W 紧凑型荧光灯	6400K	电视机背光灯	1	
14	15W LED 灯	2900K	台灯	2	0 ~ 100% 调光
15	60W 白炽灯	2900K	吊灯	1	
16	15W 白炽灯	2900K	筒灯	1	0 ~ 100% 调光
17	20W 紧凑型荧光灯	2900K	吊灯	1	
18	13W 紧凑型荧光灯	6400K	吊灯	2	
19	60W 白炽灯	2900K	台灯	1	0 ~ 100% 调光
20	20W 紧凑型荧光灯	2700K	吊灯	1	
21	13W 紧凑型荧光灯	2700K	吊灯	2	
22	60W 白炽灯	2900K	唤醒灯	1	0 ~ 100% 调光
23	32W 紧凑型荧光灯	6400K	摇壁灯	1	
24	20W T5 三基色荧光灯	6400K	吸顶灯	1	
25	20W 紫外线灯	—	杀菌灯	1	
26	20W 紫外线灯	—	杀菌灯	1	
27	40W 白炽灯	2900K	吸顶灯	1	

续表

编号	光源类型	光源色温	灯具类型	光源数量	备注
28	20W T5 三基色荧光灯	6400K	镜前灯	1	
29	29W 紧凑型荧光灯	6400K	吸顶灯	1	
30	36W 紧凑型荧光灯	6400K	吸顶灯	1	
31	20W 紫外线灯	—	杀菌灯	1	
32	15W 白炽灯	2900K	吸顶灯	2	触摸式延时开关控制
33	11W 紧凑型荧光灯	4000K	吊灯	4	
34	40W 白炽灯	6400K	吊灯	3	
35	26W 环形荧光灯	6400K	吸顶灯	1	
36	60W 白炽灯	2900K	落地灯	3	
37	18W 护眼灯	5000K	书房台灯	3	
38	18W 护眼灯	5000K	书房台灯	1	
39	15W 白炽灯	2900K	距地 150mm 脚灯	3	老年人房间
40	10W 白炽灯	2900K	距地 150mm 脚灯	3	
41	10W 白炽灯	2900K	距地 150mm 脚灯	2	
42	60W 白炽灯	2900K	次卧室台灯	1	
43	40 W 白炽灯	2900K	筒灯		0 ～ 100% 调光
44			浴霸	1	
45			浴霸	1	

注：1. 本数据为测试时的光源种类，现部分光源已选用光效更高的 LED 灯替代；

2. 现适量保留部分白炽灯，因为白炽灯的光谱分布、显色性与其他光源相比仍具有独特之处，对人的视觉和非视觉因素产生一定有利的影响。

客厅天然采光不足时的人工照明补充方式 **表 3–11**

房间类型	照明光环境类型	照明光环境状态		灯光组合		总功率（W）	单位面积功率指标（W/m²）
客厅	人工照明对天然采光的补充	2003 年 5 月 18 日（全云天）	18：10	天然采光	—	—	—
			18：20	天然采光	—	—	—
				补充人工照明	8（日光色）	45	1.36
			18：30	天然采光	—	—	—
				补充人工照明	8（日光色）	45	1.36
			18：40	天然采光	—	—	—
				补充人工照明	8（日光色）+2（日光色）	121	3.67
			18：50	天然采光	—	—	—
				补充人工照明	1（冷白色）+2（日光色）	148	4.48
		2003 年 5 月 23 日（晴天）	19：10	天然采光	—	—	—
			19：20	补充人工照明	1（冷白色）+2（日光色）	148	4.48

不同场景下客厅的灯光组合方式　　**表 3–12**

照明光环境类型	照明光环境状态		照度值（lx）	灯光组合	总功率（W）	单位面积功率指标（W/m^2）
晚间照明	日常照明	夏季照明	75~100	（1）1（冷白色）	72	2.18
				（2）2（日光色）	76	2.30
				（3）1（冷白色）+2（日光色）	148	4.48
		春秋季照明	100~150	（1）1（冷白色）+3（暖白色）	127	3.85
				（2）1（冷白色）+2（日光色）	148	4.48
				（3）2（日光色）+3（暖白色）	131	3.97
		冬季照明	150~200	（1）2（日光色）+3（暖白色）	131	3.97
				（2）3（暖白色）+5（暖白色）	106	3.21
				（3）1（冷白色）+5（暖白色）	123	3.73
	会客照明	夏季照明	150~200	（1）1（冷白色）+9（暖白色）+7（橙绿蓝）+8（日光色）	302	9.15
				（2）1（冷白色）+2（日光色）+9（暖白色）+7（橙绿蓝）	333	10.09
				（3）2（日光色）+3（暖白色）+9（暖白色）+7（橙绿蓝）	316	9.58
		春秋季照明	150~200	（1）1（冷白色）+3（暖白色）+9（暖白色）+7（橙绿蓝）	312	9.45
				（2）1（冷白色）+2（日光色）+9（暖白色）+7（橙绿蓝）	333	10.09
				（3）1（冷白色）+5（暖白色）+6（暖白色）+7（橙绿蓝）+11（暖白色）	346	10.48
		冬季照明	200~250	（1）2（日光色）+3（暖白色）+7（橙绿蓝）+6（暖白色）+8（日光色）	294	8.91
				（2）1（冷白色）+3（暖白色）+5（暖白色）+7（橙绿蓝）	283	8.58
				（3）1（冷白色）+5（暖白色）+6（暖白色）+7（橙绿蓝）+11（暖白色）	346	10.48
	团聚照明	夏季照明	200~250	（1）1（冷白色）+2（日光色）+4（日光色）+9（暖白色）+7（暖白色）	359	10.88
				（2）1（冷白色）+2（日光色）+4（日光色）+6（暖白色）+8（日光色）+7（橙绿蓝）	337	10.21
		春秋季照明	200~250	（1）1（冷白色）+3（暖白色）+4（日光色）+6（暖白色）+9（暖白色）+7（橙绿蓝）+11（暖白色）	456	13.82
				（2）1（冷白色）+5（暖白色）+6（暖白色）+9（暖白色）+7（橙绿蓝）+11（暖白色）	426	12.91
				（3）2（日光色）+3（暖白色）+8（日光色）+9（暖白色）+7（橙绿蓝）+11（暖白色）	466	14.12
		冬季照明	250~300	（1）2（日光色）+3（暖白色）+5（暖白色）+6（暖白色）+9（暖白色）+7（橙绿蓝）	380	11.52
				（2）1（冷白色）+2（日光色）+3（暖白色）+6（暖白色）+11（暖白色）+7（橙绿蓝）	426	12.91
				（3）1（冷白色）+ 3（暖白色）+5（暖白色）+6（暖白色）+7（橙绿蓝）+11（暖白色）	401	12.15
	睡前照明	夏季照明	30~75	（1）1（冷白色）调暗 50%	50	1.52
				（2）2（日光色）调暗 50%	53	1.61
				（3）1（冷白色）调暗 50%+2（日光色）调暗 50%	103	3.12
		春秋季照明	30~75	（1）1（冷白色）调暗 50%	50	1.52
				（2）1（冷白色）调暗 50%+2（日光色）调暗 50%	103	3.12
				（3）3（暖白色）	55	1.67

续表

照明光环境类型	照明光环境状态		照度值（lx）	灯光组合	总功率（W）	单位面积功率指标（W/m^2）
晚间照明	睡前照明	冬季照明	30~75	（1）3（暖白色）	55	1.67
				（2）1（冷白色）调暗 50%+3（暖白色）	105	3.18
看电视照明			30~75	2（日光色）10%+10（日光色）	51	1.55
节能照明				6（暖白色）	13	0.39
冬季光疗型照明				1（冷白色）+2（日光色）+3（暖白色）+5（暖白色）+4（日光色）+6（暖白色）+8（日光色）	338	10.24
外出照明场景				（1）1（冷白色）	72	2.18
				（2）2（日光色）	76	2.30
				（3）2（日光色）+22（暖白色）	116	3.52
精细作业照明			300~750	36（不纳入智能控制系统）		
深夜去卫生间照明			2~5	40 或 39		

不同功能卧室的灯光组合方式 **表 3-13**

房间类型	照明光环境类型	照明光环境状态		照度值（lx）	灯光组合	备注
主卧室	晚间照明	日常照明	夏季及春秋照明	50~75	15	
			冬季照明	100~150	12+15	
		看电视照明		30~50	13	
		精细作业照明		300~500	14 或 19	
	睡前照明	—		30~50	13+16	
	深夜照明	—		2~5	41	
	冬季起床照明	—		300	14 渐亮——闹钟响 19 渐亮——闹钟响	
未成年人卧室	幼儿及学龄前儿童照明	日常照明		75~100	20+21	
		深夜照明		5~10	22 调光到光通量的 10%~20%（防止夜间产生恐惧感）	
	学龄与青春期的照明	日常照明		75~100	20+21	
		睡前照明		—	20（夏），21（春秋、冬季）	
		学习照明		350~750	37（不纳入智能控制系统）	
		视频显示终端照明	水平照度	300~750	（1）20（一般照明）+37（局部照明）	
		视频显示终端照明	垂直照度	150~300	（2）21（一般照明）+37（局部照明）	
		床头阅读		300~500	22	

续表

房间类型	照明光环境类型	照明光环境状态		照度值（lx）	灯光组合	备注
未成年人卧室	学龄与青春期的照明	深夜卫生间照明		2~5	40	
		冬季起床照明		300	22 渐亮——闹钟响	
老年人卧室	晚间照明	一般照明	夏季照明	100~150	18	
			春秋及冬季照明	150~200	17+18	
		看电视照明		50~75	17 调光到光通量的 50%	
		会客照明		200~300	17+18+19	
		精细作业照明		400~1000	42	
		睡前照明		50~75	17 调光到光通量的 50%	
		深夜卫生间照明		10~20	39	

不同房间的灯光组合方式　　表 3–14

房间类型	照明光环境类型	照明光环境状态		照度值（lx）	灯光组合	备注
书房	晚间照明	夏季	日常	75~100	20	
			会客	150~200	20+21	
		冬季	日常	100~150	21	
			会客	200~250	20+21	
		学习或工作照明		300~500	37 或 38	
		视频显示终端照明	水平照度	500~750	（1）20（一般照明）+37（局部照明）	
					（2）21（一般照明）+37（局部照明）	
			垂直照度	150~300		
厨房	日常生活照明	—	—	75~100	29	
	精细操作照明	—		150~200	29+30	
	紫外线杀菌	—		—	31	
餐厅	—	一般照明		75~100	客厅照明	
	会客就餐照明	—		150~200	（1）客厅照明 +6（暖白色）	
					（2）客厅照明 +4（日光色）	
					（3）客厅照明 +4（日光色）+6（暖白色）	
	精细作业照明	—		300~500	客厅照明 +4（日光色）+8（日光色）	
主卫生间	日常照明	—		50~75	27	
	化妆照明	—		200~500	27+28	
	深夜照明	—		2~5	41	

续表

房间类型	照明光环境类型	照明光环境状态	照度值（lx）	灯光组合	备注
主卫生间	紫外线杀菌	—	—	26	
	洗浴前浴霸加热	—	—	44	
次卫生间	日常生活照明	—	50~75	23	
	化妆照明	—	200~500	23+24	
	深夜照明	—	2~5	40 或 39	
	紫外线杀菌	—	—	25	
	洗浴前浴霸加热	—	—	43	
阳台	日常生活照明	夏季照明	50~75	33	
		冬季照明	75~100	33+34	
	入口照明	—	20~30	32	

注：1. 客厅与餐厅面积总和为 33m^2。

2. 单位面积功率指标未包括镇流器功率消耗。

3. 人工照明对天然采光的补充以 5 月 18 日全云天以及 5 月 23 日晴天为例分别进行测试分析；若遇到与这两种天气类似的情况，可通过安装在房间内的照度传感器控制人工照明光环境场景。

4. 春秋季照明的照度值可根据使用者自身需求提高到冬季照度水平。

客厅墙面、地面、顶棚的反射比测定值 **表 3-15**

测点		1		2		3		4		5		平均
		E_p	E_i	E_p	E_i	E_p	E_i	E_p	E_i	E_p	E_i	
墙面	照度	88.9	109.8	120.4	155.6	141.9	194.7	67.5	86.4	60.2	78.6	
	ρ_w	0.81		0.77		0.73		0.78		0.77		0.77
地面	照度	70.7	152.4	150.8	374.0	37.7	79.2	78.5	173.4	24.8	61.2	
	ρ_f	0.46		0.40		0.48		0.45		0.41		0.44
顶棚材料 1	照度	21.5	27.6	36.7	45.6	30.3	41.2	10.3	13.4	45.5	58.9	
	ρ_{c1}	0.77		0.80		0.73		0.76		0.77		0.77
顶棚材料 2	照度	2.6	7.0	5.9	17.3	21.9	69.0	15.3	41.5	11.2	37.1	
	ρ_{c2}	0.37		0.34		0.32		0.37		0.32		0.34

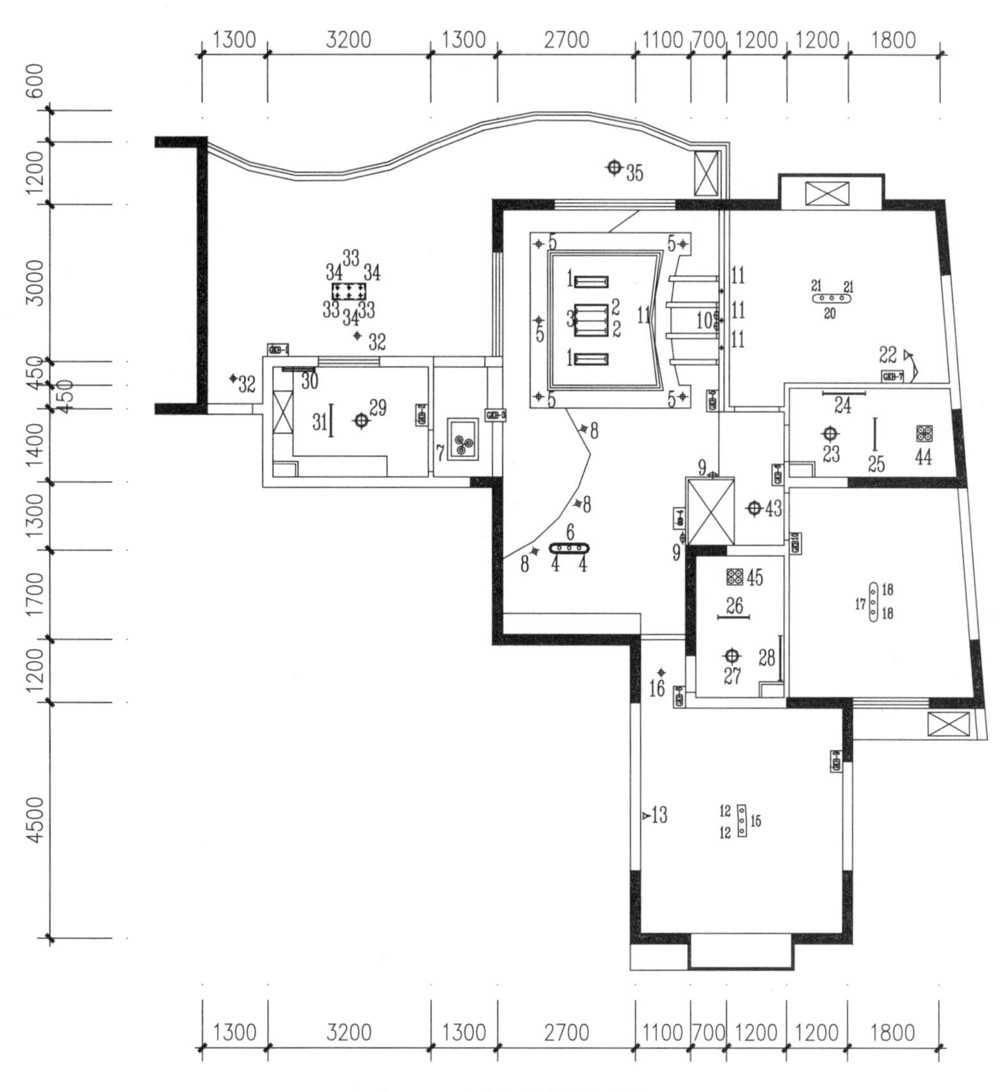

图 3-17 室内灯具布置平面图

图 3-18 夏季日常人工照明光环境场景

图 3-19 冬季团聚人工照明光环境场景

图 3-20　春秋季团聚人工照明光环境场景

图 3-21　冬季会客人工照明光环境场景

图 3-22　冬季光疗型人工照明光环境场景

图 3-23　全云天人工照明对天然采光的补充

3.5.2　不同人工照明光环境场景的测试、分析与模糊综合评价

1. 不同人工照明光环境场景的测试

测试仪器：照度计（北京师范大学光学仪器厂 ST-80C）

亮度计（TOKYO KOGAKU KIKAI K K. JAPAN BM-3）

由客厅、餐厅及联系其他房间的过渡空间构成的一个整体空间没有明显的分区界线，如果按一个完整的空间去衡量其整体平均照度值，会造成能源的浪费。应合理地把它界定为两个互相联系又相对独立的空间，这两个空间的人工照明光环境应符合行为和视觉需求，并有各自的重点。因而对房间内测点的布置与

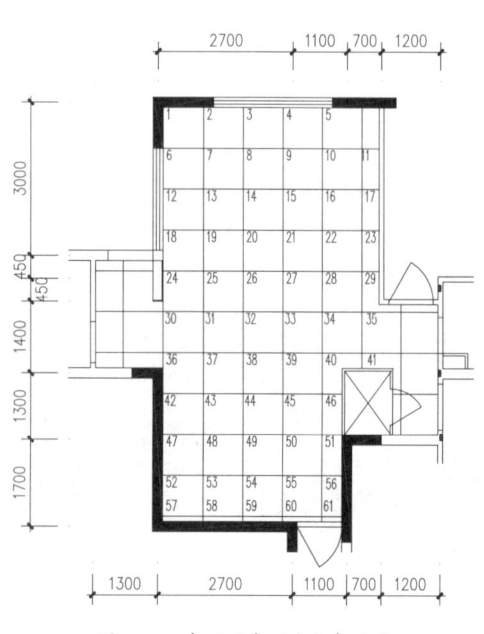

图 3-24　客厅照度测试点布置图

划分作以下分析（图 3-24）：

（1）以房间内地砖铺装十字交叉点为照度测量布置点（地砖尺寸为 800mm × 800mm）；

（2）测点高度为 0.75m；

（3）1 ~ 41 测点为客厅照度测量点，42 ~ 61 测点为餐厅照度测量点，应分别计算两个不同功能活动空间的照度平均值；

（4）由于视觉系统所看到的是房间内的总体的亮度与照度分布，因而照度均匀度以及墙面的亮度分布应整体考虑。

第 1、2、3 组灯具效率测定值见表 3-16，不同人工照明光环境场景照度实测值见表 3-17 ~ 表 3-20（每一场景分别测量 3 次，取各点的平均值），各场景下客厅主要观看范围的墙面亮度比见表 3-21 ~ 表 3-24。

灯具效率实测结果 **表 3–16**

测试点	裸灯	安装灯罩后	灯具效率	灯具效率近似取值
a	169.8	211	80.47%	80%
b	197.6	241	81.99%	
c	189.2	233	81.20%	

日常照明场景 **表 3–17**

测点	夏季			春秋季			冬季		
	场景 1	场景 2	场景 3	场景 1	场景 2	场景 3	场景 1	场景 2	场景 3
1	38.4	36.1	74.6	61.9	74.6	59.6	59.6	117.3	132.4
2	61.6	55.0	117.2	97.2	117.2	90.6	90.6	161.0	187.9
3	75.1	63.1	138.2	116.8	138.2	104.9	104.9	134.4	168.3
4	71.1	60.9	133.8	111.7	133.8	100.6	100.6	96.1	129.0
5	55.4	50.4	106.2	88.0	106.2	83.9	83.9	83.9	107.1
6	65.5	63.8	131.8	108.2	131.8	108.6	108.6	198.8	221.5
7	117.0	110.8	230.3	190.6	230.3	186.9	186.9	278.3	322.5
8	160.0	143.4	305.0	253.0	305.0	238.5	238.5	247.5	314.3
9	149.0	135	286.0	238.7	286.0	226.4	226.4	179.3	239.0
10	101.0	96.7	200.0	166.6	200.0	163.5	163.5	161.3	199.9
11	71.5	69.9	143.1	118.4	143.1	119.0	119.0	132.0	157.1
12	72.8	76.8	151.7	124.9	151.7	130.0	130.0	219.9	241.4
13	134.5	148.1	284.7	233.0	284.7	249.3	249.3	320.3	355.3
14	170.5	223.3	412.0	337.0	412.0	370.3	370.3	309.7	352.7
15	176.4	205.0	382.3	312.0	382.3	341.0	341.0	225.6	265.3
16	114.5	124.2	240.0	197.6	240.0	209.9	209.9	143.0	174.4
17	77.0	79.4	158.6	130.5	158.6	135.1	135.1	102.4	126.9
18	70.6	75.1	147.0	121.4	147.0	127.1	127.1	216.1	236.3
19	129.0	145.7	276.0	226.0	276.0	244.7	244.7	313.3	346.7
20	185.8	220.3	404.7	330.3	404.7	366.0	366.0	303.3	343.0

续表

测点	夏季			春秋季			冬季		
	场景 1	场景 2	场景 3	场景 1	场景 2	场景 3	场景 1	场景 2	场景 3
21	172.9	203.0	375.3	306.0	375.3	337.3	337.3	220.3	258.7
22	110.8	122.5	234.1	192.6	234.1	205.8	205.8	139.2	169.0
23	74.7	77.6	154.0	127.6	154.0	131.3	131.3	99.1	122.1
24	119.1	115.8	240.7	198.8	240.7	199.1	199.1	308.7	319.3
25	105.2	101.2	208.7	172.1	208.7	170.3	170.3	258.7	297.0
26	146.3	134.9	281.3	233.3	281.3	222.0	222.0	229.3	288.0
27	137.4	127.4	264.0	219.3	264.0	210.3	210.3	165.8	218.3
28	91.1	88.6	181.0	150.5	181.0	149.1	149.1	149.4	182.0
29	64.5	63.8	130.2	107.6	130.2	108.8	108.8	123.5	145.9
30	46.6	43.7	91.8	75.6	91.8	73.4	73.4	139.9	157.4
31	67.1	59.6	128.3	106.2	128.3	99.9	99.9	177.1	205.1
32	84.0	70.3	155.0	130.3	155.0	117.0	117.0	149.6	187.9
33	80.7	68.2	150.0	125.6	150.0	114.3	114.3	108.8	144.9
34	61.5	55.6	118.4	98.2	118.4	93.2	93.2	102.4	127.4
35	45.0	42.6	88.6	73.3	88.6	71.9	71.9	83.4	100.3
36	34.5	31.9	67.4	55.7	67.4	53.7	53.7	82.0	95.3
37	41.1	36.5	78.3	65.2	78.3	61.3	61.3	92.9	110.7
38	46.7	40.1	87.4	73.0	87.4	67.1	67.1	82.2	102.5
39	45.8	35.6	68.1	71.9	68.1	66.3	66.3	64.8	84.5
40	39.7	31.9	76.0	63.2	76.0	59.9	59.9	54.8	70.9
41	34.2	21.9	66.9	55.5	66.9	53.9	53.9	47.5	60.5
$E_{av1\sim41}$	91.8	91.6	184.6	152.8	184.6	154.2	154.2	166.4	196.8
$E_{av1\sim41}\cdot MF$	73.5	73.3	147.7	122.2	147.7	123.4	123.4	133.2	157.4
42	25.2	15.5	39.0	32.4	39.0	31.1	31.1	38.2	51.1
43	32.9	20.3	53.7	44.7	53.7	42.6	42.6	49.6	65.7
44	34.8	21.6	56.9	47.4	56.9	44.8	44.8	47.3	64.4
45	34.7	21.7	56.8	47.3	56.8	44.8	44.8	42.0	59.0
46	33.0	20.5	54.0	44.9	54.0	42.9	42.9	37.6	53.6
47	23.5	15.3	34.3	28.5	34.3	27.4	27.4	30.1	42.0
48	26.2	17.3	47.1	39.1	47.1	37.5	37.5	39.7	54.2
49	27.0	18.5	48.7	40.5	48.7	38.7	38.7	38.5	53.6
50	27.1	18.3	48.8	40.6	48.8	38.6	38.6	35.6	50.7
51	26.3	17.3	47.1	39.2	47.1	37.6	37.6	33.0	47.5
52	21.6	13.2	34.6	27.9	34.6	32.2	32.2	28.3	35.7
53	23.4	16.1	37.8	31.3	37.8	34.3	34.3	30.5	41.0
54	23.8	16.4	38.7	32.1	38.7	34.0	34.0	30.6	41.2
55	23.8	16.4	38.8	32.2	38.8	34.1	34.1	29.7	40.4
56	23.0	15.8	37.4	31.0	37.4	33.1	33.1	29.2	38.6
57	19.6	14.9	33.2	28.7	30.2	32.8	32.8	28.5	36.5
58	20.7	15.2	34.0	29.9	34.0	28.6	28.6	29.5	38.5

续表

测点	夏季			春秋季			冬季		
	场景 1	场景 2	场景 3	场景 1	场景 2	场景 3	场景 1	场景 2	场景 3
59	21.0	15.5	34.7	30.5	34.7	32.2	32.2	29.6	38.7
60	21.3	15.5	34.8	30.5	34.8	34.0	34.0	29.1	38.3
61	20.4	15.8	34.1	29.2	34.1	32.9	32.9	28.7	38.5
$E_{av42\sim61}$	25.5	17.2	41.9	35.4	42.1	35.7	35.7	34.3	46.5
$E_{av42\sim61}\cdot MF$	20.4	13.7	33.5	28.3	33.7	28.6	28.6	27.4	37.2
E_{av}	69.8	67.2	137.9	114.3	137.9	115.3	115.3	123.1	147.5
$E_{av}\cdot MF$	55.8	53.8	110.3	91.4	110.3	92.2	92.2	98.5	118.0
$E_{min42\sim61}$	19.6	14.9	33.2	27.9	30.2	27.4	27.4	28.3	35.7
E_{min}/E_{av}	0.28	0.22	0.24	0.24	0.22	0.24	0.24	0.23	0.24

注：1. $MF=K_1\cdot K_2\cdot K_3$

式中　MF——维护系数；

K_1——光源光通量衰减系数，荧光灯为 0.8，白炽灯为 0.85，考虑到各表测试结果是光源已在本房间内使用 100h 以上得到的数据，故近似取 0.85；

K_2——灯具积尘减光系数，清洁房间直接型灯具照明为 0.95，考虑到测试时光源及灯具已有一定程度的积尘，故取 0.98；

K_3——房间表面积尘污染光损失系数，清洁房间直接型灯具照明为 0.96。

则　$MF=0.85\times0.98\times0.96=0.80$

2. 房间内摆设家具（深咖啡色）后与无家具房间相比，根据测试结果分析，平均照度下降约 8%，因而，本数据表使用房间内摆设家具后的测试结果。

3. 由于市场上针对紧凑型荧光灯（节能灯）开发的灯具品种较少，往往根据计算照度选配的一定功率的这类光源无法安装在合适的灯具内，只能选择功率相对较小的紧凑型荧光灯，因而，大多数灯光场景不能达到理论计算值和照度建议值的上限。建议相关灯具厂家开发出品种齐全的适用于不同功率紧凑型荧光灯的专用灯具。

4. 表 3-18 ~ 表 3-20 注释说明同此表。

会客照明场景　表 3-18

测点	夏季			春秋季			冬季		
	场景 1	场景 2	场景 3	场景 1	场景 2	场景 3	场景 1	场景 2	场景 3
1	61.1	76.3	61.4	63.7	76.3	151.2	92.1	182.5	151.2
2	100.0	119.4	93.2	99.7	119.4	210.3	135.0	264.3	210.3
3	111.5	141.7	107.1	119.2	141.7	203.0	156.0	258.0	203.0
4	105.8	136.1	103.5	114.7	136.1	174.6	150.3	212.8	174.6
5	91.4	109.1	86.0	91.0	109.1	156.5	134.1	193.1	156.5
6	78.2	133.2	110.5	111.5	133.2	192.5	121.5	236.0	192.5
7	136.0	235.2	191.4	196.3	235.2	283.3	206.0	361.0	283.3
8	181.7	310.3	244.0	259.5	310.3	294.0	260.7	384.3	294.0
9	169.1	292.8	231.4	244.7	292.8	238.0	246.3	317.7	238.0
10	119.2	205.9	168.1	171.1	205.9	203.0	181.9	257.7	203.0
11	88.9	148.1	124.2	123.1	148.1	165.2	136.4	200.3	165.2
12	90.3	154.3	133.7	127.0	154.3	209.3	147.8	262.7	209.3
13	162.2	292.7	257.0	241.7	292.7	317.7	279.3	421.0	317.7
14	221.5	420.7	377.3	344.7	420.7	334.3	406.3	480.7	334.3

续表

测点	夏季			春秋季			冬季		
	场景 1	场景 2	场景 3	场景 1	场景 2	场景 3	场景 1	场景 2	场景 3
15	205.7	389.7	348.0	318.3	389.7	268.3	374.7	394.3	268.3
16	137.3	246.3	215.3	203.9	246.3	186.9	233.7	252.3	186.9
17	97.3	164.1	140.7	136.5	164.1	142.8	155.8	175.0	142.8
18	96.7	150.6	130.5	124.4	150.6	206.7	153.0	257.0	206.7
19	177.2	290.7	258.7	240.7	290.7	313.0	293.3	415.7	313.0
20	236.3	416.3	376.3	341.7	416.3	328.0	423.7	472.0	328.0
21	216.0	384.3	346.3	314.3	384.3	262.7	386.3	386.3	262.7
22	143.6	241.0	212.9	199.7	241.0	181.4	237.3	254.2	181.4
23	100.2	161.2	138.2	134.5	161.2	139.8	156.2	170.1	139.8
24	184.6	245.2	195.1	203.7	245.2	331.0	262.1	408.7	331.0
25	193.9	233.3	204.3	197.7	233.3	278.0	258.3	348.3	278.0
26	242.7	296.3	237.3	248.3	296.3	284.0	319.7	361.7	284.0
27	213.3	275.3	221.3	230.7	275.3	256.3	286.7	295.0	256.3
28	138.0	191.1	158.9	160.9	191.1	198.2	194.1	238.0	198.2
29	97.1	139.2	117.6	117.9	139.2	186.8	138.4	185.5	186.8
30	178.2	166.1	149.5	151.8	166.1	205.5	201.3	228.3	205.5
31	202.7	165.9	137.6	144.1	165.9	212.4	239.0	246.7	212.4
32	221.0	174.7	136.8	149.1	174.7	190.9	258.7	225.8	190.9
33	192.3	163.0	127.6	139.6	163.0	152.1	226.0	184.1	152.1
34	125.8	131.6	106.6	111.7	131.6	136.0	155.3	161.6	136.0
35	82.3	101.8	84.8	86.3	101.8	108.5	106.1	127.4	108.5
36	181.0	138.8	125.5	127.0	138.8	158.0	203.3	164.4	158.0
37	206.0	113.6	95.9	99.9	113.6	145.4	243.0	145.0	145.4
38	221.3	106.4	85.6	91.5	106.4	129.5	260.0	128.9	129.5
39	174.8	100.6	80.7	86.2	100.6	103.2	204.3	109.7	103.2
40	113.1	90.5	74.4	77.7	90.5	83.4	133.6	93.2	83.4
41	73.7	79.6	66.6	68.2	79.6	68.1	90.5	80.5	68.1
$E_{av1\sim41}$	150.5	198.4	167.4	166.2	198.4	204.6	215.8	257.1	204.6
$E_{av1\sim41}\cdot MF$	120.4	158.7	133.9	133.0	158.7	163.7	172.6	205.7	163.7
42	129	43.4	35.5	36.8	43.4	70.8	169.9	54.6	70.8
43	212	75.3	64.2	66.3	75.3	132.1	280.7	84.5	132.1
44	202	72.1	59.9	62.5	72.1	135.2	284.0	78.6	135.2
45	156	70.9	58.8	61.3	70.9	93.6	179.2	71.5	93.6
46	103	67.8	56.7	58.7	67.8	67.4	109.8	65.3	67.4
47	129	38.5	31.7	32.7	38.5	65.2	128.1	38.5	65.2
48	182	63.8	52.2	55.8	63.8	135.4	198.4	53.8	135.4
49	174	62.0	51.9	53.8	62.0	149.4	189.0	55.4	149.4
50	123	62.1	52.0	53.9	62.1	93.4	130.2	52.9	93.4

续表

测点	夏季			春秋季			冬季		
	场景 1	场景 2	场景 3	场景 1	场景 2	场景 3	场景 1	场景 2	场景 3
51	86.7	60.7	51.2	52.7	60.7	58.9	89.7	50.2	58.9
52	98.7	37.6	37.2	32.9	38.6	50.5	128.5	46.8	50.5
53	136	44.1	39.7	37.7	44.1	91.3	198.6	49.8	91.3
54	119	48.8	41.2	42.3	48.8	101.0	189.7	51.3	101.0
55	90.2	49.9	42.2	43.3	49.9	70.9	130.1	50.9	70.9
56	70.1	49.0	41.7	42.6	49.0	50.0	89.7	48.6	50.0
57	64.1	38.1	30.1	33.7	39.1	46.4	87.0	46	48.4
58	95.0	42.1	38.1	36.0	42.1	62.0	136.8	46.1	62.0
59	82.8	45.1	37.9	38.8	45.1	68.6	128.3	48.8	68.6
60	63.9	46.5	39.4	40.3	46.5	53.7	94.9	46.7	53.7
61	49.4	45.1	38.3	39.1	45.1	49.5	77.1	45.2	52.5
$E_{av42\text{-}61}$	118.3	53.1	45.0	46.1	53.2	82.3	151.0	54.3	82.5
$E_{av42\sim61} \cdot MF$	94.6	42.5	36.0	36.8	42.6	65.8	120.8	43.4	66.0
E_{av}	139.9	150.8	127.2	126.8	150.8	164.5	194.6	190.6	164.6
$E_{av} \cdot MF$	111.9	120.6	101.8	101.4	120.6	131.6	155.7	152.5	131.7
E_{min}	49.4	37.6	30.1	32.7	38.5	46.4	77.1	38.5	48.4
$E_{min42\text{-}61}/E_{av}$	0.35	0.25	0.24	0.26	0.26	0.28	0.40	0.20	0.29

团聚及光疗型照明场景　　　　**表 3–19**

测点	夏季		春秋季			冬季			光疗型场景	
	场景 1	场景 2	场景 1	场景 2	场景 3	场景 1	场景 2	场景 3	0.75m	1.20m
1	177.0	199.2	173.0	160.9	146.2	203.0	246.7	257.0	339.3	364.0
2	99.8	130.5	92.8	152.2	89.7	179.2	138.0	202.3	252.3	309.3
3	152.1	174.8	151.4	213.3	131.9	252.7	214.0	292.7	379.0	496.3
4	185.8	208.0	180.9	201.3	151.0	243.3	256.3	298.3	387.3	451.7
5	148.4	169.4	140.1	151.1	132.2	192.9	207.3	236.0	294.7	307.3
6	131.6	146.6	118.5	196.5	119.5	233.7	179.9	259.7	327.0	400.7
7	232.7	254.7	207.3	290.3	203.3	350.0	314.0	400.7	510.0	666.7
8	309.0	332.3	273.0	294.7	263.7	369.3	414.0	444.0	567.0	721.0
9	290.3	313.3	258.0	234.7	250.3	309.0	391.7	383.3	493.7	576.7
10	202.7	222.1	189.8	201.0	188.1	256.7	283.3	317.3	393.0	415.0
11	145.5	164.7	165.0	185.4	166.8	202.3	231.7	264.3	275.7	317.0
12	154.5	172.8	136.2	213.7	145.4	265.3	210.0	290.7	371.0	445.7
13	292.3	318.0	254.3	323.3	280.7	431.0	399.7	473.3	612.0	806.3
14	427.0	454.7	363.7	333.0	436.0	515.0	585.7	566.0	747.3	910.3
15	394.7	419.3	338.0	262.0	399.0	430.3	542.7	486.0	644.7	897.0
16	246.7	268.7	235.0	203.3	254.3	271.7	356.3	337.0	420.7	448.0
17	163.6	182.7	279.0	191.6	283.7	185.7	354.3	271.3	272.0	289.0

续表

测点	夏季		春秋季			冬季			光疗型场景	
	场景 1	场景 2	场景 1	场景 2	场景 3	场景 1	场景 2	场景 3	0.75m	1.20m
18	151.4	177.8	134.9	272.7	150.2	261.0	205.0	285.0	373.3	444.3
19	291.7	331.3	253.7	210.0	291.3	427.0	394.7	466.3	614.3	801.7
20	424.0	468.3	360.0	319.0	453.7	511.0	578.0	558.7	754.3	930.7
21	391.3	429.0	336.3	327.0	412.0	426.0	535.0	478.3	649.7	903.7
22	243.0	271.7	233.3	257.0	258.0	266.3	348.7	329.0	418.0	443.3
23	161.4	183.2	278.7	187.8	284.3	182.4	349.3	266.0	271.7	284.0
24	249.7	312.0	219.7	335.7	249.7	413.7	327.3	458.3	620.3	389.7
25	234.0	305.0	211.0	285.0	246.3	342.7	303.7	385.3	528.0	671.3
26	302.0	387.0	268.7	280.0	315.7	353.0	392.0	418.3	602.0	791.3
27	281.3	349.7	251.3	221.3	286.7	294.3	367.0	359.3	514.7	611.0
28	194.5	233.3	184.6	196.1	201.0	242.3	261.0	295.7	389.7	407.3
29	140.3	165.5	166.9	194.1	170.9	192.0	215.7	247.7	269.7	302.7
30	173.1	236.7	164.9	212.3	223.3	237.0	193.5	251.3	300.3	315.7
31	173.9	283.7	165.4	218.7	222.0	245.0	206.3	275.0	426.3	533.3
32	186.4	314.3	176.1	193.5	242.7	222.7	226.7	264.7	456.7	593.7
33	174.8	277.3	165.0	154.5	218.3	185.8	213.7	225.7	389.0	432.0
34	137.8	190.1	138.5	139.3	155.6	168.5	169.0	199.5	298.0	285.0
35	104.0	128.1	114.5	113.0	111.0	137.6	130.9	161.9	194.8	207.4
36	157.2	246.7	154.8	162.2	206.0	183.9	162.2	191.0	266.3	254.0
37	148.7	304.3	147.9	148.8	214.3	167.8	152.1	184.8	378.7	408.3
38	148.2	328.0	145.5	132.7	230.3	149.3	151.4	172.3	413.0	506.0
39	129.2	257.0	151.0	108.0	118.4	125.0	137.9	146.4	327.0	342.0
40	106.4	168.2	117.2	90.4	131.1	109.1	116.0	123.0	229.3	209.9
41	85.6	111.8	102.2	74.5	93.2	92.7	98.5	105.6	153.1	154.5
$E_{av1\sim41}$	208.4	258.3	200.0	210.8	222.6	264.1	282.0	308.0	417.7	488.9
$E_{av1\sim41}\cdot MF$	166.7	206.7	160.0	168.6	178.1	211.3	225.6	246.4	334.1	398.9
42	95.7	224.3	97.5	99.4	137.2	88.8	80.4	90.5	267.0	284.3
43	190.0	414.3	163.0	100.9	214.5	153.5	147.2	159.9	463.3	580.3
44	207.0	433.7	171.1	101.3	207.5	143.8	156.6	164.6	485.0	652.7
45	142.3	286.7	136.5	97.6	166.8	106.0	118.4	122.3	335.0	355.3
46	97.8	169.6	98.5	90.1	115.0	86.5	92.7	94.9	213.7	196.0
47	105.1	247.0	83.3	66.9	134.5	86.8	77.0	80.6	281.3	348.3
48	229.7	470.3	134.8	72.5	186.5	162.5	152.5	156.0	507.7	776.3
49	252.7	494.3	142.9	70.1	179.2	157.5	167.1	170.8	525.7	821.3
50	158.5	294.7	115.4	74.2	131.3	99.4	113.3	115.1	330.0	346.7
51	92.6	158.1	86.7	59.6	96.5	74.8	78.8	80.1	194.3	177.1
52	81.2	186.1	83.3	55.4	104.2	67.4	72.4	73.9	213.3	232.0
53	154.1	318.7	134.5	59.3	142.0	116.2	108.8	110.4	355.3	412.3

续表

测点	夏季		春秋季			冬季			光疗型场景	
	场景 1	场景 2	场景 1	场景 2	场景 3	场景 1	场景 2	场景 3	0.75m	1.20m
54	171.2	325.3	142.3	55.9	126.1	113.3	119.9	120.5	358.3	394.3
55	117.1	210.7	115.0	60.8	98.3	61.0	88.7	89.8	243.3	227.7
56	77.9	131.7	96.7	56.5	78.5	73.8	79.3	79.1	164.5	153.6
57	61.4	126.1	82.5	52.9	74.2	64.0	78.1	68.1	136.6	159.0
58	93.6	213.3	112.6	50.9	97.5	78.0	78.6	79.9	156.9	159.0
59	102.6	212.7	118.4	49.5	85.3	76.8	79.7	83.8	155.1	153.2
60	74.8	149.3	100.6	51.1	76.7	64.1	78.1	78.9	129.4	145.5
61	65.9	128.5	87.3	50.1	72.1	63.4	75.3	74.9	153.5	160.1
$E_{av42\sim61}$	128.6	259.8	115.1	68.8	126.2	96.9	102.1	104.7	129.4	145.5
$E_{av42\sim61}\cdot MF$	102.8	207.8	92.1	55.0	101.0	77.5	81.7	83.8	226.8	269.4
E_{av}	182.2	258.8	172.1	164.2	191.0	209.3	223.0	241.4	373.7	439.0
$E_{av}\cdot MF$	145.8	207.0	137.7	131.4	152.8	167.4	178.4	193.1	299.0	351.2
$E_{min42\sim61}$	61.4	128.5	82.5	49.5	72.1	61.0	72.4	68.1	129.4	145.5
$E_{min42\sim61}/E_{av}$	0.34	0.50	0.48	0.30	0.38	0.29	0.32	0.28	0.35	0.33

注：人坐在沙发上时，眼睛高度为 1.2m，故取 1.2m 的照度值作为衡量光对人眼部位的刺激程度，据测量，沙发区域的 1.2m 处的平均照度可达 700lx 以上，局部照度可达 930.7lx。

睡前及节能照明场景 **表 3–20**

测点	夏季			春秋季			冬季		
	场景 1	场景 2	场景 3	场景 1	场景 2	场景 3	场景 1	场景 2	节能场景
1	30.1	27.2	57.8	24.8	39.8	41.2	41.2	33.5	1.4
2	50.9	42.7	92.3	28.8	42.0	47.4	47.4	44.3	2.0
3	52.1	47.0	99.7	22.0	36.7	44.1	44.1	40.1	2.0
4	42.2	42.3	82.5	20.7	35.3	43.2	43.2	32.8	2.0
5	36.3	33.5	67.5	17.8	26.5	37.5	37.5	28.0	2.0
6	38.0	37.7	75.3	26.1	44.2	49.5	49.5	39.0	1.5
7	69.2	64.5	133.1	34.7	59.0	70.1	70.1	55.8	2.1
8	88.2	76.5	162.7	39.6	62.6	86.1	86.1	59.1	2.1
9	70.0	64.2	135.1	31.3	51.6	76.3	76.3	49.8	2.1
10	44.2	43.9	88.9	21.5	38.3	49.8	49.8	35.5	2.1
11	31.7	32.4	64.6	16.0	23.0	37.4	37.4	26.2	2.1
12	40.2	47.4	88.6	26.5	47.6	64.1	64.1	39.6	1.7
13	71.0	90.9	162.4	41.3	75.1	97.1	97.1	70.8	2.4
14	81.8	120.0	201.1	51.5	97.3	134.6	134.6	87.6	2.4
15	70.6	92.3	162.3	38.6	75.6	103.4	103.4	71.6	2.3
16	57.4	53.4	111.5	23.6	45.8	67.9	67.9	37.3	2.3
17	37.9	35.7	73.4	17.8	28.7	42.4	42.4	27.6	2.2
18	38.9	46.2	85.3	29.5	56.6	61.9	61.9	55.2	2.2
19	68.3	88.6	157.1	43.0	83.1	117.4	117.4	51.6	3.0
20	84.8	118	203.8	56.1	107.1	149.7	149.7	89.3	3.0

续表

测点	夏季			春秋季			冬季		
	场景 1	场景 2	场景 3	场景 1	场景 2	场景 3	场景 1	场景 2	节能场景
21	68.5	90.1	158.1	44.0	81.7	125.4	125.4	69.2	2.9
22	43.8	51.7	96.5	25.7	50.7	68.7	68.7	40.6	2.7
23	31.7	31.6	63.9	18.8	29.1	35.1	35.1	27.7	2.5
24	69.2	68.7	136.6	31.8	58.1	64.3	64.3	55.2	4.7
25	62.1	58.5	120.1	29.8	60.5	84.7	84.7	69.3	4.6
26	79.8	70.1	151.9	53.3	87.6	98.1	98.1	82.3	4.6
27	62.9	58.4	122.0	40.3	62.7	86.1	86.1	65.6	4.2
28	39.1	39.1	78.1	24.8	49.1	55.1	55.1	42.6	3.6
29	28.4	29.1	52.0	17.8	31.6	36.5	36.5	29.6	3.0
30	27.3	24.2	51.1	17.7	33.3	36.1	36.1	29.3	6.6
31	41.0	34.6	75.3	31.5	48.0	53.5	53.5	51.0	8.7
32	49.5	36.2	84.9	36.7	56.6	51.6	51.6	61.7	9.2
33	41.9	32.7	75.3	30.8	50.1	49.4	49.4	50.2	7.6
34	29.0	25.7	55.7	21.0	37.3	41.7	41.7	33.8	5.5
35	20.5	19.7	41.3	14.8	26.1	31.6	31.6	25.3	3.8
36	19.6	17.1	36.8	14.2	22.7	25.8	25.8	22.3	12.7
37	24.0	19.2	43.1	18.8	33.6	29.9	29.9	31.1	22.5
38	26.7	20.4	47.2	20.8	37.3	33.5	33.5	35.5	24.4
39	24.4	19.4	42.8	19.2	33.8	32.2	32.2	32.6	16.6
40	19.7	17.1	36.2	16.0	27.5	27.2	27.2	27.1	9.5
41	16.1	15.0	31.0	12.2	20.3	25.2	25.2	20.0	4.7
$E_{av1\sim41}$	47.0	48.4	95.2	28.1	49.1	61.3	61.3	45.8	5.1
$E_{av1\sim41}\cdot MF$	37.6	38.7	76.2	22.5	39.3	49.0	49.0	36.6	4.0
42	9.7	9.4	19.2	13.0	22.0	15.5	15.5	18.2	26.4
43	13.1	8.4	22.5	13.3	22.6	16.9	16.9	18.5	60.6
44	13.5	10.6	24.8	14.5	16.1	18.7	18.7	19.5	70.8
45	13.3	9.6	22.2	14.3	17.2	18.4	18.4	18.8	36.8
46	12.6	8.5	21.0	13.5	16.6	16.7	16.7	20.2	16.3
47	7.4	6.6	16.1	10.5	17.5	12.1	12.1	13.1	34.9
48	10.0	8.0	19.1	10.7	18.0	12.7	12.7	15.1	92.3
49	10.3	6.0	16.2	11.6	10.7	11.9	11.9	15.5	101
50	10.2	7.4	18.2	11.6	11.5	14.4	14.4	16.6	51.7
51	9.9	7.2	17.9	11.5	13.0	12.1	12.1	16.0	20.0
52	6.4	5.4	14.3	9.7	13.5	10.2	10.2	10.3	25.8
53	8.8	6.4	15.1	10.3	14.1	10.8	10.8	11.5	57.2
54	8.9	6.6	18.5	10.2	10.5	10.9	10.9	11.7	65.9
55	8.9	6.0	15.9	9.7	9.75	11.5	11.5	11.7	36.1
56	8.5	5.6	14.4	9.3	12.8	10.9	10.9	12.2	17.2
57	6.1	4.2	15.3	9.6	14.2	9.3	9.3	12.1	11.8
58	8.5	5.4	15.1	10.2	11.7	9.7	9.7	11.1	20.5
59	8.6	4.6	15.9	10.5	17.5	9.9	9.9	11.6	22.0
60	8.6	6.2	16.5	10.5	9.7	10.7	10.7	11.1	15.7

续表

测点	夏季			春秋季			冬季		
	场景 1	场景 2	场景 3	场景 1	场景 2	场景 3	场景 1	场景 2	节能场景
61	8.2	4.4	14.9	9.5	39.8	9.5	9.5	10.0	10.0
$E_{av42\sim61}$	9.6	6.8	17.7	11.2	15.9	12.6	12.6	14.2	39.7
$E_{av42\sim61}\cdot MF$	7.7	5.4	14.1	9.0	12.7	10.1	10.1	11.4	31.8
$E_{min42\sim61}$	6.1	4.2	14.3	9.3	9.7	9.3	9.3	10.0	1.4
E_{av}	34.8	34.7	69.8	22.5	38.2	45.3	45.3	35.4	16.4
$E_{av}\cdot MF$	27.8	27.8	55.8	18.0	30.6	36.2	36.2	28.3	13.1
$E_{min42\sim61}/E_{av}$	0.18	0.12	0.20	0.41	0.25	0.21	0.21	0.28	0.09

日常照明场景下客厅主要观看范围的墙面亮度比　表 3–21

亮度及亮度比	夏季			春秋季			冬季		
	场景 1	场景 2	场景 3	场景 1	场景 2	场景 3	场景 1	场景 2	场景 3
L_{min}（cd/m^2）	7	6	9	8	10	8	8	11	12
L_{max}（cd/m^2）	15	14	23	22	28	20	20	23	29
L_{max}/L_{min}	2.1 : 1	2.3 : 1	26 : 1	2.7 : 1	2.8 : 1	2.5 : 1	2.5 : 1	2.1 : 1	2.4 : 1

注：不包括光源及光源附近的区域，表 3-21 ～表 3-24 同。

会客照明场景下客厅主要观看范围的墙面亮度比　表 3–22

亮度及亮度比	夏季			春秋季			冬季		
	场景 1	场景 2	场景 3	场景 1	场景 2	场景 3	场景 1	场景 2	场景 3
L_{min}（cd/m^2）	8	11	14	10	11	11	11	13	10
L_{max}（cd/m^2）	17	26	18	24	26	24	23	25	25
L_{max}/L_{min}	2.1 : 1	2.4 : 1	1.3 : 1	2.4 : 1	2.4 : 1	2.2 : 1	2.1 : 1	1.9 : 1	2.5 : 1

团聚照明场景下客厅主要观看范围的墙面亮度比　表 3–23

亮度及亮度比	夏季		春秋季			冬季		
	场景 1	场景 2	场景 1	场景 2	场景 3	场景 1	场景 2	场景 3
L_{min}（cd/m^2）	11	16	11	12	12	12	23	19
L_{max}（cd/m^2）	20	37	28	33	28	23	36	45
L_{max}/L_{min}	1.8 : 1	2.3 : 1	2.6 : 1	2.8 : 1	2.3 : 1	1.9 : 1	1.6 : 1	2.4 : 1

睡前照明场景下客厅主要观看范围的墙面亮度比　表 3–24

亮度及亮度比	睡前照明场景								光疗型场景
	夏季			春秋季			冬季		
	场景 1	场景 2	场景 3	场景 1	场景 2	场景 3	场景 1	场景 2	
L_{min}（cd/m^2）	4	2	5	4	5	4	4	4	17
L_{max}（cd/m^2）	9	4	10	9	10	9	9	9	48
L_{max}/L_{min}	2.3 : 1	2.0 : 1	2.0 : 1	2.3 : 1	2.0 : 1	2.3 : 1	2.3 : 1	2.3 : 1	2.8 : 1

2. 根据测试结果进行房间内照度分布的计算与绘制

由于室内真实环境中布置了一些家具及其生活用品，这些物品对光的照射均起到一定的阻挡、反射、吸收的作用，同时，光源的标称光通量与实际光通量存在一定的误差，灯具的配光曲线在理论与实际上也存在着差别，因而房间内的理论照度计算值比实际照度值普遍偏大。为反映出较为真实的室内照度分布情况，对 lumen-micro 软件的计算初始变量进行调整，使其更接近实际照度水平。图 3-25 ~ 图 3-61 是该软件根据实测照度绘制出的房间照度分布图（除特殊要求外，工作面高度均为 0.75m）。

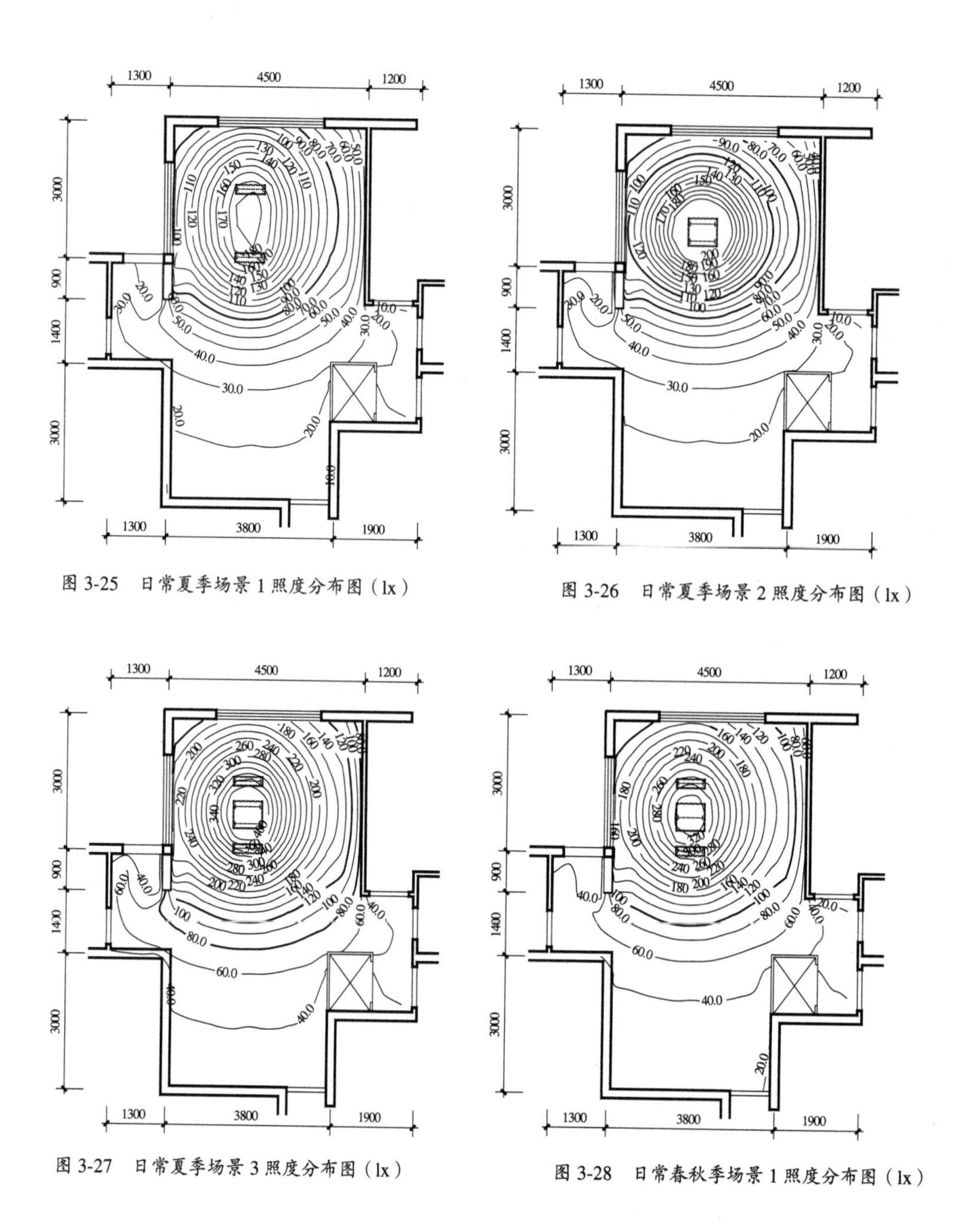

图 3-25　日常夏季场景 1 照度分布图（lx）

图 3-26　日常夏季场景 2 照度分布图（lx）

图 3-27　日常夏季场景 3 照度分布图（lx）

图 3-28　日常春秋季场景 1 照度分布图（lx）

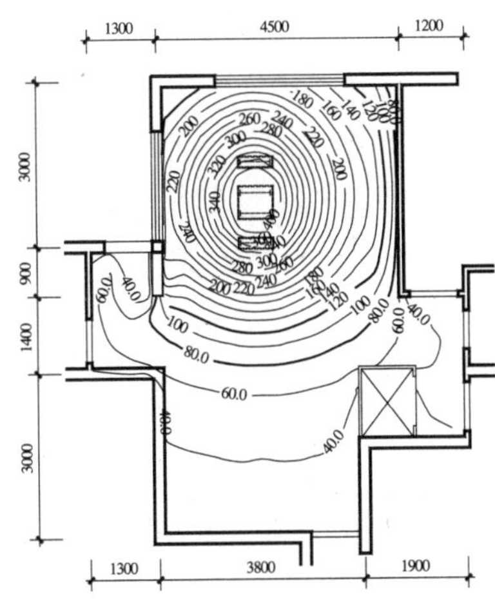

图 3-29　日常春秋季场景 2 照度分布图（lx）

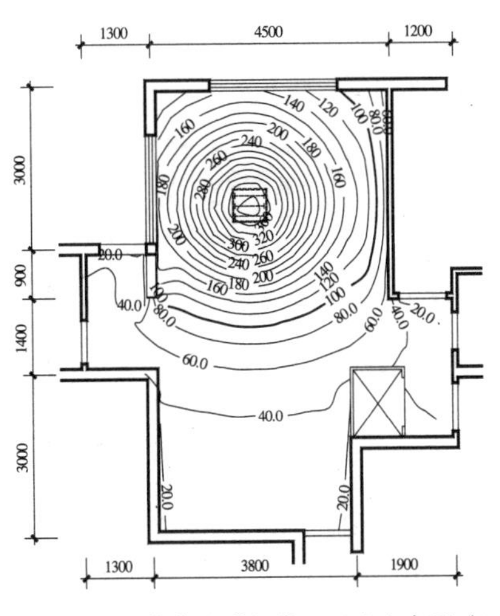

图 3-30　日常春秋季场景 3 照度分布图（lx）

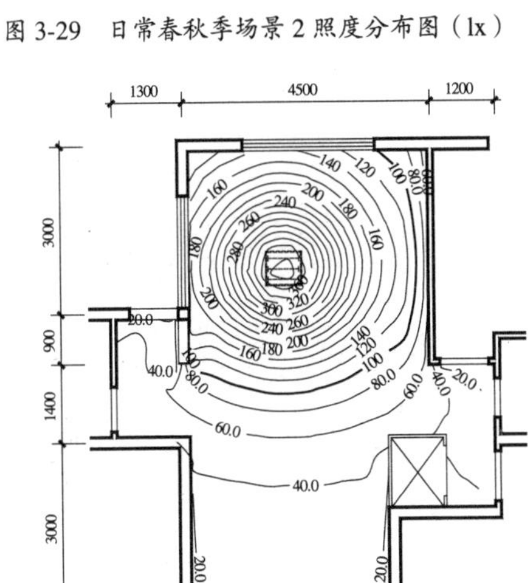

图 3-31　日常冬季场景 1 照度分布图（lx）

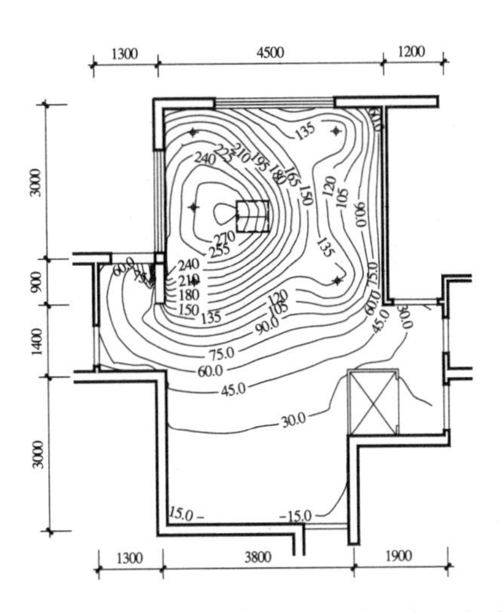

图 3-32　日常冬季场景 2 照度分布图（lx）

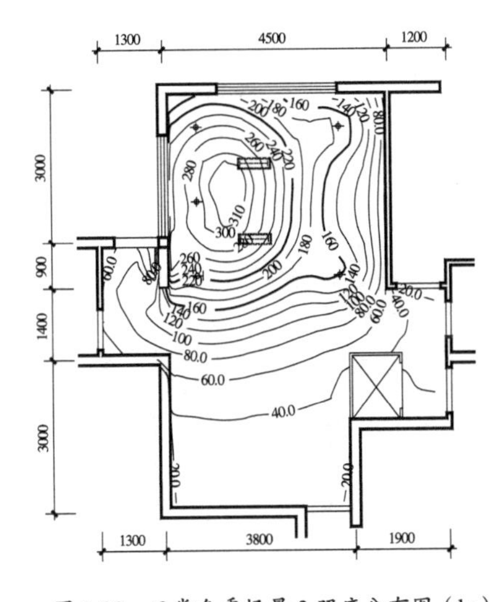

图 3-33　日常冬季场景 3 照度分布图（lx）

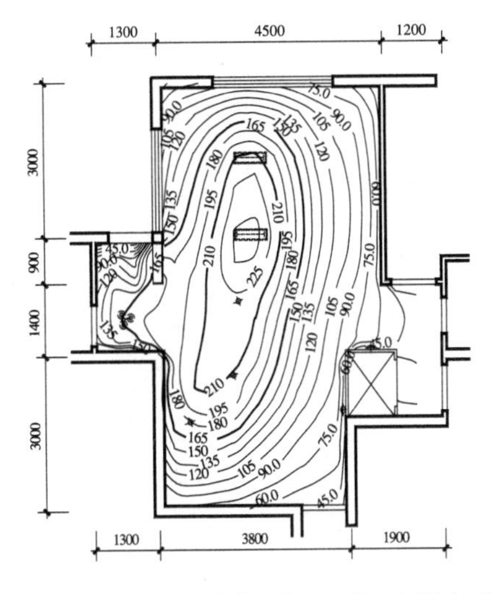

图 3-34　会客夏季场景 1 照度分布图（lx）

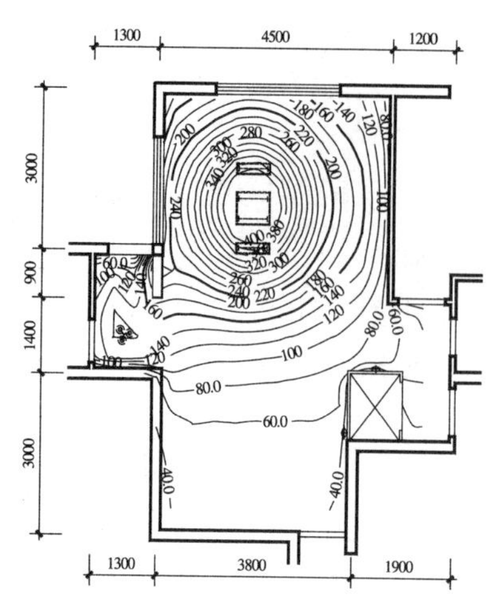

图 3-35　会客夏季场景 2 照度分布图（lx）

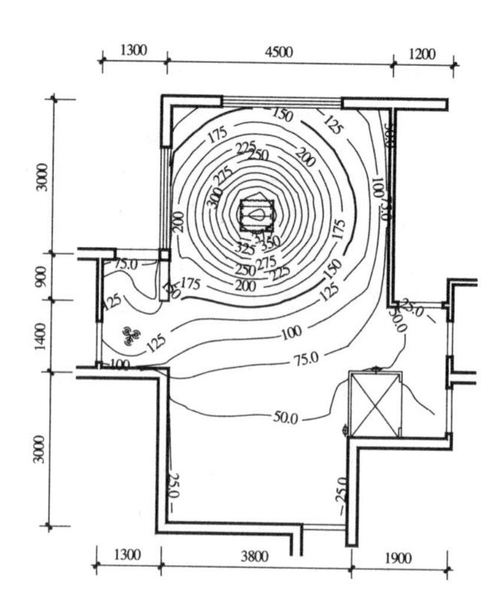

图 3-36　会客夏季场景 3 照度分布图（lx）

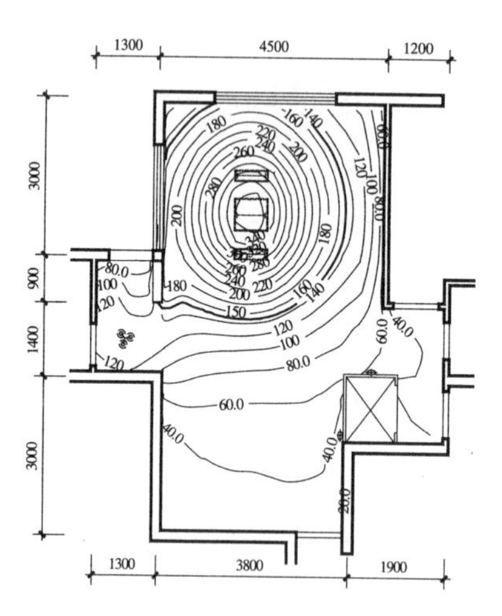

图 3-37　会客春秋季场景 1 照度分布图（lx）

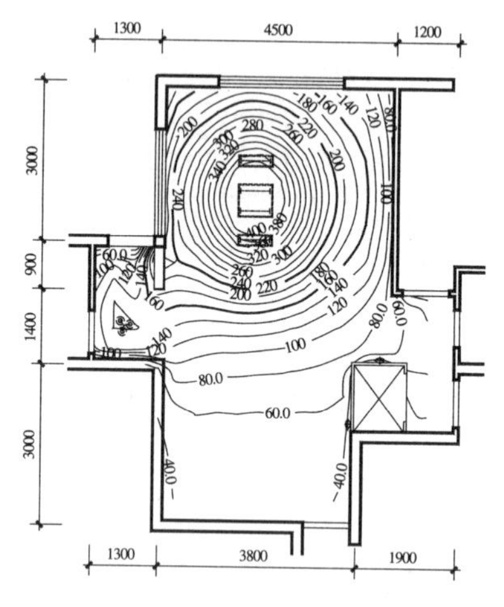

图 3-38　会客春秋季场景 2 照度分布图（lx）

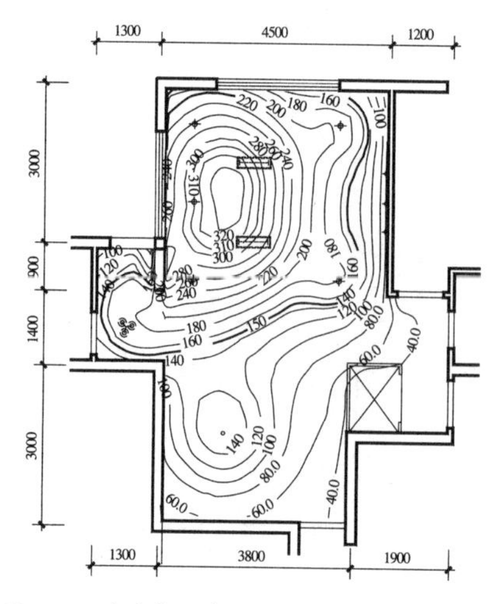

图 3-39　会客春秋季场景 3 照度分布图（lx）

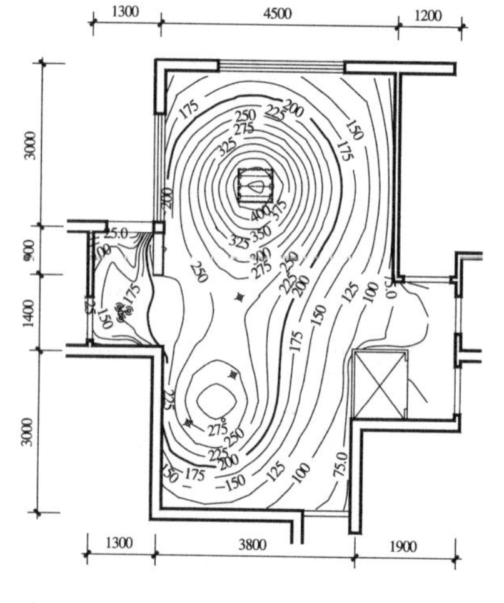

图 3-40　会客冬季场景 1 照度分布图（lx）

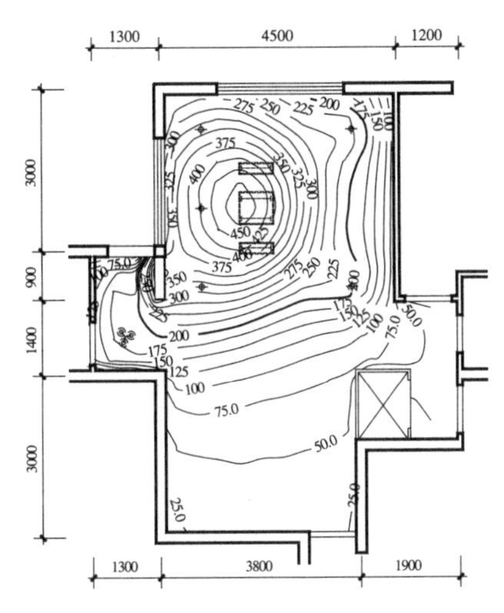

图 3-41　会客冬季场景 2 照度分布图（lx）

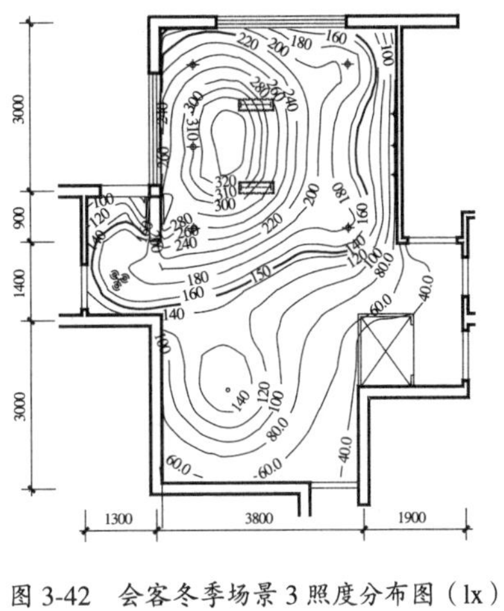

图 3-42　会客冬季场景 3 照度分布图（lx）

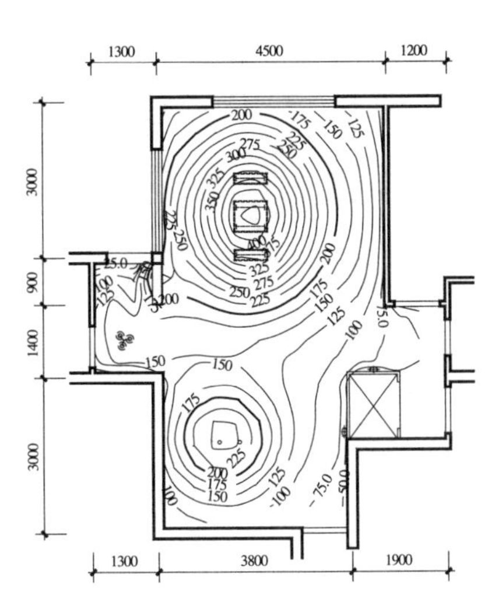

图 3-43　团聚夏季场景 1 照度分布图（lx）

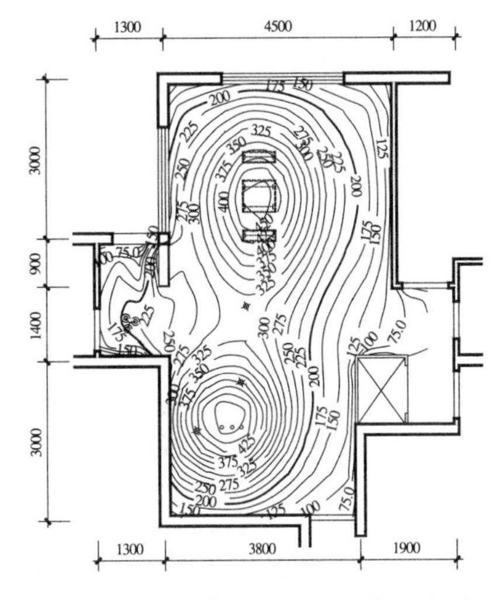

图 3-44　团聚夏季场景 2 照度分布图（lx）

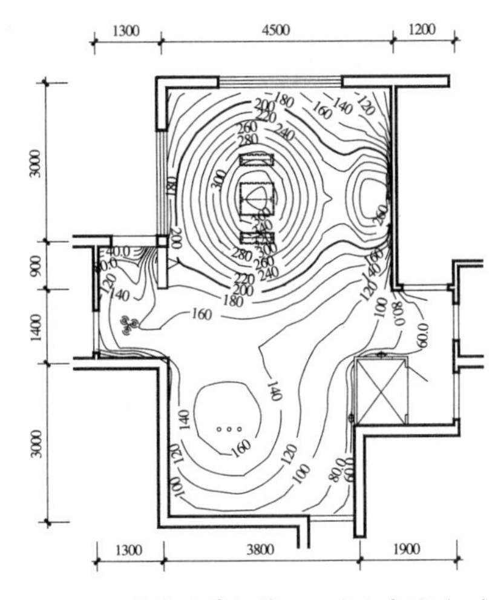

图 3-45　团聚春秋季场景 1 照度分布图（lx）

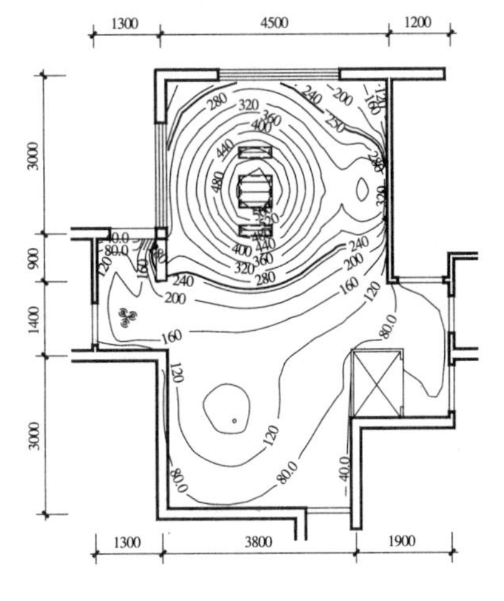

图 3-46　团聚春秋季场景 2 照度分布图（lx）

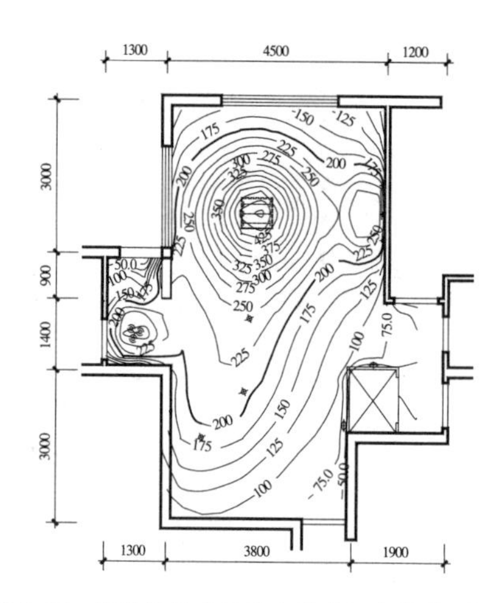

图 3-47 团聚春秋季场景 3 照度分布图（lx）

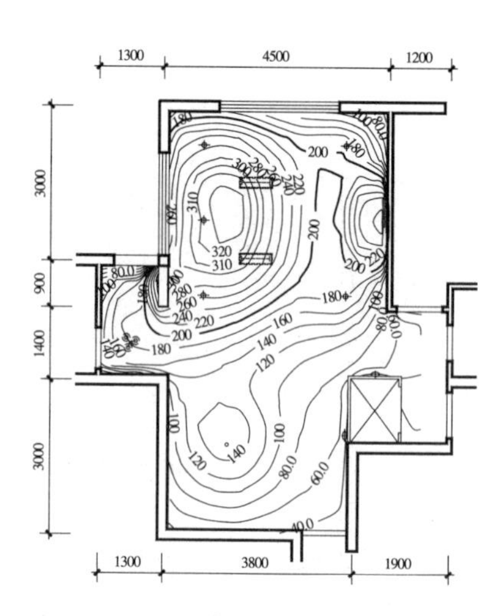

图 3-48 团聚冬季场景 1 照度分布图（lx）

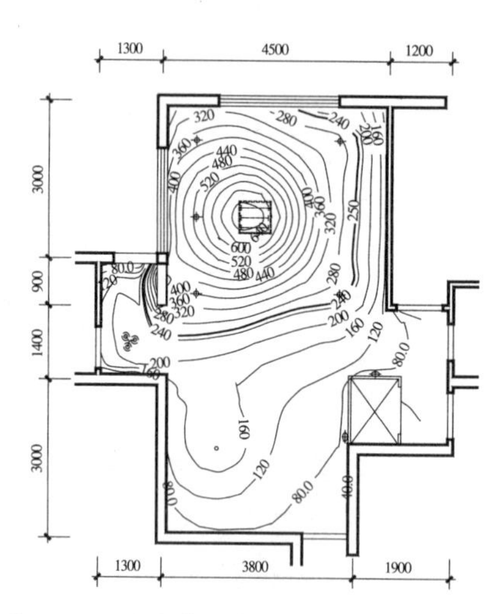

图 3-49 团聚冬季场景 2 照度分布图（lx）

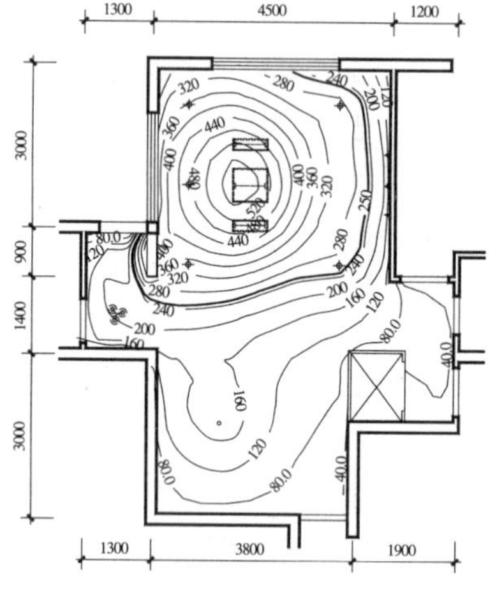

图 3-50 团聚冬季场景 3 照度分布图（lx）

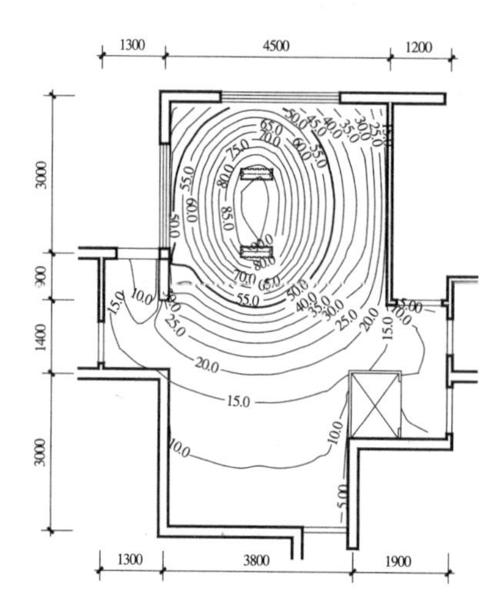

图 3-51 睡前夏季场景 1 照度分布图（lx）

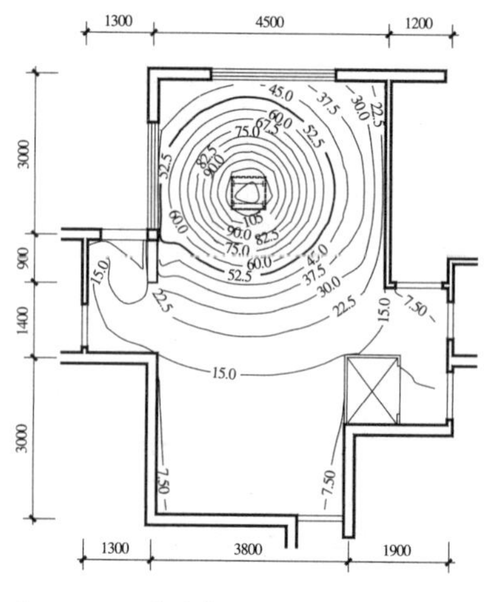

图 3-52 睡前夏季场景 2 照度分布图（lx）

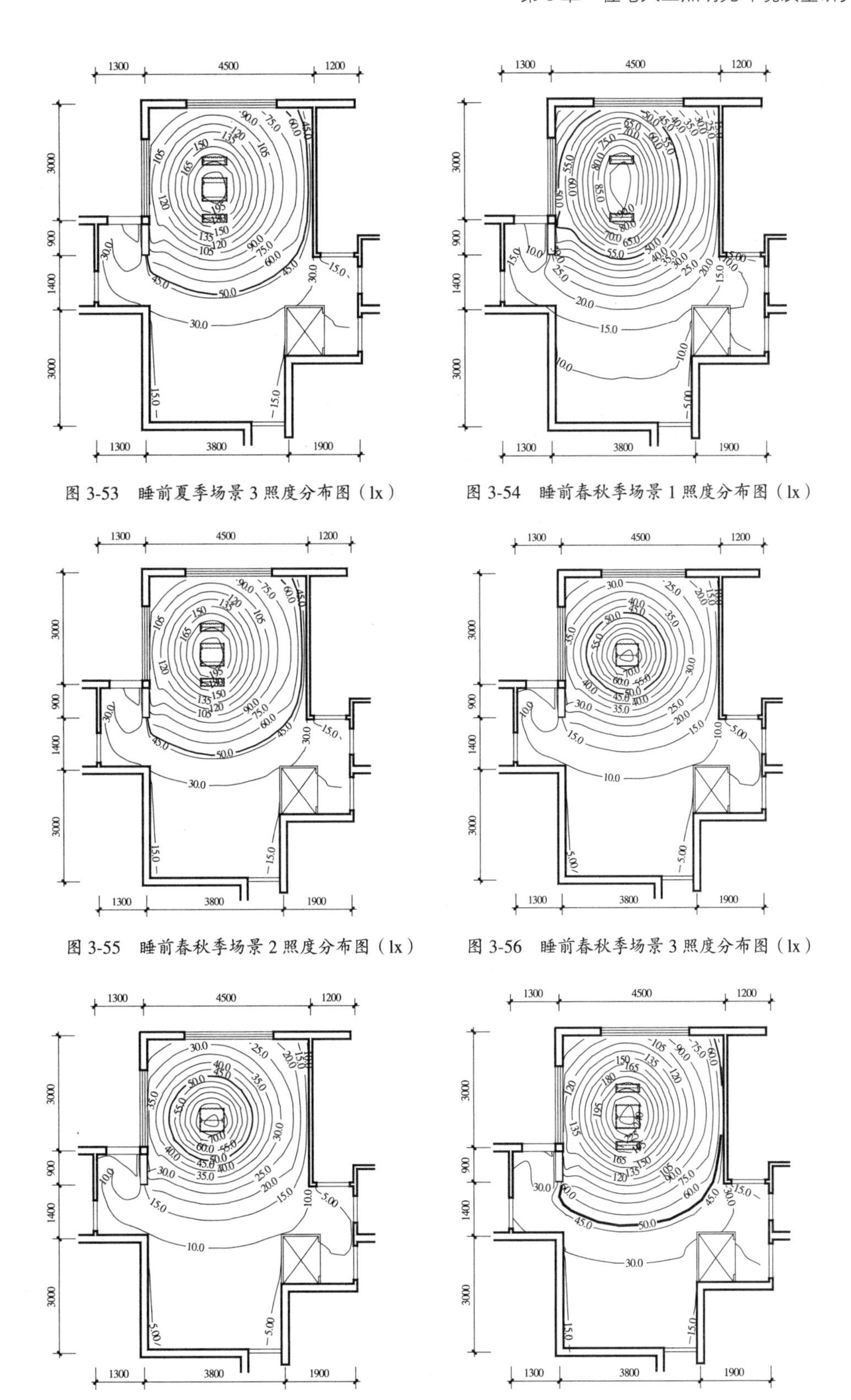

图 3-53　睡前夏季场景 3 照度分布图（lx）

图 3-54　睡前春秋季场景 1 照度分布图（lx）

图 3-55　睡前春秋季场景 2 照度分布图（lx）

图 3-56　睡前春秋季场景 3 照度分布图（lx）

图 3-57　睡前冬季场景 1 照度分布图（lx）

图 3-58　睡前冬季场景 2 照度分布图（lx）

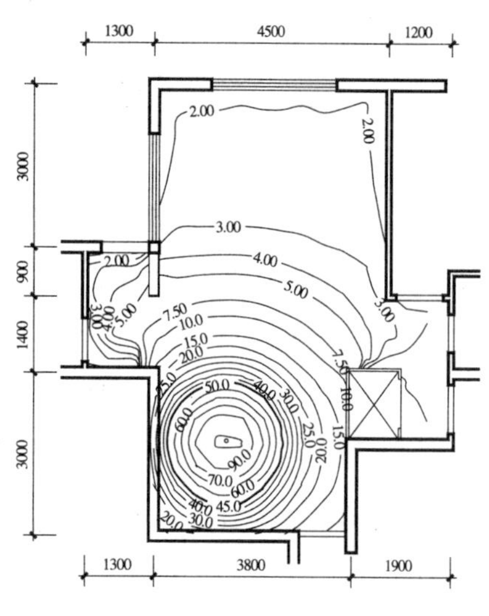

图 3-59　节能场景照度分布图（lx）

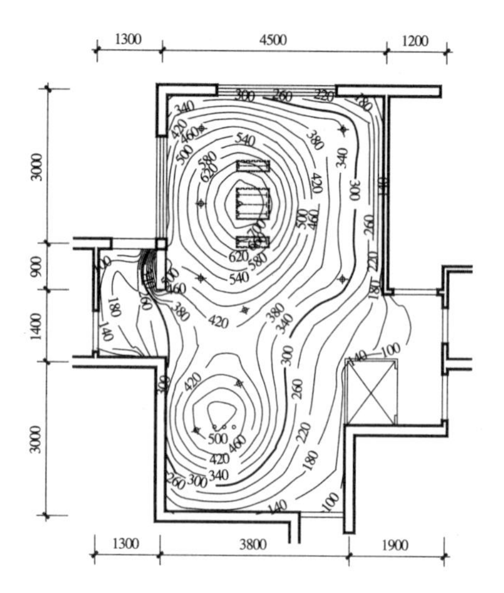

图 3-60　光疗型场景（0.75m 工作面）照度分布图（lx）

3. 人工照明光环境质量的评价因素集

参与评价人员共 24 人（人员构成见表 3-25），分三天完成评价，晚间评价时的室内温度分别为 31、29、32℃，室内无穿堂风，较炎热，基本能够代表典型的夏季气候。

评价者对评价内容有 40min 左右的学习和训练时间，研究者尽量避免根据自己的观点对评价者进行各项指标的启发和引导，且要求他们彼此不参与商量而独立进行判断，并根据不同的行为活动特点对夏季日常、会客、团聚的每一个人工照明光环境场景进行评价。

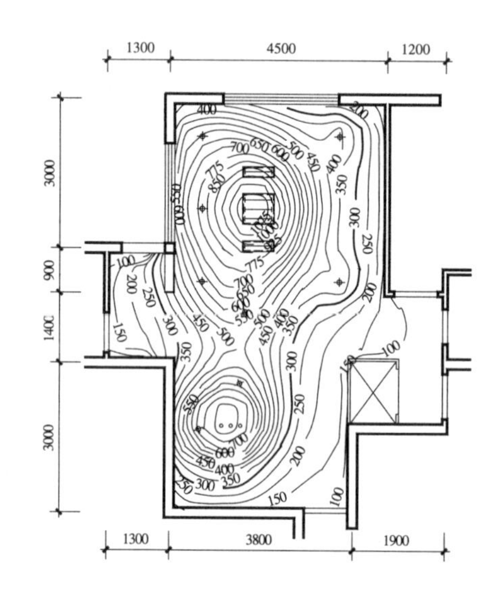

图 3-61　光疗型场景（1.20m 工作面）照度分布图（lx）

在正式评价之前另外先邀请 5 人进行尝试性评价，发现语言量表中一些设计得不合理的因素或评价语言，然后对这些容易产生误解的内容进行修改或注释，以减少由于表达不清而造成评价者误判的可能性。

在研究过程中，选择因素集时应遵循两个原则：一是要注意因素集的完备性；二是要注意各因素的独立性，避免出现冗余因素。在评价过程中还请参与者补充他们认为重要而表格中未曾设置的影响因素，结果均未提出新的影响因素，可见表中的因素集还是基本完备的。

本项研究根据前面各章节的研究成果首先制定出人工照明光环境总的评价因素集（表 3-26），然后从该因素集中提取影响视觉效果的光环境因素集 C1 下的各因素，针对夏季人工照明光环境模式，分别对日常、会客、团聚场景下的不同灯光组合照明效果进行排序，并选择了相应的冬季模式下有代表性的场景与之进行比较评价。再对总评价因素集中的其他各因素进行调整，最后进行综合评价。

评价者年龄、性别、职业构成（共 24 人）　　表 3-25

性别	年龄构成（岁）	人数（人）	职业				无效评价人员
			大学生	教师	技术人员	退休人员	
女性	21 ~ 40	5	3	2			1
	40 ~ 55	3		2	1		
	55 ~ 67	2				2	
男性	21 ~ 40	11	7	1	3		2
	40 ~ 55	1		1			
	55 ~ 67	2				2	

4. 影响视觉效果的光环境因素 C1 的多元统计分析与模糊综合评价

1）评价平均值分析

因素集 C1 下评价量表根据由“好”到“差”的趋势采用 1 ~ 7 级比率标度方法对各种人工照明光环境进行定性判断。在 24 名评价者中，其中 3 人的评价较不具有代表性，故不采用他们的评价结果，21 名评价者对夏季的日常、会客、团聚场景下以及相应的冬季对比场景的各种人工照明光环境场景的评价结果平均值 [68] 见表 3-27。

住宅人工照明光环境质量评价量表　　表 3-26

一级指标	二级指标	三级指标	四级指标	五级指标	评价量表						
					1	2	3	4	5	6	7
住宅人工照明光环境质量 A	住宅人工照明光环境的视觉与非视觉质量 B_1	视觉因素 C_1	D_1 与 D_2（注 1）	照明水平 F_1	很满意	满意	较满意	一般	较不满意	不满意	很不满意
				照度与亮度分布 F_2（注 2）	很满意	满意	较满意	一般	较不满意	不满意	很不满意
				眩光 F_3	很舒适	舒适	较舒适	一般	较不舒适	不舒适	很不舒适
				视亮度 F_4（注 3）	感觉很亮	感觉亮	感觉较亮	一般	感觉较暗	感觉暗	感觉很暗
				造型立体感 F_5	很满意	满意	较满意	一般	较不满意	不满意	很不满意
				色温引起的心理感受 F_6	很舒适	舒适	较舒适	一般	较不舒适	不舒适	很不舒适
				色彩表现 F_7	很真实	真实	较真实	一般	较不真实	不真实	很不真实
				空间宽敞感 F_8	很大	大	较大	一般	较小	小	很小
				环境协调性 F_9	很协调	协调	较协调	一般	较不协调	不协调	很不协调

续表

一级指标	二级指标	三级指标	四级指标	五级指标	评价量表						
					1	2	3	4	5	6	7
住宅人工照明光环境质量A	住宅人工照明光环境的视觉与非视觉质量B_1	视觉因素C_1	D_1与D_2（注1）	整体印象F_{10}	很满意	满意	较满意	一般	较不满意	不满意	很不满意
		非视觉因素C_2	影响人的生物节律D_3	—	很重要	重要	较重要	一般	较不重要	不重要	很不重要
			影响人的行为表现D_4	—	很重要	重要	较重要	一般	较不重要	不重要	很不重要
	住宅人工照明光环境的控制质量B_2	控制方式合理性C_3	常规开关控制D_5	—	很重要	重要	较重要	一般	较不重要	不重要	很不重要
			智能控制D_6（注4）	—	很重要	重要	较重要	一般	较不重要	不重要	很不重要
			混合控制D_7（注5）	—	很重要	重要	较重要	一般	较不重要	不重要	很不重要
		控制点布置合理性C_4	—		很重要	重要	较重要	一般	较不重要	不重要	很不重要
		场景转换舒适性C_5	—		很重要	重要	较重要	一般	较不重要	不重要	很不重要
	住宅人工照明光环境的能效利用质量B_3	符合光源的视觉特性C_6（注6）	—		很重要	重要	较重要	一般	较不重要	不重要	很不重要
		提高光源能效C_7	—		很重要	重要	较重要	一般	较不重要	不重要	很不重要
		减少光源热负荷C_8	—		很重要	重要	较重要	一般	较不重要	不重要	很不重要
		充分利用天然光C_9	—		很重要	重要	较重要	一般	较不重要	不重要	很不重要

注：1. D_1、D_2因素集分类需根据对评价数据统计分析后确定。

2. 主要指照度的均匀度与亮度对比，当评价者认为照度与亮度对比很强或很弱而产生不舒适感时，都可评价为较不舒适、不舒适、很不舒适。

3. 包括光源色温不同以及亮度均匀度不同引起的视亮度。

4. 智能控制是对调光、灯具的遥控、照明控制系统与窗帘控制系统的联动、被动式光源自控开关、主动式光源自控开关、对人工照明光环境场景的记忆功能、集中控制与多点控制、程序控制、模糊逻辑与神经网络的控制等控制方式的高效整合。

5. 混合控制是指常规控制与智能控制共同协作，互不排除。

6. 符合光源的视觉特性是指根据等效亮度理论尽量选择视觉系统感觉明亮的光源。

21 名评价者评价结果统计平均值　　表 3–27

场景		照明水平 F_1	亮度分布 F_2	眩光 F_3	视亮度 F_4	造型立体感 F_5	色温引起的心理感受 F_6	色彩表现 F_7	房间宽敞感 F_8	环境协调性 F_9	整体印象 F_{10}
夏季日常	1	4.33	4.05	3.43	4.43	3.62	3.81	4.05	3.81	3.71	3.05
	2	4.24	4.19	3.48	3.57	3.95	3.43	4.14	3.90	3.57	3.24
	3	3.76	3.57	3.76	3.71	2.76	3.57	3.24	2.86	2.71	2.76
	4	2.48	3.67	3.90	2.38	3.14	2.76	2.67	2.52	2.38	2.48
冬季日常对比场景	3	3.10	3.76	4.05	3.43	2.71	3.90	3.47	2.67	3.19	2.62
夏季会客	1	3.76	4.14	3.71	3.48	2.95	3.10	3.76	2.57	3.15	3.19
	2	2.52	3.86	3.47	2.52	2.81	3.52	2.48	2.48	2.71	3.00
	3	2.67	3.52	3.29	3.10	2.67	2.86	3.29	2.57	2.86	2.81
冬季会客对比场景	2	2.38	3.76	4.14	3.29	2.52	4.05	3.57	2.76	3.29	2.48
夏季团聚	1	2.43	3.57	3.90	2.81	2.90	2.52	2.81	2.48	2.57	2.43
	2	2.48	3.81	4.19	2.43	2.52	3.24	2.48	2.48	2.71	3.05
冬季团聚对比场景	3	2.29	3.57	4.43	3.43	2.48	4.24	3.10	2.52	3.24	2.76

评价量表的定性与定量关系大致可以简化为表 3-28 所示。

评价量表的定性与定量关系　　表 3–28

满意程度	很满意	满意	较满意	一般	较不满意	不满意	很不满意
重要性等级	1	2	3	4	5	6	7
重要性等级范围	$y \leqslant 1.5$	$1.5<y \leqslant 2.5$	$2.5 < y \leqslant 3.5$	$3.5 < y \leqslant 4.5$	$4.5 < y \leqslant 5.5$	$5.5 < y \leqslant 6.5$	$y > 6.5$

2）相关分析

把表 3-27 中各人工照明光环境场景转化为 10×12 阶矩阵，可以抽象地写成下列矩阵形式：

$$X=\begin{bmatrix} x_{1,1} & x_{1,2} & \cdots & x_{1,12} \\ x_{2,1} & x_{2,2} & \cdots & x_{2,12} \\ \vdots & \vdots & \vdots & \vdots \\ x_{10,1} & x_{10,2} & \cdots & x_{10,12} \end{bmatrix} \tag{3-13}$$

由此矩阵可以算出第 i 和第 j 项因素间的相关系数 r_{ij}，用 SPSS 统计软件计算出它们构成的相关系数示于表 3-29。

相关系数的显著性检验，显著性水平 α=1%，采用 t 分布检验，具体公式如下：

$$t=\frac{r}{\sqrt{\frac{1-r^2}{n-2}}} \tag{3-14}$$

由式（3-14）得

$$r=\frac{t}{\sqrt{n-2+t^2}} \tag{3-15}$$

n=21，通过查 t 分布表得 t=2.8314，代入上式得

$$r=\left[\frac{2.8314}{\sqrt{21-2+2.8314^2}}\right]=0.5447$$

根据 $|t| \geqslant t_{\frac{\alpha}{2}}$，即当 $|r_{i,j}| \geqslant 0.5447$ 时，方认为有显著相关关系。

根据表 3-29 求得的各因素间的相关关系并结合对参与评价人员的调查与询问，对各因素作如下分析：

（1）照明水平 F_1 与色温引起的心理感受 F_6 有弱的相关关系；与眩光 F_3 的负相关关系较不显著，说明照明水平对眩光的产生有一定的影响，当照明水平限制在合理的范围内，这种影响并不显著；与其他各因素之间均有显著的相关关系，由此可见，照明水平对其他各因素产生较大的影响，控制人工照明光环境质量关键在于合理地控制照明水平。

（2）照度与亮度分布 F_2 与色温引起的心理感受 F_6 有弱的相关关系；与眩光 F_3 存在弱的相关关系，从理论上分析，当亮度分布超过表 3-5 工作面周围亮度分布建议值时，人眼会越来越明显地感到眩光的存在，而当控制在这一范围之内时，眩光的感觉是不明显的，因而两者的相关关系较弱；与视亮度 F_4 存在弱的相关关系，根据对评价者的调查与询问，发现在住宅内评价亮度的感觉主要来自于人眼对墙面的观察，当亮度分布较均匀时，较远处的墙面照得很亮，因而整体感觉较明亮，当视野内灯光布置较多时（有一定的眩光），即使不均匀也会感觉明亮，因为有光源的吸引而使视觉产生整体明亮感，由此看来，较难准确地判断二者间的关系。

视觉因素 C1 下各项的相关系数 **表 3-29**

视觉因素 C_1	照明水平 F_1	照度与亮度分布 F_2	眩光 F_3	视亮度 F_4	造型立体感 F_5	色温引起的心理感受 F_6	色彩表现 F_7	房间宽敞感 F_8	环境协调性 F_9	整体印象 F_{10}
照明水平 F_1	1.000	0.685	-0.539	0.763	0.751	0.124	0.781	0.817	0.604	0.620
照度与亮度分布 F_2	0.685	1.000	-0.351	0.353	0.680	0.130	0.583	0.630	0.612	0.758
眩光 F_3	-0.539	-0.351	1.000	-0.229	-0.583	0.362	-0.329	-0.455	-0.126	-0.448
视亮度 F_4	0.763	0.353	-0.229	1.000	0.406	0.518	0.861	0.703	0.810	0.295
造型立体感 F_5	0.751	0.680	-0.583	0.406	1.000	-0.146	0.580	0.854	0.452	0.455
色温引起的心理感受 F_6	0.124	0.130	0.362	0.518	-0.146	1.000	0.343	0.266	0.640	0.098
色彩表现 F_7	0.781	0.583	-0.329	0.861	0.580	0.343	1.000	0.773	0.866	0.369
房间宽敞感 F_8	0.817	0.630	-0.455	0.703	0.854	0.266	0.773	1.000	0.748	0.477
环境协调性 F_9	0.604	0.612	-0.126	0.810	0.452	0.640	0.866	0.748	1.000	0.456
整体印象 F_{10}	0.620	0.758	-0.448	0.295	0.455	0.098	0.369	0.477	0.456	1.000

照度与亮度分布 F_2 与其他各因素之间均有显著的相关关系，表明这一因素也是影响照明光环境质量的一个重要因素，但照度分布（照度的均匀度）与亮度分布对室内光环境各因素的影响存在着一些差异。

根据图 3-25 ~ 图 3-61 实测的照度与亮度分布数据，房间内靠近墙面的较亮区域与较暗区域的照度比值与这些区域的墙面亮度比值基本一致。

（3）眩光 F_3 与造型立体感 F_5 具有较为显著的负相关关系，说明住宅内适当产生一些眩光有利于提高被观察物体的立体感，相反，过于追求无眩光可能使室内环境显得有些平淡；眩光与其他各因素有较弱的相关关系。

（4）视亮度 F_4 与照明水平 F_1、色彩表现 F_7、房间宽敞感 F_8、环境协调性 F_9 均有较显著的相关关系；视亮度还与色温引起的心理感受 F_6 有一定的相关关系（0.518），可见，不同色温的人工照明光环境产生的视亮度存在一些差异，这种差异表现在高色温的照明光环境感觉明亮一些。

（5）造型立体感 F_5 与照明水平 F_1、照度与亮度分布 F_2、眩光 F_3、色彩表现 F_7、房间宽敞感 F_8、环境协调性 F_9 均有较显著的相关关系。

（6）色温引起的心理感受 F_6 与环境协调性 F_9 有较显著的相关关系。

（7）色彩表现 F_7 与照明水平 F_1、照度与亮度分布 F_2、视亮度 F_4、造型立体感 F_5、房间宽敞感 F_8、环境协调性 F_9 存在较为显著的相关关系。

（8）房间宽敞感 F_8 与照明水平 F_1、照度与亮度分布 F_2、视亮度 F_4、造型立体感 F_5、环境协调性 F_9 有较显著的相关关系。

（9）环境协调性 F_9 与眩光 F_3 相关关系较弱，与造型立体感 F_5、整体印象 F_{10} 有较不显著的相关关系，与其他因素有较显著的相关关系。

（10）整体印象 F_{10} 与照明水平 F_1、照度与亮度分布 F_2 有较显著的相关关系，眩光 F_3、视亮度 F_4、房间宽敞感 F_8、环境协调性 F_9 有较不显著的相关关系，与其他因素有较弱的相关关系。由此可见，照明水平以及照度与亮度分布是视觉上整体感受光环境质量好与差的主要因素。

3）因子分析

因子分析最早是由心理学家 Chales Spearman 在 1904 年提出，它的基本思想是将实测的多个指标，用少数几个潜在的指标（因子）的线性组合来表示，因子分析的主要应用有两个方面，一是寻求基本结构，简化观测系统；二是对变量或样本进行分类。

因子分析的主要任务有两方面，一是构造一个因子模型，确定模型中的参数，然后根据分析结果进行因子解释；二是对公共因子进行估计，并作进一步分析。

因子分析的一般模型为

$$\begin{cases} x = a_{11}f_1 + a_{12}f_2 + \cdots + a_{1n}f_n + e_1 \\ x = a_{22}f_1 + a_{22}f_2 + \cdots + a_{2n}f_n + e_2 \\ \cdots \\ x = a_{m1}f_1 + a_{m2}f_2 + \cdots + a_{mn}f_n + e_m \end{cases} \tag{3-16}$$

其中，x_1，x_2，…，x_m 为实测变量；a_{ij}（i=1，2，…，m，j=1，2，…，n）为因子负荷；f_i（i=1，2，…，m，）为公共因子；e_i 为特殊因子。

因子负荷 a_{ij} 是第 i 个变量在第 j 个主因子上的负荷，或者说，第 i 个变量与第 j 个因子的相关系数。负荷较大，则说明第 i 个变量与第 j 个因子的关系越密切；负荷较小，则说明第 i 个变量与第 j 个因子的关系越疏远。因子负荷矩阵中各行数值的平方和，称为各变量对应的共同度。

公共因子是在各个变量中共同出现的因子，在高维空间中，它们是相互垂直的坐标轴。

特殊因子实际上就是实测变量与估计值之间的残差值。如果特殊因子为零，则称为主成分分析。

为了使找到的主因子更易于解释，往往需要对因子负荷矩阵进行旋转，进行因子旋转的目的，就是要使因子负荷矩阵中因子负荷的平方值向 0 和 1 两个方向分化，使大的负荷更大，小的负荷更小。

用 SPSS 统计软件中因子分析的方法[69] 计算出表 3-30 ~ 表 3-35 中各项值。

KMO 和 Bartlett's 检验 **表 3–30**

Kaiser-Meyer-Olkin 采样充足度测度		0.578
Bartlett's 球形检验	近似卡方值	98.723
	自由度	45
	显著性水平	0.000

表 3-30 表明经 Bartlett's 检验得到近似卡方值 =98.723，显著性水平 <0.0001，即相关矩阵不是一个单位矩阵，故考虑进行因子分析；Kaiser-Meyer-Olkin 采样充足度测度值越逼近 1，表明这些变量进行因子分析的效果越好，本检验得出 KMO 值 =0.578，光环境场景采样数略显偏小，但基本可以接受。

变量的共同度 **表 3–31**

视觉因素 C_1	初始	提取
照明水平 F_1	1.000	0.860
照度与亮度分布 F_2	1.000	0.654
眩光 F_3	1.000	0.694
视亮度 F_4	1.000	0.811
造型立体感 F_5	1.000	0.803
色温引起的心理感受 F_6	1.000	0.831
色彩表现 F_7	1.000	0.836
房间宽敞感 F_8	1.000	0.840
环境协调性 F_9	1.000	0.918
整体印象 F_{10}	1.000	0.507

提取方法：主成分分析

表 3-31 提取后变量的共同度反映了每个因子包含原有变量信息量的多少。

完全变量解释　　表 3-32

成分	初始特征值			因子负荷平方和			旋转因子负荷平方和		
	特征值	贡献率（%）	积累贡献率（%）	特征值	贡献率（%）	积累贡献率（%）	特征值	贡献率（%）	积累贡献率（%）
1	5.810	58.098	58.098	5.810	58.098	58.098	4.251	42.509	42.509
2	1.944	19.440	77.538	1.944	19.440	77.538	3.503	35.029	77.538
3	0.905	9.050	86.588	—	—	—	—	—	—
4	0.525	5.248	91.835	—	—	—	—	—	—
5	0.326	3.264	95.100	—	—	—	—	—	—
6	0.268	2.684	97.784	—	—	—	—	—	—
7	0.136	1.360	99.143	—	—	—	—	—	—
8	4.819E-02	0.482	99.625	—	—	—	—	—	—
9	3.208E-02	0.321	99.946	—	—	—	—	—	—
10	5.380E-03	5.380E-02	100.000	—	—	—	—	—	—

提取方法：主成分分析

表 3-32 使用主成分分析法得到了 2 个因子，因子 1 和因子 2 的积累贡献率为 77.538%。

旋转前的因子（主成分）负荷矩阵　　表 3-33

视觉因素 C_1	因子（主成分）	
	f_1	f_2
照明水平 F_1	0.914	−0.154
照度与亮度分布 F_2	0.782	−0.204
眩光 F3	−0.500	0.666
视亮度 F_4	0.800	0.413
造型立体感 F_5	0.783	−0.436
色温引起的心理感受 F_6	0.309	0.857
色彩表现 F_7	0.886	0.226
房间宽敞感 F_8	0.916	−2.724E-02
环境协调性 F_9	0.841	0.459
整体印象 F_{10}	0.656	−0.277

提取方法：主成分分析，提取 2 个主成分

表 3-33 中负荷矩阵对两个因子的解释不很明朗，有必要通过旋转后的因子负荷矩阵对各因素进行合理的分类。

旋转后的因子(主成分)负荷矩阵 **表 3-34**

视觉因素 C_1	因子(主成分)	
	f_1	f_2
照明水平 F_1	0.804	0.462
照度与亮度分布 F_2	0.734	0.339
眩光 F_3	-0.809	0.197
视亮度 F_4	0.356	0.827
造型立体感 F_5	0.881	0.161
色温引起的心理感受 F_6	-0.306	0.859
色彩表现 F_7	0.541	0.737
房间宽敞感 F_8	0.725	0.561
环境协调性 F_9	0.359	0.889
整体印象 F_{10}	0.683	0.202

提取方法:主成分分析。
旋转方法:Varimax with Kaiser Normalization

因子旋转矩阵 **表 3-35**

因子	f_1	f_2
f_1	0.772	0.635
f_2	-0.635	0.772

提取方法:主成分分析。
旋转方法:Varimax with Kaiser Normalization

旋转后的因子负荷矩阵值代入公式(3-16)得:

$$\begin{cases} x = 0.804 f_1 + 0.462 f_2 + e_1 \\ x = 0.734 f_1 + 0.339 f_2 + e_2 \\ \cdots \\ x = 0.683 f_1 + 0.202 f_2 + e_{10} \end{cases} \tag{3-17}$$

因子矩阵中每个变量与某一个因子的联系系数绝对值越大,则该因子与变量关系越近。表 3-34 中因子 1 与照明水平 F_1、照度与亮度分布 F_2、眩光 F_3、造型立体感 F_5、房间宽敞感 F_8、整体印象 F_{10} 关系较近,可以把它们归入照明的功能性与舒适性影响因子;因子 2 与视亮度 F_4、色温引起的心理感受 F_6、色彩表现 F_7、环境协调性 F_9 关系较近,可以把它们归入色温差异性影响因子,这一因子在单一色温光源照明的住宅照明光环境中是没有的。这种分类方式减少了人为分类的主观性,使各因素权重的确定更具客观性(表 3-36)。

4)用层次分析法求权重

(1)求各因素对于上层因素的权重

21 名评价者对影响视觉效果的光环境因素集的 D_1、D_2 项因素集下的各因素进行重要性排序打分,

D_1 中的各因素最重要者为 1，次重要者为 2，依次排列，排位最后为 6；D_2 中的各因素最重要者为 1，次重要者为 2，依次排列，排位最后为 6（表 3-39 ～表 3-46）。

视觉因素 C_1 下各因素属性分类 **表 3–36**

四级指标	功能性与舒适性 D_1	色温差异性 D_2
五级指标	照明水平 F_1	视亮度 F_4
	照度与亮度分布 F_2	色温引起的心理感受 F_6
	眩光 F_3	色彩表现 F_7
	造型立体感 F_5	环境协调性 F_9
	空间宽敞感 F_8	—
	整体印象 F_{10}	—

用层次分析法中的和法计算权重，即，对于一个一致的判断矩阵，它的每一列归一化后就是相应的权重向量。当 A 不一致时每一列归一化后近似于权重向量，和法就是采用这 n 个列向量的算术平均作为权重向量，因此有[70]

$$w_i = \frac{1}{n}\sum_{j=1}^{n}\frac{a_{ij}}{\sum_{k=1}^{n}a_{ki}} \qquad i=1，2，\cdots，n \tag{3-18}$$

（2）进行一致性检验

在计算单准则下排序权向量时，需要对判断矩阵的一致性进行检验，具体步骤如下：

计算最大特征根：

$$\lambda_{\max} = \frac{1}{n}\sum_{i=1}^{n}\frac{(Aw)_i}{w_i} = \frac{1}{n}\sum_{i=1}^{n}\frac{\sum_{j=1}^{n}a_{ij}w_j}{w_i} \tag{3-19}$$

式中 $(Aw)_i$ 表示向量 Aw 的第 i 个分量。

进行一致性检验：

$$C.I. = \frac{\lambda_{\max} - n}{n-1} \tag{3-20}$$

查找相应的平均随机一致性指标 $R.I.$（表 3-37）：

平均随机一致性指标 $R.I.$ **表 3–37**

矩阵阶数	1	2	3	4	5	6	7	8	9	10	11	12	13	14
$R.I.$	0.00	0.00	0.52	0.89	1.12	1.26	1.36	1.41	1.46	1.49	1.52	1.54	1.56	1.58

计算一致性比例：

$$C.R. = \frac{C.I.}{R.I.} \tag{3-21}$$

当 $C.R.<0.1$ 时，即认为判断矩阵具有满意的一致性，说明权数分配是合理的；否则，就需要调整判断矩阵，直到取得满意的一致性为止。

（3）根据以上步骤计算权重

表 3-38 为 D_1、D_2 以及 C_1 因素集下各因素评价量表的定性与定量关系，根据 21 名评价者评价的平均重要性得分确定其重要性归属，见表 3-38、表 3-39、表 3-41。

求得各因素权值及组合权值，见表 3-40、表 3-42、表 3-44。

评价量表的定性与定量关系 **表 3-38**

$y \leqslant 1.5$	$1.5 < y \leqslant 2.5$	$2.5 < y \leqslant 3.5$	$3.5 < y \leqslant 4.5$	$4.5 < y \leqslant 5.5$	$5.5 < y \leqslant 6.5$	$y > 6.5$
非常重要	很重要	重要	较重要	稍微重要	稍不重要	较不重要

功能性与舒适性因素 D_1 重要性得分统计平均值 **表 3-39**

功能性与舒适性 D_1 因素	照明水平 F_1	照度与亮度分布 F_2	眩光 F_3	造型立体感 F_5	房间宽敞感 F_8	整体印象 F_{10}
平均重要性得分	2.29	2.67	3.14	4.29	5.14	3.53
重要性归属等级	2	3	3	4	5	4

功能性与舒适性 D_1 各因素权值 **表 3-40**

D_1	F_1	F_2	F_3	F_5	F_8	F_{10}	w	
F_1	1	2	2	3	4	3	0.332	$\lambda_{max}=6.036$ $C.I.=0.007$ $C.R.=0.006$
F_2	1/2	1	1	2	3	2	0.195	
F_3	1/2	1	1	2	3	2	0.195	
F_5	1/3	1/2	1/2	1	2	1	0.108	
F_8	1/4	1/3	1/3	1/2	1	1/2	0.064	
F_{10}	1/3	1/2	1/2	1	2	1	0.108	

色温差异性因素 D_2 重要性得分统计平均值 **表 3-41**

色温差异性 D_2 因素	视亮度 F_4	色温引起的心理感受 F_6	色彩表现 F_7	环境协调性 F_9
平均重要性得分	2.71	1.47	3.10	2.24
重要性归属等级	3	1	3	2

色温差异性 D_2 各因素权值 **表 3-42**

D_2	F_4	F_6	F_7	F_9	w	
F_4	1	1/3	1	1/2	0.141	$\lambda_{max}=4.010$ $C.I.=0.003$ $C.R.=0.003$
F_6	3	1	3	2	0.455	
F_7	1	1/3	1	1/2	0.141	
F_9	2	1/2	2	1	0.263	

D_1、D_2 两项因子重要性排序的得分见表 3-43，由于日常场景与会客、团聚场景对住宅人工照明光环境视觉各因素的需求程度存在着差异，因而分别对它们的权值作出评价。

视觉因素 C_1 各因素重要性得分统计平均值 **表 3–43**

视觉因素 C_1	功能性与舒适性 D_1		色温差异性 D_2	
场景	日常	会客、团聚	日常	会客、团聚
平均重要性得分	1.47	1.35	3.29	2.38
重要性次序等级	1	1	3	2

日常场景的视觉因素集 C_1 各因素权值 **表 3–44**

C_1	D_1	D_2	w	
D_1	1	3	0.750	λ_{max}=2.000
D_2	1/3	1	0.250	*C.I.*=0.000 *C.R.*=0.000

会客、团聚场景视觉因素集 C_1 各因素权值 **表 3–45**

C_1	D_1	D_2	w	
D_1	1	2	0.667	λ_{max}=2.000
D_2	1/2	1	0.333	*C.R.*=0.000 *C.R.*=0.000

（4）对住宅人工照明光环境的视觉因素进行模糊综合评价

各评价因素 F 对目标 C_1 的组合权重 **表 3–46**

视觉因素 C_1	D_1		D_2		层次 F 对于 C_1 的组合权重	
	日常	会客、团聚	日常	会客、团聚	日常	会客、团聚
	0.750	0.667	0.250	0.333	—	—
照明水平 F_1	0.315		—		0.236	0.210
照度与亮度分布 F_2	0.176		—		0.132	0.117
眩光 F_3	0.176		—		0.132	0.117
视亮度 F_4	—		0.141		0.035	0.047
造型立体感 F_5	0.098		—		0.074	0.065
色温引起的心理感受 F_6	—		0.455		0.114	0.152
色彩表现 F_7	—		0.141		0.035	0.047
空间宽敞感 F_8	0.060		—		0.045	0.040
环境协调性 F_9	—		0.263		0.066	0.088
整体印象 F_{10}	0.176		—		0.132	0.117

①模糊综合评价的步骤

模糊综合评价的数学模型可分为一级模型或多级模型两类。

应用一级模型进行综合评价，一般可归纳为以下几个步骤[71]。

a. 建立评价对象的因素集 $U=\{u_1, u_2, \cdots, u_n\}$

b. 建立评价集 $V=\{v_1, v_2, \cdots, v_n\}$

c. 建立单因素评价，即建立一个从 U 到 $F(V)$ 的模糊映射

$$\underset{\sim}{\int}: U \to F(V),\quad \forall u_i \in U$$

$$u_i \mid \underset{\sim}{\int}(u_i) = \frac{r_{i1}}{v_1} + \frac{r_{i2}}{v_2} + \cdots + \frac{r_{im}}{v_m} \tag{3-22}$$

$$0 \leqslant r_{ij} \leqslant 1,\ 1 \leqslant i \leqslant n,\ 1 \leqslant j \leqslant m$$

$$\underset{\sim}{R} = \begin{pmatrix} r_1 & r_{12} & \cdots & r_{1m} \\ r_{21} & r_{22} & \cdots & r_{2m} \\ \vdots & \vdots & \vdots & \vdots \\ r_{n1} & r_{n2} & \cdots & r_{nm} \end{pmatrix} \tag{3-23}$$

由 $\underset{\sim}{\int}$ 可诱导出模糊关系 $\underset{\sim}{R}$，得到模糊矩阵。

$\underset{\sim}{R}$ 称为单因素评价矩阵。

于是（U，V，R）构成了一个综合评价模型，或称综合评价空间。

d. 综合评价

由于对 U 中各因素有不同的侧重，需要对每个因子赋予不同的权重，它可表示为 U 上的一个模糊子集 $\underset{\sim}{A}=(a_1, a_2, \cdots, a_n)$，并且规定

$$\sum_{i=1}^{n} a_i = 1 \tag{3-24}$$

在 $\underset{\sim}{R}$ 与 $\underset{\sim}{A}$ 求出之后，则综合评价为

$$\underset{\sim}{B} = \underset{\sim}{A} \circ \underset{\sim}{R} \tag{3-25}$$

$B=(b_1, b_2, \cdots, b_m)$ 它是 V 上的一个模糊子集，其中

$$b_i = \underset{i=1n}{\vee}(a_i \wedge r_{ij}) \qquad (j=1,2,\cdots,m) \tag{3-26}$$

如果评价结果 $\sum_{i=1}^{n} a_i \neq 1$，应将它归一化。

模糊综合评价的四个步骤中，建立单因素评价矩阵 $\underset{\sim}{R}$ 和确定权重分配 $\underset{\sim}{A}$，是两项关键性的工作。

分别对夏季人工照明光环境模式以及冬季对比模式下的日常、会客、团聚场景进行综合评价排序，选出最佳场景作为主要照明光环境场景，其他的作为辅助调节场景。

②确定因素集、评价集和权向量

夏季日常场景 1 评价因素集见表 3-47，表 3-47 归一化后可写成矩阵：

$$R=\begin{pmatrix}0&0.095&0.095&0.286&0.429&0.095&0\\0&0.143&0.143&0.333&0.286&0.095&0\\0&0.143&0.429&0.286&0.143&0&0\\0&0.048&0.143&0.238&0.476&0.095&0\\0&0.143&0.333&0.333&0.143&0.048&0\\0&0.048&0.429&0.238&0.238&0.048&0\\0&0&0.238&0.476&0.286&0&0\\0&0.143&0.095&0.571&0.190&0&0\\0&0.048&0.286&0.571&0.095&0&0\\0&0.238&0.476&0.286&0&0&0\end{pmatrix}$$

上节已求的权向量为（表 3-46）:

$$A=(0.236,0.132,0.132,0.035,0.074,0.114,0.035,0.045,0.066,0.132)$$

$$\underset{\sim}{B}=\underset{\sim}{A}\circ\underset{\sim}{R}=(0.236,0.132,0.132,0.035,0.074,0.114,0.035,0.045,0.066,0.132)$$

$$\circ\begin{pmatrix}0&0.095&0.095&0.286&0.429&0.095&0\\0&0.143&0.143&0.333&0.286&0.095&0\\0&0.143&0.429&0.286&0.143&0&0\\0&0.048&0.143&0.238&0.476&0.095&0\\0&0.143&0.333&0.333&0.143&0.048&0\\0&0.048&0.429&0.238&0.238&0.048&0\\0&0&0.238&0.476&0.286&0&0\\0&0.143&0.095&0.571&0.190&0&0\\0&0.048&0.286&0.571&0.095&0&0\\0&0.238&0.476&0.286&0&0&0\end{pmatrix}$$

$$=(0,0.132,0.132,0.235,0.235,0.235,0.095,0)$$

归一化后得

$$\underset{\sim}{B}=(0,\ 0.159,\ 0.159,\ 0.283,\ 0.283,\ 0.115,\ 0)$$

最后综合评价的结果为：11.7% 满意，11.7% 较满意，29.6% 一般，37.2% 较不满意，9.8% 不满意。根据最大接近度原则，该场景中的影响视觉效果的光环境因素评价为较不满意。

为了充分利用综合评价提供的信息，将评价等级与相应的分数对应起来，即很满意为 100 分，满意为 90 分，较满意为 80 分，一般为 70 分，较不满意为 60 分，不满意为 50 分，很不满意 40 分，最终得分为 66.87。表 3-47 ~ 表 3-57 为夏季各场景的评价得分。

$$\begin{pmatrix}0&0.159&0.159&0.283&0.283&0.115&0\end{pmatrix}\cdot\begin{pmatrix}100\\90\\80\\70\\60\\50\\40\end{pmatrix}=69.25$$

21 名评价者对夏季日常场景 1 的评价得分 表 3-47

评价集		V						
满意程度		很满意	满意	较满意	一般	较不满意	不满意	很不满意
评价等级		1	2	3	4	5	6	7
等级评分		100	90	80	70	60	50	40
因素集 A	照明水平 F_1	0	2	2	6	9	2	0
	照度与亮度分布 F_2	0	3	3	7	6	2	0
	眩光 F_3	0	3	9	6	3	0	0
	视亮度 F_4	0	1	3	5	10	2	0
	造型立体感 F_5	0	3	7	7	3	1	0
	色温引起的心理感受 F_6	0	1	9	5	5	1	0
	色彩表现 F_7	0	0	5	10	6	0	0
	房间宽敞感 F_8	0	3	2	12	4	0	0
	环境协调性 F_9	0	1	6	12	2	0	0
	整体印象 F_{10}	0	5	10	6	0	0	0
评价结果	模糊综合评价结果	$\underset{\sim}{B}$ =（0，0.159，0.159，0.283，0.283，0.115，0）						
	总评分	69.25						
	评定	一般或较不满意						
	夏季日常场景排名	3						

21 名评价者对夏季日常场景 2 的评价得分 表 3-48

评价集		V						
满意程度		很满意	满意	较满意	一般	较不满意	不满意	很不满意
评价等级		1	2	3	4	5	6	7
评分等级		100	90	80	70	60	50	40
因素集 A	照明水平 F_1	3	4	6	5	2	1	0
	照度与亮度分布 F_2	0	1	7	9	4	0	0
	眩光 F_3	0	2	5	7	4	3	0
	视亮度 F_4	1	3	8	6	1	2	0
	造型立体感 F_5	4	6	4	6	1	0	0
	色温引起的心理感受 F_6	0	4	3	8	3	3	0
	色彩表现 F_7	0	3	8	7	3	0	0
	房间宽敞感 F_8	2	6	10	3	0	0	0
	环境协调性 F_9	1	6	5	6	3	0	0
	整体印象 F_{10}	2	6	11	2	0	0	0
评价结果	模糊综合评价结果	$\underset{\sim}{B}$ =（0.134，0.178，0.220，0.220，0.124，0.124，0）						
	总评分	76.07						
	评定	较满意						
	夏季日常场景排名	2						

21 名评价者对夏季日常场景 3 的评价得分　　表 3–49

评价集		V						
满意程度		很满意	满意	较满意	一般	较不满意	不满意	很不满意
评价等级		1	2	3	4	5	6	7
评分等级		100	90	80	70	60	50	40
因素集 A	照明水平 F_1	4	9	3	4	1	0	0
	照度与亮度分布 F_2	0	1	8	9	3	0	0
	眩光 F_3	0	2	5	8	5	1	0
	视亮度 F_4	4	9	5	2	1	0	0
	造型立体感 F_5	1	5	6	8	1	0	0
	色温引起的心理感受 F_6	2	6	9	3	1	0	0
	色彩表现 F_7	1	8	9	3	0	0	0
	房间宽敞感 F_8	1	10	8	2	0	0	0
	环境协调性 F_9	3	11	4	2	1	0	0
	整体印象 F_{10}	3	7	9	2	0	0	0
评价结果	模糊综合评价结果	$\underset{\sim}{B}$ =（0.203，0.251，0.152，0.203，0.141，0.051，0）						
	总评分	80.18						
	评定	满意						
	夏季日常场景排名	1						

21 名评价者对冬季日常场景 3（对比）的评价得分　　表 3–50

评价集		V						
满意程度		很满意	满意	较满意	一般	较不满意	不满意	很不满意
评价等级		1	2	3	4	5	6	7
评分等级		100	90	80	70	60	50	40
因素集 A	照明水平 F_1	0	1	5	8	4	3	0
	照度与亮度分布 F_2	0	3	1	8	7	2	0
	眩光 F_3	0	3	7	9	2	0	0
	视亮度 F_4	0	4	6	6	5	0	0
	立体感 F_5	0	2	3	11	4	1	0
	色温引起的心理感受 F_6	0	0	4	8	7	2	0
	色彩表现 F_7	0	2	3	8	6	2	0
	房间宽敞感 F_8	0	0	9	5	7	0	0
	环境协调性 F_9	0	1	8	11	1	0	0
	整体印象 F_{10}	0	2	12	7	0	0	0
评价结果	模糊综合评价结果	$\underset{\sim}{B}$ =（0，0.141，0.251，0.251，0.203，0.153，0）						
	总评分	70.25						
	评定	较满意或一般						

21 名评价者对夏季会客场景 1 的评价得分 表 3–51

评价集		V						
满意程度		很满意	满意	较满意	一般	较不满意	不满意	很不满意
评价等级		1	2	3	4	5	6	7
评分等级		100	90	80	70	60	50	40
因素集 A	照明水平 F_1	0	3	7	6	2	3	0
	照度与亮度分布 F_2	0	1	5	7	6	2	0
	眩光 F_3	0	1	8	9	2	1	0
	视亮度 F_4	0	2	8	10	1	0	0
	造型立体感 F_5	1	5	9	6	0	0	0
	色温引起的心理感受 F_6	1	4	9	6	1	0	0
	色彩表现 F_7	0	1	6	11	3	0	0
	房间宽敞感 F_8	1	9	9	2	0	0	0
	环境协调性 F_9	0	4	10	7	0	0	0
	整体印象 F_{10}	1	3	10	6	1	0	0
评价结果	模糊综合评价结果	$\underset{\sim}{B}$ =（0.055，0.173，0.239，0.239，0.133，0.163，0）						
	总评分	72.94						
	评定	较满意或一般						
	夏季会客场景排名	3						

21 名评价者对夏季会客场景 2 的评价得分 表 3–52

评价集		V						
满意程度		很满意	满意	较满意	一般	较不满意	不满意	很不满意
评价等级		1	2	3	4	5	6	7
评分等级		100	90	80	70	60	50	40
因素集 A	照明水平 F_1	3	8	6	4	0	0	0
	照度与亮度分布 F_2	0	4	2	9	5	1	0
	眩光 F_3	0	1	10	9	1	0	0
	视亮度 F_4	3	9	5	3	1	0	0
	造型立体感 F_5	1	8	7	4	1	0	0
	色温引起的心理感受 F_6	1	1	8	8	3	0	0
	色彩表现 F_7	2	10	6	3	0	0	0
	房间宽敞感 F_8	4	6	8	3	0	0	0
	环境协调性 F_9	0	9	9	3	0	0	0
	整体印象 F_{10}	2	4	6	6	1	2	0
评价结果	模糊综合评价结果	$\underset{\sim}{B}$ =（0.151，0.222，0.222，0.201，0.151，0.051，0）						
	总评分	78.64						
	评定	满意或较满意						
	夏季会客场景排名	2						

21 名评价者对夏季会客场景 3 的评价得分　　**表 3-53**

评价集		V						
满意程度		很满意	满意	较满意	一般	较不满意	不满意	很不满意
评价等级		1	2	3	4	5	6	7
评分等级		100	90	80	70	60	50	40
因素集 A	照明水平 F_1	2	8	7	3	1	0	0
	照度与亮度分布 F_2	0	5	5	7	3	1	0
	眩光 F_3	1	3	7	9	1	0	0
	视亮度 F_4	1	4	9	6	1	0	0
	造型立体感 F_5	2	7	8	4	0	0	0
	色温引起的心理感受 F_6	2	6	7	5	1	0	0
	色彩表现 F_7	2	3	7	5	4	0	0
	房间宽敞感 F_8	3	5	11	2	0	0	0
	环境协调性 F_9	1	6	9	5	0	0	0
	整体印象 F_{10}	3	5	7	5	1	0	0
评价结果	模糊综合评价结果	$\underset{\sim}{B}$ =（0.137，0.246，0.246，0.178，0.137，0.056，0）						
	总评分	79.00						
	评定	满意或较满意						
	夏季会客场景排名	1						

21 名评价者对冬季会客场景 2（对比）的评价得分　　**表 3-54**

评价集		V						
满意程度		很满意	满意	较满意	一般	较不满意	不满意	很不满意
评价等级		1	2	3	4	5	6	7
评分等级		100	90	80	70	60	50	40
因素集 A	照明水平 F_1	3	7	7	4	0	0	0
	照度与亮度分布 F_2	1	2	5	7	5	1	0
	眩光 F_3	0	3	2	7	7	2	0
	视亮度 F_4	1	4	6	8	2	0	0
	造型立体感 F_5	5	7	3	5	1	0	0
	色温引起的心理感受 F_6	0	0	8	6	5	2	0
	色彩表现 F_7	0	3	8	6	3	1	0
	房间宽敞感 F_8	1	7	9	4	0	0	0
	环境协调性 F_9	3	8	7	3	0	0	0
	整体印象 F_{10}	2	4	6	6	1	2	0
评价结果	模糊综合评价结果	$\underset{\sim}{B}$ =（0.143，0.210，0.210，0.190，0.152，0.095，0）						
	总评分	77.17						
	评定	满意或较满意						

21 名评价者对夏季团聚场景 1 的评价得分 **表 3-55**

评价集		V						
满意程度		很满意	满意	较满意	一般	较不满意	不满意	很不满意
评价等级		1	2	3	4	5	6	7
评分等级		100	90	80	70	60	50	40
因素集 A	照明水平 F_1	2	9	9	1	0	0	0
	照度与亮度分布 F_2	0	3	7	8	2	1	0
	眩光 F_3	0	2	7	6	3	3	0
	视亮度 F_4	2	5	9	5	0	0	0
	造型立体感 F_5	2	5	9	3	2	0	0
	色温引起的心理感受 F_6	2	10	5	4	0	0	0
	色彩表现 F_7	2	6	9	2	2	0	0
	房间宽敞感 F_8	3	6	11	1	0	0	0
	环境协调性 F_9	1	11	5	4	0	0	0
	整体印象 F_{10}	4	7	7	3	0	0	0
评价结果	模糊综合评价结果	$\underset{\sim}{B}$ =（0.127，0.228，0.228，0.165，0.127，0.127，0）						
	总评分	76.85						
	评定	满意或较满意						
	夏季团聚场景排名	2						

21 名评价者对夏季团聚场景 2 的评价得分 **表 3-56**

评价集		V						
满意程度		很满意	满意	较满意	一般	较不满意	不满意	很不满意
评价等级		2	3	4	5	6	7	
评分等级		90	80	70	60	50	40	
因素集 A	照明水平 F_1	2	8	10	1	0	0	0
	照度与亮度分布 F_2	0	2	6	8	4	1	0
	眩光 F_3	0	0	4	11	4	2	0
	视亮度 F_4	2	10	7	2	0	0	0
	造型立体感 F_5	2	10	6	2	1	0	0
	色温引起的心理感受 F_6	2	2	8	7	2	0	0
	色彩表现 F_7	2	9	8	2	0	0	0
	房间宽敞感 F_8	4	5	10	2	0	0	0
	环境协调性 F_9	2	8	6	4	1	0	0
	整体印象 F_{10}	1	4	11	3	2	0	0
评价结果	模糊综合评价结果	$\underset{\sim}{B}$ =（0.108，0.239，0.239，0.173，0.173，0.108，0）						
	总评分	76.91						
	评定	满意或较满意						
	夏季团聚场景排名	1						

21 名评价者对冬季团聚场景 3（对比）的评价得分　表 3-57

评价集		V						
满意程度		很满意	满意	较满意	一般	较不满意	不满意	很不满意
评价等级		1	2	3	4	5	6	7
评分等级		100	90	80	70	60	50	40
因素集 A	照明水平 F_1	2	11	8	0	0	0	0
	照度与亮度分布 F_2	0	3	7	7	4	0	0
	眩光 F_3	0	2	3	4	9	3	0
	视亮度 F_4	0	4	7	7	3	0	0
	造型立体感 F_5	5	7	4	4	1	0	0
	色温引起的心理感受 F_6	0	1	5	6	6	3	0
	色彩表现 F_7	1	6	7	4	3	0	0
	房间宽敞感 F_8	3	7	8	3	0	0	0
	环境协调性 F_9	2	7	6	6	0	0	0
	整体印象 F_{10}	2	4	5	7	3	0	0
评价结果	模糊综合评价结果	$\underset{\sim}{B}$ =（0.098，0.216，0.216，0.157，0.157，0.157，0）						
	总评分	74.78						
	评定	满意或较满意						

5. 人工照明光环境质量的因素集 B、C、D、F 对于目标 A 的组合权重求取

为了观察各评价因素集对人工照明光环境质量 A 的整体权重分配，需要通过评价因素 F 对目标 D、然后对目标 C，再对目标 B，最终对目标 A 求取组合权重值，具体求法见表 3-58 ~ 表 3-72。

人工照明光环境质量因素集 A 各因素重要性得分统计平均值　表 3-58

重要性评价	人工照明光环境的视觉与非视觉质量 B_1	人工照明光环境的控制质量 B_2	人工照明光环境的能效利用质量 B_3
平均重要性得分	1.43	2.19	2.43
重要性归属等级	1	2	2

人工照明光环境质量因素集 A 各因素权值　表 3-59

	B_1	B_2	B_3	w	
B_1	1	2	2	0.500	λ_{max}=3.000 $C.I.$=0.000 $C.R.$=0.000
B_2	1/2	1	1	0.250	
B_3	1/2	1	1	0.250	

人工照明光环境的视觉与非视觉质量集 B_1 各因素重要性得分统计平均值　表 3-60

重要性评价	视觉因素 C_1	非视觉因素 C_2
平均重要性得分	1.47	3.38
重要性归属等级	1	3

人工照明光环境的视觉与非视觉质量集 B_1 各因素权值　表 3-61

B_1	C_1	C_2	w	
C_1	1	3	0.750	λ_{max}=2.000 $C.I.$=0.000 $C.R.$=0.000
C_2	1/3	1	0.250	

人工照明光环境的非视觉因素集 C_2 各因素重要性得分统计平均值　表 3-62

重要性评价	影响人的生物节律 D_3	影响人的行为表现 D_4
平均重要性得分	1.67	2.19
重要性归属等级	2	2

人工照明光环境的非视觉因素集 C_2 各因素权值　表 3-63

C_2	D_3	D_4	w	
D_3	1	1	0.500	λ_{max}=2.000 $C.I.$=0.000 $C.R.$=0.000
D_4	1	1	0.500	

控制方式合理性因素集 C_3 各因素重要性得分统计平均值　表 3-64

重要性评价	常规开关控制 D_5	智能控制 D_6	混合控制 D_7
平均重要性得分	2.71	3.05	2.43
重要性归属等级	3	3	2

控制方式合理性因素集 C_3 各因素权值　表 3-65

C_3	D_5	D_6	D_7	w	
D_5	1	1	1/2	0.25	λ_{max}=3.000 $C.I.$=0.000 $C.R.$=0.000
D_6	1	1	1/2	0.25	
D_7	2	2	1	0.5	

人工照明光环境的控制质量因素集 B_2 各因素重要性得分统计平均值　表 3-66

重要性评价	控制方式合理性 C_3	控制点布置合理性 C_4	场景转换舒适性 C_5
平均重要性得分	1.47	1.67	2.19
重要性归属等级	1	2	2

人工照明光环境的控制质量因素集 B_2 各因素权值　表 3-67

	C_3	C_4	C_5	w	
C_3	1	2	2	0.500	λ_{max}=3.000 $C.I.$=0.000 $C.R.$=0.000
C_4	1/2	1	1	0.250	
C_5	1/2	1	1	0.250	

人工照明光环境的能效利用质量因素集 B_3 各因素重要性得分统计平均值　　表 3–68

重要性评价	符合光源的视觉特性 C_6	提高光源能效 C_7	减少光源热负荷 C_8	充分利用天然光 C_9
平均重要性得分	4.19	1.38	3.71	2.24
重要性归属等级	4	1	4	2

能效利用质量因素集 B_3 各因素权值　　表 3–69

B_3	C_6	C_7	C_8	C_9	w	
C_6	1	1/4	1	1/3	0.110	λ_{max}=4.020 $C.I.$=0.007 $C.R.$=0.008
C_7	4	1	4	2	0.484	
C_8	1	1/4	1	1/3	0.110	
C_9	3	1/2	3	1	0.297	

各评价因素 D 对目标 B_1 的组合权重　　表 3–70

评价因素集	C_1		C_2	层次 D 对于 B_1 的组合权重	
	0.750		0.250		
	日常	会客、团聚		日常	会客、团聚
功能性与舒适性 D_1	0.75	0.667		0.563	0.500
色温差异性 D_2	0.25	0.333		0.188	0.250
影响人的生物节律 D_3			0.500	0.125	
影响人的行为表现 D_4			0.500	0.125	

注：日常场景与会客、团聚场景相比，由于人们关注的重点不同，各因素评价的权重有所差异。

各评价因素 C 对目标 A 的组合权重　　表 3–71

评价因素或因素集	B_1	B_2	B_3	层次 C 对于 A 的组合权重
	0.500	0.250	0.250	
视觉因素 C_1	0.750			0.375
非视觉因素 C_2	0.250			0.125
控制方式合理性 C_3		0.500		0.125
控制点布置合理性 C_4		0.250		0.063
场景转换舒适性 C_5		0.250		0.063
符合光源的视觉特性 C_6			0.110	0.028
提高光源能效 C_7			0.484	0.121
减少光源热负荷 C_8			0.110	0.028
充分利用天然光 C_9			0.297	0.074

各评价因素对目标 A 的组合权重 **表 3–72**

评价因素	视觉因素 C_1		非视觉因素 C_2	控制方式合理性 C_3	最下一级层次对于 A 的组合权重	
	0.375		0.125	0.125		
	日常	会客、团聚			日常	会客、团聚
照明水平 F_1	0.235	0.210			0.088	0.079
照度与亮度分布 F_2	0.132	0.117			0.050	0.044
眩光 F_3	0.132	0.117			0.050	0.044
视亮度 F_4	0.035	0.047			0.013	0.018
造型立体感 F_5	0.074	0.065			0.028	0.024
色温引起的心理感受 F_6	0.114	0.152			0.043	0.057
色彩表现 F_7	0.035	0.047			0.013	0.018
空间宽敞感 F_8	0.045	0.040			0.017	0.015
环境协调性 F_9	0.066	0.088			0.025	0.033
整体印象 F_{10}	0.132	0.117			0.050	0.044
影响人的生物节律 D_3			0.500		0.063	
影响人的行为表现 D_4			0.500		0.063	
常规开关控制 C_3				0.25	0.031	
智能控制 D_6				0.25	0.031	
混合控制 D_7				0.5	0.063	
控制点布置合理性 C_4					0.063	
场景转换舒适性 C_5					0.063	
符合光源的视觉特性 C_6					0.028	
提高光源能效 C_7					0.121	
减少光源热负荷 C_8					0.028	
充分利用天然光 C_9					0.074	

6. 住宅人工照明光环境质量评价结果分析

（1）日常、会客、团聚的每一个场景分别有 2 ～ 3 组灯光组合方式，由表 3-47 ～表 3-57 可以看出，通过对每一个场景下的灯光组合方式的排序与打分，最终把评价最高的一组作为主场景照明，其他的可作为辅助场景。

把所有夏季日常、会客、团聚场景与冬季相应的认为照明效果最满意的一组灯光组合方式进行对比评价，通过对评价结果的分析可以看出，夏季最满意的灯光组合方式均比相应的冬季灯光组合方式评价高，说明夏季人们对冷色光照明的喜爱程度比暖色光照明的喜爱程度要大一些。

（2）由表 3-46、表 3-70 可以看出，日常场景与会客、团聚场景相比，由于人们关注的重点不同，对各因素评价的权重有所差异。

（3）由表 3-71 层次 C 对于 A 的组合权重可以看出，视觉因素集 C_1、非视觉因素集 C_2、控制方式合

理性因素集 C_3、提高光源能效因素 C_7 对人工照明光环境质量影响较大（四者权重之和为 0.764），其中视觉因素影响最大。在实现住宅人工照明光环境智能控制的过程中以上 4 个因素或因素集应作为主要条件加以充分考虑，而其他各因素或因素集可作为辅助条件来考虑。

（4）由表 3-72 可以看出住宅人工照明光环境质量是由多个因素构成的，每个因素对于人工照明光环境质量的重要性程度不同。

3.5.3　补充天然采光不足的人工照明光环境的测试、分析与模糊综合评价

1. 日落前天然采光状况的评价与测试

在日落前的黄昏时段内，尽管室内的平均照度值并不低于晚间的人工照明所提供的值，但由于窗户的亮度远大于室内深处各表面的亮度，因而视觉对室内的感觉是昏暗的。简单地依据室外天然光临界照度（重庆市为 V 类光气候区，室外天然光临界照度为 4000lx）确定住宅室内需要人工照明的时间是不确切的，因为临界照度是主要针对工作场所制定的标准，而人在住宅内的行为活动与在工作场所中的行为活动有较大的差别（见表 3-5），故应采取不同的评价方式。

参与本套住宅光环境评价的人员为 7 人，要求他们评价在什么条件下天然采光不足而需要人工照明补充，其中 4 名年轻人和 3 名老年人，它们分别对 2003 年 5 月 18 日全云天情况下以及 5 月 23 日晴天情况下的黄昏时段天然采光状况进行评价并参与自由问答。在全云天情况下，由于室外以漫射光照射为主，照度变化相对平稳，且维持时间相对较长，故选择 18：10 ～ 18：50 每隔 10min 对室内光环境进行一次评价的方式（表 3-73、表 3-74），在晴天情况下室外照度变化速度很快，因而较难评价房间内的天然采光状况。

18：10 ～ 18：50 期间每隔 10min 测量的室内各测点的照度值见表 3-76。

5 月 18 日全云天情况下满意程度评价量表　　　　表 3–73

时间	评价因素	评价集 V						
		很满意	满意	较满意	一般	较不满意	不满意	很不满意
		1	2	3	4	5	6	7
18：10	照明水平 A_1	0	0	4	3	0	0	0
	亮度分布 A_2	0	0	3	3	1	0	0
	模糊综合评价结果	$\underset{\sim}{B}$ =（0，0，0.500，0.375，0.125，0，0）						
	评定	较满意						
18：20	照明水平 A_1	0	0	2	4	1	0	0
	亮度分布 A_2	0	0	3	2	2	0	0
	模糊综合评价结果	$\underset{\sim}{B}$ =（0，0，0.280，0.480，0.240，0，0）						
	评定	一般						
18：30	照明水平 A_1	0	0	2	3	2	0	0
	亮度分布 A_2	0	0	1	3	3	0	0
	模糊综合评价结果	$\underset{\sim}{B}$ =（0，0，0.273，0.409，0.318，0，0）						
	评定	一般						

续表

时间	评价因素	评价集 V						
		很满意	满意	较满意	一般	较不满意	不满意	很不满意
		1	2	3	4	5	6	7
18 : 40	照明水平 A_1	0	0	0	0	4	3	0
	亮度分布 A_2	0	0	0	2	3	2	0
	模糊综合评价结果	$\underset{\sim}{B}$ =（0，0，0，0.222，0.444，0.336，0）						
	评定	较不满意						
18 : 50	照明水平 A_1	0	0	0	0	2	4	1
	亮度分布 A_2	0	0	0	0	3	4	0
	模糊综合评价结果	$\underset{\sim}{B}$ =（0，0，0，0，0.318，0.545，0.137）						
	评定	不满意						

补充天然采光不足的人工照明光环境各因素重要性得分统计平均值　　表 3–74

重要性评价	照明水平 A_1	亮度分布 A_2
平均重要性得分	1.33	1.67
重要性归属等级	1	2

照明水平 A_1、亮度分布 A_2 权值　　表 3–75

	A_1	A_2	w	
A_1	1	2	0.667	λ_{max}=0 $C.I.$=0 $C.R.$=0
A_2	1/2	1	0.333	

5 月 18 日全云天情况下各测量时刻的照度值（lx）　　表 3–76

测点	天然采光状况（5 月 18 日全云天）					人工照明对天然采光的补充（5 月 18 日全云天）			
	18 : 10	18 : 20	18 : 30	18 : 40	18 : 50	18 : 20	18 : 30	18 : 40	18 : 50
室外照度	3760	3210	2640	1880	1220	—	—	—	—
1	44.7	36.7	28.3	19.99	13.7	43.0	34.6	47.9	90.6
2	73.4	58.9	43.5	28.3	16.7	66.6	51.3	72.9	130.7
3	879.0	678.0	465.0	253.0	92.6	685.0	472.0	313.0	233.0
4	878.0	677.0	466.0	253.0	92.5	684.0	472.0	310.0	222.0
5	869.0	670.0	464.0	250.0	91.5	683.0	467.0	298.0	201.4
6	136.5	105.0	71.9	39.2	14.3	114.0	81.5	101.5	150.5
7	319.0	246.0	169.8	92.0	33.6	260.0	182.3	204.0	267.0
8	419.0	323.0	222.0	121.1	44.1	336.0	235.0	263.0	319.0
9	430.0	332.0	228.0	124.6	45.3	344.0	240.0	254.0	330.2
10	322.0	249.0	171.1	92.9	33.9	261.0	183.6	188.3	240.1
11	183.4	141.3	96.2	52.6	19.4	154.0	110.5	127.1	161.0

续表

测点	天然采光状况（5 月 18 日全云天）					人工照明对天然采光的补充（5 月 18 日全云天）			
	18∶10	18∶20	18∶30	18∶40	18∶50	18∶20	18∶30	18∶40	18∶50
室外照度	3760	3210	2640	1880	1220	—	—	—	—
12	164.8	126.1	86.6	47.2	17.2	139.0	99.7	124.8	170.4
13	272.0	209.0	144.6	78.3	28.6	228.0	163.1	240.0	306.0
14	228.0	176.5	121.6	65.8	24.0	196.4	141.6	304.0	435.0
15	214.0	165.0	113.3	61.7	22.5	183.6	132.6	268.0	410.0
16	180.3	139.6	95.5	52.0	19.0	155.6	112.0	178.5	254.0
17	146.6	112.6	77.7	41.5	15.4	127.1	92.2	128.6	180.5
18	128.9	98.4	67.5	36.8	13.4	120.7	89.2	122.7	166.6
19	211.0	163.7	112.9	60.8	22.2	198.5	147.2	240.0	290.0
20	152.7	117.8	80.3	43.8	16.0	155.1	118.3	301.0	418.0
21	130.1	101.0	69.4	37.8	13.8	131.1	99.4	257.0	382.0
22	118.0	91.1	62.5	34.0	12.4	113.8	84.3	166.3	242.0
23	110.9	84.8	58.3	31.6	11.6	103.3	76.2	121.6	169.1
24	58.8	45.4	31.1	17.3	6.2	85.9	71.7	112.5	250.0
25	135.8	104.2	71.6	39.0	14.2	179.6	146.4	213.0	216.0
26	114.4	88.2	60.5	33.0	12.0	169.8	141.9	245.0	297.0
27	99.7	76.9	52.7	28.7	10.5	131.5	107.5	202.0	277.0
28	92.8	71.6	49.1	26.8	9.8	103.5	80.4	140.3	185.5
29	91.2	70.3	48.6	24.4	9.5	92.3	70.2	108.3	137.5
30	184.2	142.3	97.1	52.9	19.3	199.9	155.8	146.1	110.5
31	119.5	91.4	62.7	34.2	12.5	211.0	182.6	212.0	137.4
32	89.3	68.9	47.3	25.8	9.4	195.1	174.4	221.0	161.1
33	77.3	59.6	40.9	22.3	8.1	143.2	125.7	172.6	151.7
34	74.6	57.5	39.5	21.5	7.8	99.3	81.2	118.8	123.0
35	76.3	58.1	40.8	22.4	8.1	84.6	66.1	94.8	101.2
36	194.6	149.2	102.4	55.8	20.4	225.4	178.1	156.4	90.9
37	103.6	79.2	54.3	29.6	10.8	231.5	206.0	218.0	88.7
38	74.5	57.4	39.4	21.5	7.8	218.6	200.0	223.0	94.9
39	65.1	50.2	34.5	18.8	6.9	150.3	134.5	158.2	82.1
40	64.6	49.8	34.2	18.6	6.8	99.1	83.4	106.6	85.6
41	70.9	52.3	37.6	20.7	7.5	81.5	64.3	85.7	76.7
$E_{av1\sim41}$	204.8	157.9	108. 8	59.3	22.0	199.6	150.1	184.5	205.8
42	36.1	27.8	19.1	10.4	3.8	136.0	123.4	135.1	45.1
43	65.1	50.2	34.5	18.8	6.9	196.2	210.0	222.0	63.4

续表

测点	天然采光状况（5 月 18 日全云天）					人工照明对天然采光的补充（5 月 18 日全云天）			
	18：10	18：20	18：30	18：40	18：50	18：20	18：30	18：40	18：50
室外照度	3760	3210	2640	1880	1220	—	—	—	—
44	58.4	45.1	30.9	16.8	6.2	171.4	189.7	203.0	64.3
45	54.1	41.7	28.6	15.6	5.7	115.8	129.1	143.2	62.4
46	52.9	40.8	28.0	15.2	5.6	82.5	79.9	93.3	59.6
47	31.9	24.6	16.9	9.2	3.4	136.1	128.3	137.7	36.3
48	48.2	37.2	25.5	13.9	5.1	196.7	184.9	195.8	49.9
49	48.0	37.0	25.4	13.8	5.1	171.2	159.6	169.2	49.0
50	48.6	37.5	25.7	14.0	5.1	115.0	103.6	112.0	47.6
51	50.2	38.7	26.5	14.5	5.3	82.5	70.4	78.4	46.5
52	29.9	23.1	15.8	8.6	3.2	102.4	94.8	102.1	32.0
53	43.2	33.3	22.9	12.4	4.5	141.9	131.0	140.4	43.9
54	44.1	34.0	23.3	12.7	4.6	116.6	105.2	113.5	43.1
55	51.8	40.0	27.4	14.9	5.5	90.6	78.0	83.1	41.7
56	66.2	51.1	35.0	19.1	7.0	84.1	68.1	68.8	39.5
57	21.1	15.5	11.6	6.8	3.1	50.9	46.5	50.6	24.3
58	28.5	20.0	15.1	8.2	3.0	68.9	62.3	68.0	37.1
59	28.7	20.1	15.2	8.3	3.0	61.1	54.1	59.9	38.7
60	29.2	22.5	15.4	8.4	3.1	50.1	43.1	48.1	37.5
61	145	111.3	76.5	41.7	15.2	130.0	95.1	70.5	38.5
$E_{av42\sim61}$	49.0	37.6	25.9	14.1	5.2	115.0	107.9	114.7	45.0
E_{av}	153.7	118.5	81.6	44.5	16.5	171.9	136.3	161.7	153.1
$E_{min42\sim61}$	21.1	15.5	11.6	6.8	3.1	43.0	34.6	47.9	24.3
$E_{min42\sim61}/E_{av}$	0.14	0.13	0.14	0.15	0.18	0.25	0.25	0.30	0.16

5 月 18 日全云天情况下室内最大亮度比 **表 3–77**

不同部位的亮度与亮度比	天然采光情况下室内亮度比（5 月 18 日全云天）					人工照明对天然采光的补充情况下室内亮度比（5 月 18 日全云天）			
	18：10	18：20	18：30	18：40	18：50	18：20	18：30	18：40	18：50
室外照度（lx）	4630	3840	2930	1910	1650	3840	2930	1910	1650
窗户亮度 L_{min}（cd/m^2）	1020	744	632	469	415	744	632	469	415
室内深处墙面亮度 L_{max}（cd/m^2）	21	15	11	9	6	31	26	26	25
最大亮度比 L_{min}/L_{max}	48.6	49.6	57.5	52.1	69.2	24.0	24.3	18.0	16.6

5 月 23 日晴天情况下各测量时刻的照度值（lx）　表 3–78

测点	天然采光状况（5 月 23 日晴天）		人工照明对天然采光的补充（5 月 18 日全云天）
	19：10	19：20	19：20
室外照度	3320	1730	—
3	498.0	189.5	306.0
4	499.0	189.3	299.0
8	293.0	105.4	380
9	333.0	118.7	263
14	194.0	64.8	465
15	207.0	66.7	414
20	141.7	44.4	446
21	133.4	40.1	388
26	112.5	33.8	390
27	103.0	30.0	343
32	74.8	22.3	174
33	64.8	19.0	162
38	58.7	17.9	105
39	52.8	15.6	101
$E_{av1\sim41}$	197.6	68.4	302.6
44	45.6	13.6	71.8
45	43.0	12.4	69.2
49	37.6	10.8	54.8
50	38.1	10.6	53.0
54	33.6	9.6	47.5
55	38.0	10.2	46.0
59	21.7	6.3	32.0
60	21.6	6.2	30.7
$E_{av42\sim61}$	34.5	10.0	50.6
E_{av}	138.4	47.1	211.0
$E_{min42\sim61}$	21.6	6.2	30.7
$E_{min42\sim61}/E_{av}$	0.16	0.13	0.15

注：由于在晴天日落前照度变化速度很大，很难准确地测量所有观测点的照度，只能对部分点进行测量。

2. 日落前天然采光状况的评价与测试结果分析

1）住宅室内自然采光不足时需要人工照明补充的条件

从表 3-73 ～表 3-75 全云天日落前天然采光状况评价结果中可以看出，当模糊综合评价效果为一般时，则需要人工照明的补充，这一时间为 18：20，由此分析，它需要两个基本条件：

（1）室内深处人员活动较少区域的最小照度值接近甚至低于 25lx 时（18：20），视觉系统的不舒适感开始逐渐增加，而在晚间完全人工照明光环境下该照度值能够普遍被人接受。若室内深处存在具体的视觉行为时，这一区域的工作面还应满足该视觉行为所需的照度值。

（2）当视野内亮度值最大的窗户部位与主要视看范围内亮度值最小的房间深处的墙面比值大于 50∶1 时，视觉系统的不舒适感开始逐渐增加，而根据表 3-5 对工作场所的规定，要求视野中任何表面之间的亮度比应控制在 40∶1 以内，故建议住宅内各表面亮度比控制在 40∶1 的范围内。

需要人工照明补充自然采光的以上两个条件应同时具备，若只具备条件 1，则会出现这种情况，即室外以漫射光为主，且窗户的亮度主要反映与其对应的室外建筑物墙面较暗的区域的亮度值，此时视野内窗户部位与房间深处的墙面的亮度比较小，因而这种天然采光环境能够普遍被人接受；相反，若仅具备条件 2，当窗户亮度主要反映天空亮度值时，视野内窗户部位与房间深处墙面的亮度比较大，但由于此时房间深处有足够的照度而不需要人工照明的补充，这种情况普遍存在于照度分布不均匀的侧窗采光的室内光环境。

2）房间深处补充照明

当房间深处人员活动较少时，这一区域的人工照明的主要目的是调整房间各表面的亮度分布，减小窗户部位与房间深处墙面的亮度比值，使其控制在 40∶1 的范围内。

3）冷色光补充照明

在对评价者的自由问答中，这些人员普遍认为补充冷色光比暖色光的人工照明视觉感受要舒适一些，因为冷色光源较接近天然光色且感觉明亮一些（视亮度较高），冷色光源照射下的房间内物体颜色与天然采光下的物体颜色较为接近，而不像白炽灯光照射下的物体显得偏黄。

4）全云天人工照明的补充方式

日落前的一段时间内人工照明仅仅是一种补充、过渡的照明方式，这一时段室内天然采光所提供的照度下降非常快，因而在不同的区域内需要不断补充新的人工光源照明，当然，这种补充照明不宜在很短的时间内变化过于频繁，以免引起视觉的不舒适感。表 3-76、表 3-77 及图 3-62 是根据评价者的视觉的舒适感受设计的人工补充照明光环境的过渡过程，即开启第 8 组灯—开启第 8 组 + 第 2 组灯（第 2 组灯渐亮）—夏季日常照明场景 4（第 1 组 + 第 2 组灯，第 1 组灯渐亮），这种过渡是渐变的，且在一定时间内维持相对不变。

5）晴天人工照明的补充方式

晴天太阳即将落山时，室外照度下降非常快，在观测的 10min 时间内，照度下降达 1590lx。室内照度变化也相当大，在同样的时间内，平均照度由 138.4lx 下降到 47.1lx，这样短的时间内要求灯光有多种变化已无实际意义，因而，可以这样确定晴天情况下的补充照明形式，当室内平均照度接近 100lx 时便可打开晚间的主场景照明灯光，尽管此时可能还不太需要照明，但过几分钟后自然会有这种需求（表 3-78，图 3-71 ~图 7-73）。

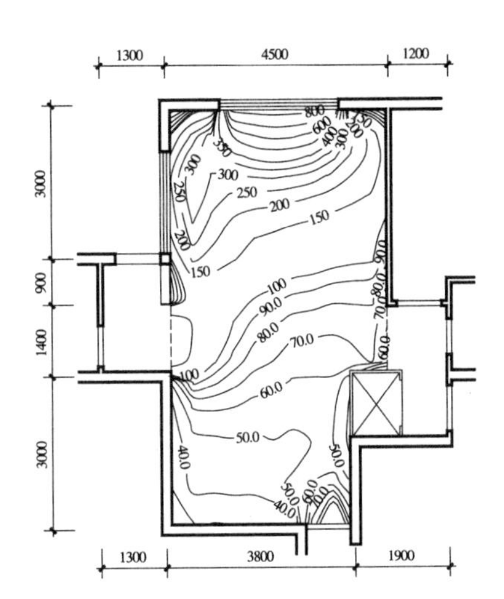

图 3-62 5 月 18 日 18：10 天然采光照度分布图（lx）

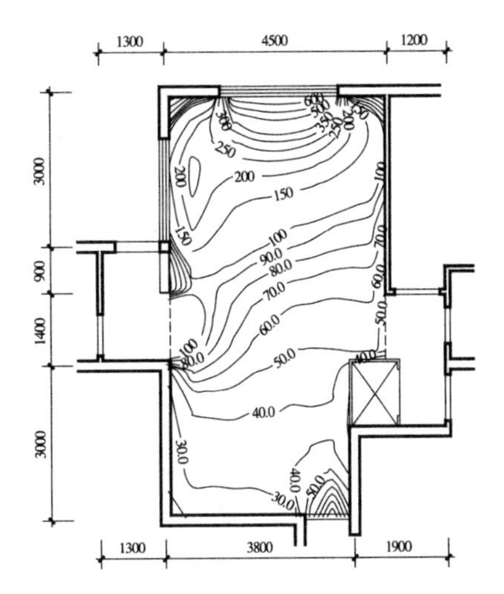

图 3-63 5 月 18 日 18：20 天然采光照度分布图（lx）

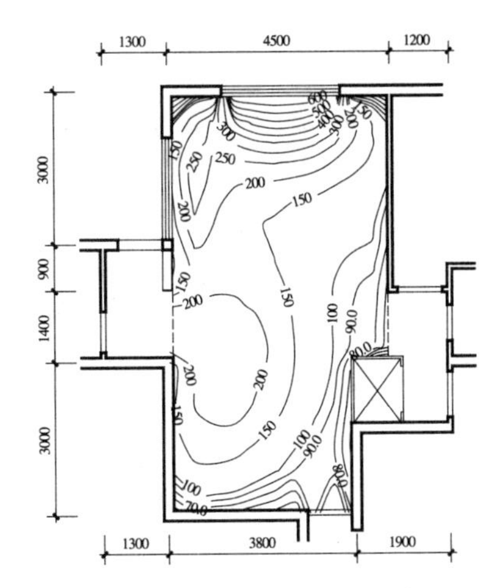

图 3-64 5 月 18 日 18：20 天然采光加人工照明照度分布图（第 8 组灯）（lx）

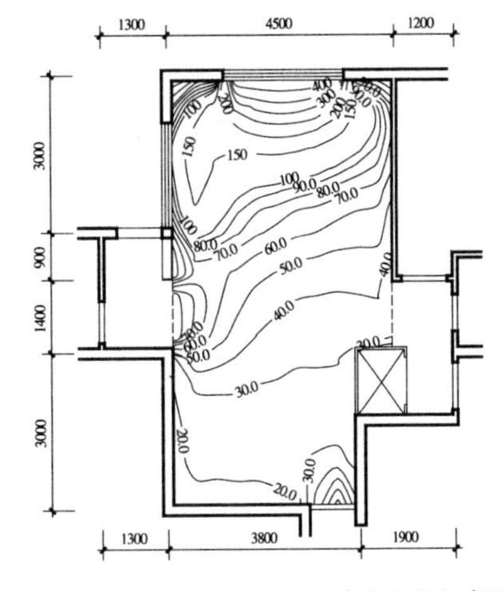

图 3-65 5 月 18 日 18：30 天然采光照度分布图（lx）

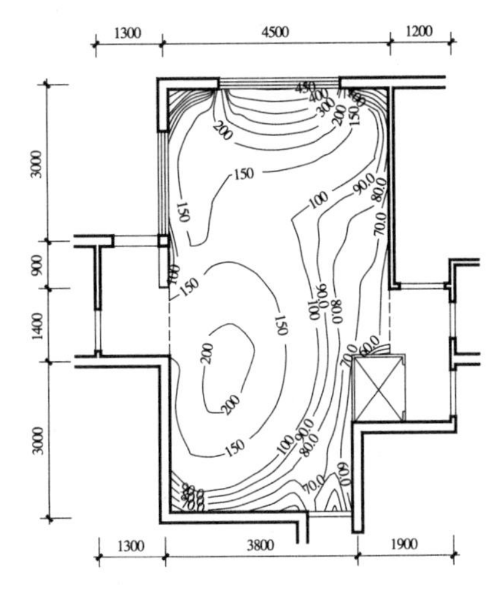

图 3-66 5 月 18 日 18：30 天然采光加人工照明照度分布图（第 8 组灯）（lx）

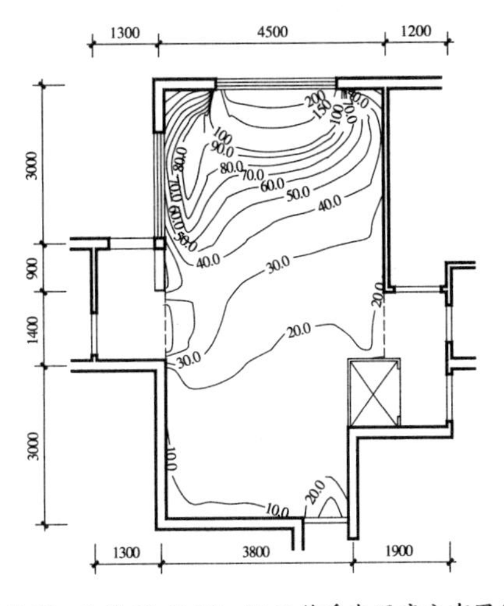

图 3-67 5 月 18 日 18：40 天然采光照度分布图（lx）

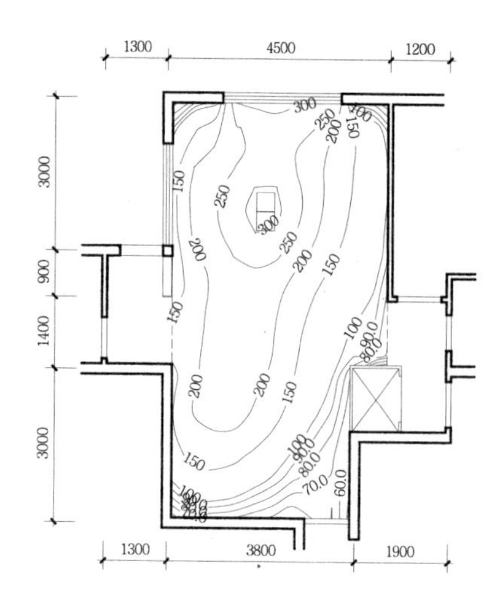

图 3-68 5 月 18 日 18 : 40 天然采光
加人工照明照度分布图（第 8 + 2 组灯）(lx)

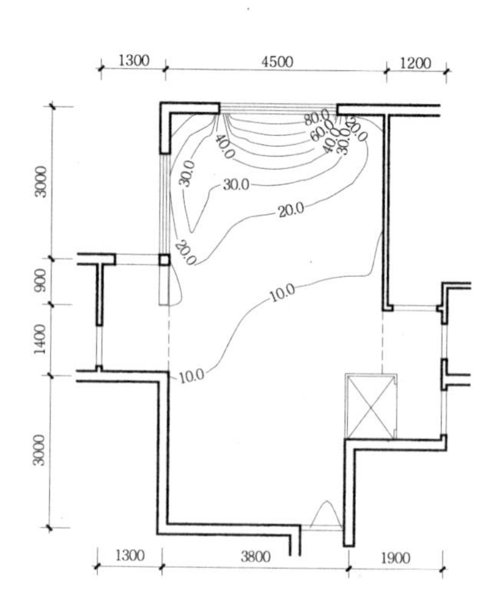

图 3-69 5 月 18 日 18 : 50 天然采光照度分布图（lx）

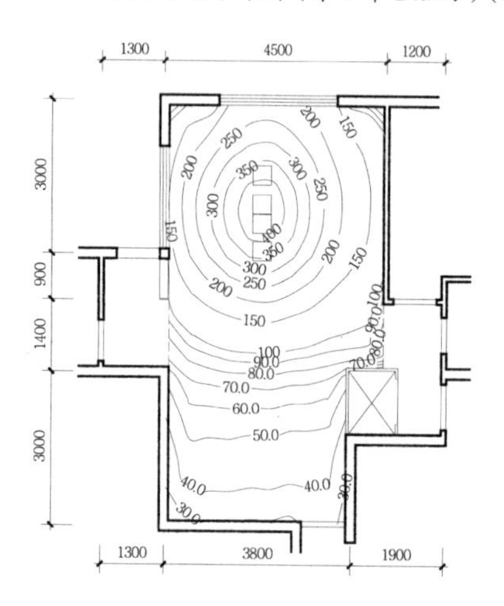

图 3-70 5 月 18 日 18 : 50 天然采光
加人工照明照度分布图（第 8 + 2 + 1 组灯）(lx)

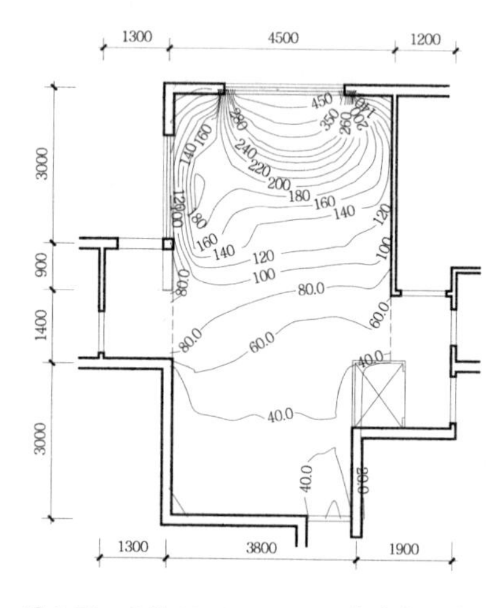

图 3-71 5 月 23 日 19 : 10 天然采光照度分布图

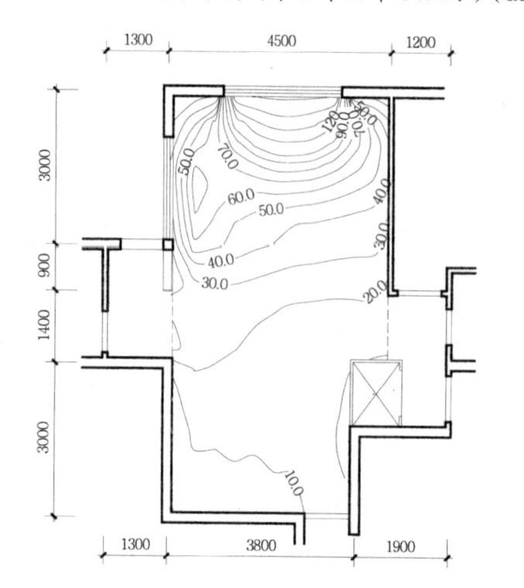

图 3-72 5 月 23 日 19 : 20 天然采光照度分布图（lx）

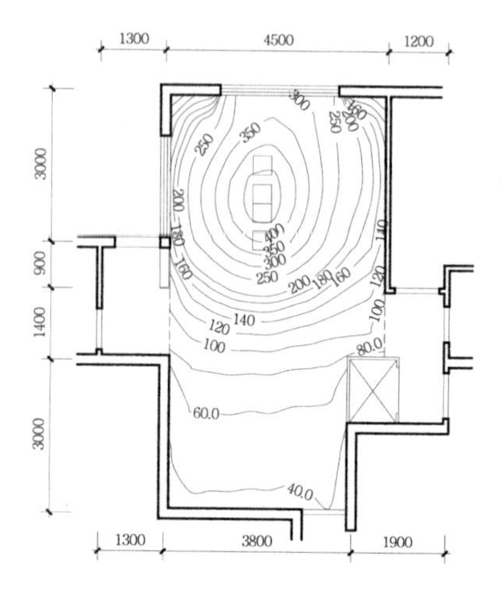

图 3-73 5 月 23 日 19 : 20 天然采光
加人工照明照度分布图（第 8 + 2 + 1 组灯）(lx)

3.6　本章小结

本章从人工照明光环境的视觉与非视觉质量、控制质量和能效利用质量三个方面系统地、综合地研究了住宅人工照明光环境质量，提高人工照明光环境质量是住宅人工照明光环境智能控制的目的。在研究过程中创新性地运用了照明领域视亮度理论、等效亮度理论等一些新的理论方法，从而真实地表达了视觉系统对人工照明光环境的实际感受。

《健康住宅建设技术要点》(2004 年修订版）把人居环境的健康性描述为“具有良好的住区环境、居住空间、空气环境质量、热环境质量、声环境质量、光环境质量、水环境质量”[6]。天然光环境质量和人工照明光环境质量是光环境质量的重要组成部分，也是健康住宅的一个有机组成部分。本章结合住宅使用功能及特性，对住宅人工照明光环境质量作了系统的分析和研究，并把它归纳为三个方面的因素。

1. 住宅人工照明光环境的视觉与非视觉质量因素

1）住宅人工照明光环境的视觉质量因素

（1）照明水平，包括照度、亮度。本章以国家的现行规范和相关部门的技术规定为依据，结合我国现有的经济发展水平，并参考国内外的相关资料，根据人的行为活动、季节、气候、年龄等对人工照明光环境需求的差异，对住宅不同功能房间照明的每一个细微变化阶段提出了合理的照度建议值，为实现人工照明光环境场景的智能变化做好理论准备。

（2）照度与亮度分布，包括照度均匀度、亮度对比。住宅的照度均匀度与亮度比不同于室内工作场所，本章对室内居住场所在不同行为活动下的照度与亮度分布特点进行了详细的分析。

（3）眩光。在住宅人工照明光环境中眩光对人的生理和心理产生诸多的影响，特别是老年人和有视觉病变的人。眩光应限制在合理的范围内，过于追求无眩光会降低人工照明光环境的艺术效果。

（4）视亮度。在平均亮度相等的情况下，房间各表面的亮度分布差异以及不同光谱特性光源的照明会使视觉系统产生不同的明亮感觉，事实上视亮度比亮度更接近人的生理和心理感受。

（5）造型立体感。这一因素是住宅人工照明光环境艺术效果的重要体现，就住宅而言，立体感指数有其合理的控制范围，在这一范围内的灯光照射下，人和物的造型立体感均能得到很好的表现。

（6）色温引起的心理感受。环境温度不同、天气、气候的差异使人们对住宅人工照明光环境产生心理上的感受差异，因而根据季节的变化调整人工照明光环境的冷暖效果符合人的生理和心理需求。

（7）色彩表现。不同光谱特性光源照明的合理布置，对房间原有色彩的表现不会造成视觉上的明显差异，同时，合理的照度创造良好的色彩感知环境。

（8）空间宽敞感。较高的照明水平、墙面不均匀的亮度分布以及不同色温光源的照射会增强空间变宽敞的感觉，但不同的行为活动对这种感觉的要求不尽相同。

（9）环境协调性。一个良好的住宅人工照明光环境不是一个恒定不变的光环境，而是随着人的需求不断变化的光环境，变化中的光环境不可避免地会出现不同色温光源照明场景的转换以及不同色温光源在同一空间的混合照明，因此，环境协调性这一因素比在单一色温光源照明下的人工照明光环境显得更加重要。

（10）整体印象。是对视觉功效，视觉舒适，光环境的艺术表现力，甚至光环境的节能效果等因素的综合考虑。

2）住宅人工照明光环境的非视觉质量因素

在考虑影响非视觉效果的人工照明光环境因素时，照明对人的行为表现的影响、照明对人的生物节律的影响因素同样也不能被忽视。

2. 住宅人工照明光环境的控制质量因素

包括人工照明光环境的控制方式、照明控制点的布置以及照明场景转换对视觉与心理产生的影响。

（1）照明控制方式是合理控制人工照明光环境的关键，良好的控制策略不是某一种单一的控制方式能够达到的，它是多种控制方式的有机组成，如调光、灯具的遥控、照明控制与窗帘控制系统的联动、被动式光源自控开关、主动式光源自控开关、照明场景的记忆、智能控制等。

（2）照明控制点的合理布置是照明控制人性化的充分体现，它应满足人的行为习惯和人体工效学。

（3）照明场景转换对视觉与心理的影响表现在视觉系统对光环境变化产生的暗适应和明适应，以及照度变化对心理满意度产生的影响，在人工照明光环境场景的转换中应充分考虑这一因素。

3. 住宅人工照明光环境的能效利用质量因素

（1）通过对光源的等效亮度研究，从视觉理论上研究提高光源能效的措施。

（2）节能光源能够有效地提高能效，并且其整个生命周期的全部费用消耗是经济的。

（3）应合理利用照明的“副产品”热负荷，提高人工照明光环境的能效。

（4）依据先进的技术手段充分利用天然光资源，减少人工照明的时间，是提高住宅人工照明光环境能效的有效方法，也是绿色照明的重要体现。

4. 住宅人工照明光环境质量的模糊综合评价

（1）通过把人工照明光环境质量各因素综合应用于住宅中，力图创造一个随着人的生理和心理需求不同而变化的并且是高质量的住宅人工照明光环境，这也是实现住宅人工照明光环境智能控制的目的。

（2）通过对不同人工照明光环境场景的测试、分析与模糊综合评价，确定人工照明光环境质量各因素的权重，找出主要因素和辅助因素。同时，通过评分与排序，优化场景的设置和使用，把符合人工照明光环境质量要求的最佳的灯光组合方式用于主要场景供大部分时间使用，而评分与排序相对较低的灯光组合方式作为辅助场景供某些时候调节气氛使用。这也是优化住宅人工照明光环境智能控制的手段。

（3）通过对补充天然采光不足的人工照明光环境的测试、分析与模糊综合评价，确定出合理、舒适的天然采光向人工照明过渡的方法，这种方法既有利于节能，又要有利于视觉系统对光环境变化的适应。

第4章 住宅人工照明光环境智能控制研究

4.1 人工照明光环境智能控制方法研究

4.1.1 智能控制的概念与特点

1. 智能控制的概念

对于智能控制，至今还没有一个统一的和公认的定义来概括已经出现的各种技术方法。一般认为，智能控制是指那些具有某些智能性拟人功能的非常规控制，这些拟人功能包括知识与经验的表示功能、学习功能、推理功能、适应功能、组织功能、容错功能等。

现代社会对智能的定义可以用公式进行简单的概括，即：

$$(HI,\ AI,\ II) \in I$$

I：智能（intelligence）；HI：人的智能（human intelligence）；AI：人工智能（artificial intelligence）；II-集成智能（integrated intelligence）。

而人的智能、人工智能与集成智能的关系又可以概括为：

$$II=HI+AI$$（“=”为“生成于”的意思）

也就是说，人的智能、人工智能及集成智能构成智能系统，通过这个系统实施的控制称为智能控制。

智能控制是人工智能和自动控制重要的研究领域和阶段，目前，智能控制被认为是通向自主机器阶梯道路上自主控制的顶层[72]。图 4-1 表示自动控制的发展过程和通向智能控制路径上复杂性增加的过程。

近年来，各领域对智能控制的研究十分活跃，各种智能决策系统、专家控制系统、学习控制系统、模糊控制系统、神经网络控制系统等技术已开始从工业生产、办公自动化向家庭自动化渗透。

2. 智能控制的特点

智能控制具有下列特点。

1）适用于复杂、不确定性控制方式

一般为以知识表示的非数学广义模型（专家经验）与数学模型组成的一个混合过程。适用于具有复杂性、不完全性、模糊性、不确定性和不存在已知算法的过程（及变动性较大的系统控制）。它根据被控动态过程进行特征辨识，采用开环控制和定性、定量控制结合的多模态控制方式。

2）智能控制器具有分层信息处理和决策结构

它实际上是对人的神经结构或专家决策结构的一种模拟。在复杂的系统中，通常采用任务分块、控制分散方式。智能控制的核心在于高层控制，对环境或过程进行组织、决策和规划，实现广义求解。要实现此任务须采用符号信息处理、启发式程序设计、知识表示及自动推理和决策的相关技术。这些问题的求解与人脑思维接近。低层控制也属于控制系统不可缺少的一部分，一般采用常规控制。

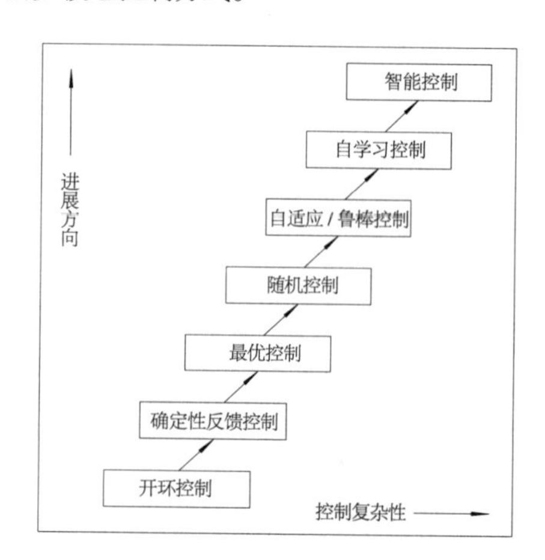

图 4-1 自动控制的发展过程

3）智能控制器的非线性

这是由于人的思维具有非线性，作为模仿人的思维进行决策的智能控制也具有非线性的特点。

4）智能控制器的变结构性

在控制过程中，根据当前过程中偏差及偏差变化率的大小和方向，在调整参数得不到满足时，以跃变方式改变控制器结构，以改变系统的性能。

5）智能控制器具有总体自寻优的特点

由于智能控制器具有在线特征辨识、特征记忆和拟人特点，在整个控制过程中计算机在线获取信息和实时处理并给出控制决策，通过不断优化参数和寻找控制器的最佳结构形式，来获取整体最优控制性能（如果有神经网络，则有自学习功能）。

6）智能控制系统是一门交叉科学

智能控制系统是一门新兴的边缘交叉学科，需要众多的相关学科配合。

4.1.2　智能控制与常规控制的关系

智能控制与常规控制（传统控制）有着密切的关系，它们是相互补充而不是相互排斥的关系。一般情况下，常规控制包含在智能控制中，智能控制往往也用常规控制的方法来解决“简单、低级”的问题。在照明控制方面，一味地追求控制系统的完全智能化会把一个很简单的事情搞得非常复杂，违背了体现“灵活、方便”的控制原则。比如，夜晚起床去卫生间开启灯光这一简单动作，常规的控制就是在床头设置一个开关控制面板，通过简单的手动控制来实现最为方便，若采用传感器（如红外线传感器、超声波传感器等）感应人体动作来实现灯光控制，不仅设备投入增大、实时性差，往往还存在传感器误报的可能性，反而给生活带来更多的不便，因而，智能控制与常规控制的关系是如何实现最优化控制的问题。智能化力图扩充常规控制方法并建立一系列新的理论与方法来解决更具有挑战性的控制问题。与常规控制相比，智能控制具有以下特点。

1. 智能控制所涉及的控制范围更广泛

它所研究的控制过程，不仅可以由微分 / 差分方程来描述，也可以由离散事件模型来描述。由此，在智能控制领域发展了混合控制系统的理论，譬如用离散状态序列方法来研究连续状态的动态过程。

2. 智能控制的目标更为一般化

上面已经提到，智能控制必须满足巨大的不确定性，而一般固定反馈的鲁棒控制器或自适应控制器难以处理不确定性问题。智能控制的目标要在巨大的不确定性中实现。因此，在智能控制器中，要考虑故障诊断、控制重构、自适应和自学习等重要方面。可以认为智能控制的控制问题是常规控制问题的一种增强形式，它具有任意性和一般性。

3. 智能控制中控制对象与控制器不明显分离

在传统的控制中，被控对象称作过程，它总是与控制器分离的。控制器由控制工程师设计，而对象则是给定的。智能控制中控制对象与控制器（或控制系统）不明显分离。控制律可以嵌入对象之中而成为被控系统的一部分。这样，也为智能控制开辟了一种新的机会和挑战，有可能以更为系统化的方法来影响整个过程的设计。

除了常规的控制之外，与智能控制有关的研究领域包括规划、学习、搜索算法、混合系统、故障诊断和系统重构、神经元网络、模糊逻辑等。

4.2 基于现有技术和认识水平的住宅人工照明光环境智能控制

智能化是一个发展的概念，就技术水平而言，住宅人工照明光环境的自主型智能控制已经基本具备条件。目前传感器技术较为成熟，但有些技术尚待提高，如图像传感器的面部识别等，信息融合技术有待提高；人工神经网络硬件技术尚处起步阶段，可基于单片机或神经元芯片实现该控制装置，目前半导体神经网络技术及其应用研究已经取得重大突破，它既可实现传统 ABF 神经元 BP 网络，也可实现径向基函数RBF等复杂的神经元网络；模糊控制器的实现方法也较多，可基于单片机或者微机构造模糊控制器，目前模糊控制技术已经广泛应用于空调、洗衣机、微波炉、电冰箱等家电控制。

实现人工照明光环境的“高智能”控制在技术上已经不是主要障碍，随着需求量的增大，硬件价格也将大幅下降，而主要障碍来自于人们对智能化的认识和接受程度，也就是说使用者对这一观念的提高能够带动市场，进而推动技术的进步、产品质量的提高和价格的下降。

基于目前人们对人工照明光环境智能控制的认识和接受程度，本套住宅开发了相应的智能控制装置，该套装置同常规控制和自主型智能控制的控制手段有所不同（图 4-2 ~图 4-5）。

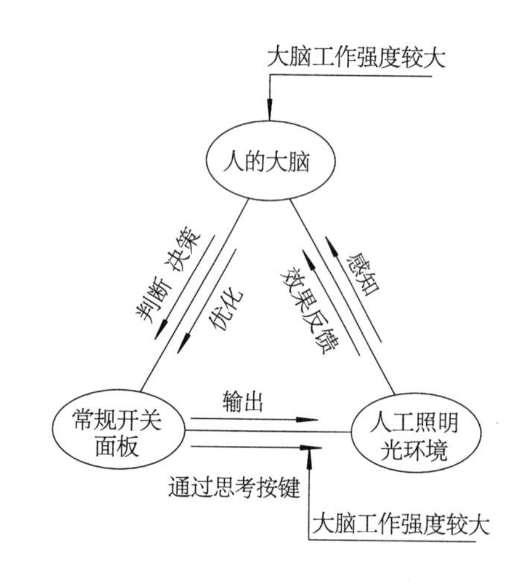

图 4-2 人工照明光环境的常规控制

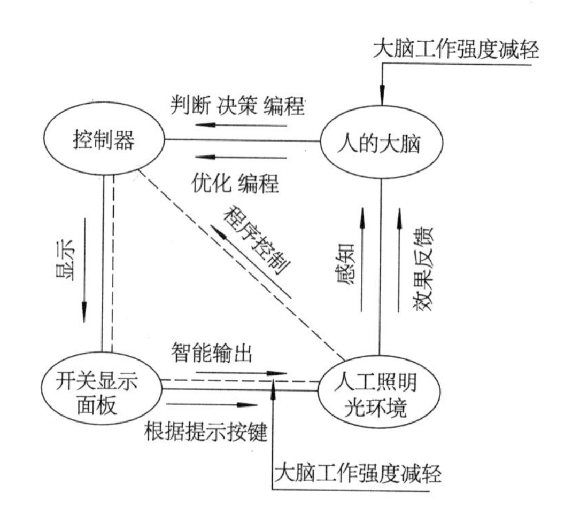

图 4-3 人工照明光环境的智能控制
（基于现有技术和认识水平的实验控制装置）

图 4-2 中人的大脑与常规开关、人工照明光环境组成一个闭环（确定性反馈）系统，对于一个随人的行为活动不同而变化的人工照明光环境，人的大脑在每一次控制中都要完成判断、优化、决策、记忆等过程，大脑工作强度较大；图 4-3 中人的大脑与控制器、开关显示面板以及人工照明光环境组成一个闭环系统，在初期变化的人工照明光环境中，人的大脑完成对光环境效果反馈的学习和优化，再通过编程固

化到控制器中，以后的工作是大脑感知某种光环境场景（或状态）发生时，直接操作显示面板按键，便会输出一系列操作过程，减少了对光环境特征的记忆、优化、决策等过程，大脑工作强度减轻，可见使用性能更加人性化，并且经过初期使用后优化的人工照明光环境与控制器、开关显示面板形成闭环控制系统；图 4-4 是完全建立在自主型智能控制基础上的闭环控制系统，人不参与实时控制，使大脑从控制中解放出来，但该系统依赖于模糊控制规则的准确性和完备性，而这些规则的建立和修改仍然需要经过人的大脑思考和优化；图 4-5 是把常规控制与各种智能控制相互结合的混合控制，它既具有较高的智能水平，又具有灵活的控制能力，是一种理想的控制策略。

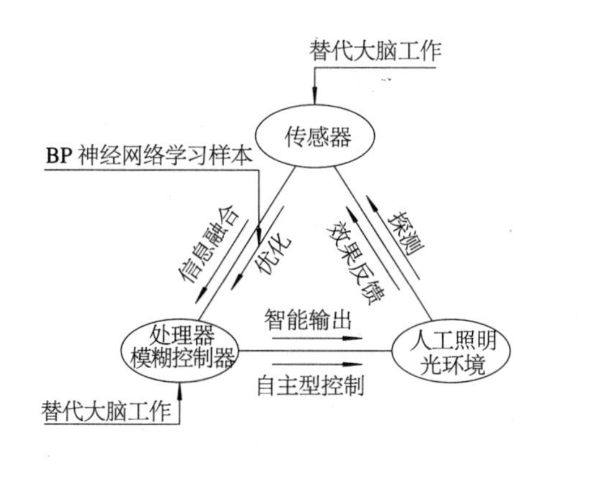

图 4-4　人工照明光环境的智能控制
（自主型智能控制）

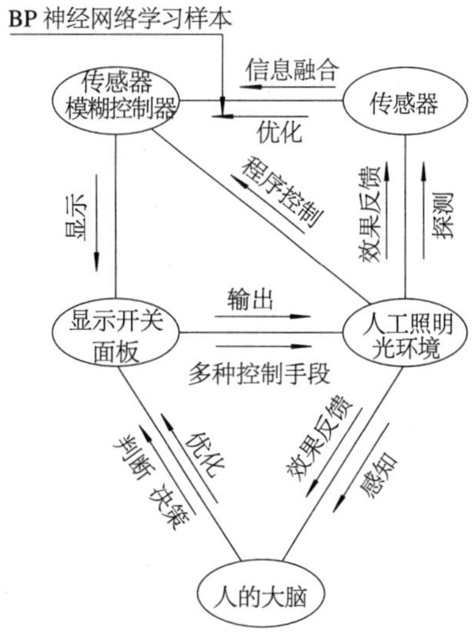

图 4-5　人工照明光环境的混合控制
（常规控制与智能控制的结合）

本套住宅人工照明光环境的智能控制实验装置是基于现有技术和认识水平研制的，尽管该技术与自主型智能控制技术存在着一定的差距，但两者对住宅人工照明光环境的验证效果是基本相同的，都是以创造一个高质量的人工照明光环境为最终目的。同时，它还符合现阶段人们对人工照明光环境智能控制的认识和接受程度的要求。

4.3　具有较高智能水平的住宅人工照明光环境自主型智能控制

4.3.1　智能控制的发展方向

自主型智能控制是智能控制领域的一个重要发展方向，它一般是指由很多传感器探测外界信息，将所得到的信息进行综合处理，以便适应外界环境的变化，有自适应能力，有自学习、自主决策和自我管理的能力，是智能控制的高级阶段。

智能控制在其产生和发展的进程中，主要受到来自人工智能、模糊逻辑和人工神经网络这几个不同领域的技术和方法的支持及推动，并且相应地形成了分别基于这些技术和方法的三种基本的智能控制方向。

1. 人工智能

对智能控制的形成和发展有重要影响的一个主要支撑技术是人工智能。在一定的意义上可以说，智能控制是伴随着人工智能的研究而出现的，对于人工智能控制方向而言，从最初概念的提出，到傅京生倡导的所谓“人作为控制器的控制系统”、“人机结合作为控制器的控制系统”和“无人参与的自主控制系统”，再到后来通过把专家的感性经验和常规的控制算法相结合提出的“专家控制系统”，其控制思想是在实践中不断地发展与完善。

2. 模糊控制

对智能控制的形成和发展有重要影响的另一个主要支撑技术是模糊控制，又称模糊逻辑控制。它是基于行为上模拟人的模糊推理和决策过程的一种控制策略。模糊逻辑是对初等形式的人的逻辑思维的一种模仿，特别适合于模型未知或模型不精确的控制对象和过程。对于这类系统无须建立数学模型，只需建立模糊规则和基于专家知识与经验的模糊推理规则，就可以实现模糊的推理和决策。通常，这类推理和决策多采用“if-then”的形式，极易在计算机上实现。智能控制的模糊控制方向的突出优点是理论上的直观性、实现上的简易性、适用上的广泛性以及控制上的有效性，这一切使模糊控制成为众多工程系统和过程中广泛应用的一个智能控制部分。

3. 人工神经网络

对智能控制的形成和发展有着重要影响的第三个主要支撑技术是人工神经网络。人工神经网络是对人脑思维系统的一个简单的结构模拟。人工神经网络是由多个神经元连接而成的多层网络，可模仿基本形式的人脑神经元的功能。实质上，人工神经网络是一个不依赖于模型的自适应函数估计器，因而不需要模型就可以实现任意的函数关系。其突出的优点是能够并行处理，并具有学习能力、适应能力和很强的容错能力。

在智能控制的人工神经网络控制方向上，基于人工神经网络和模糊逻辑有机结合的神经模糊技术已成为近年来的一个热门研究课题。尽管人工神经网络和模糊逻辑的概念和内涵有着明显的区别，但是两者都可以有效地处理控制系统模型中的不精确问题和不确定性问题。所以，如果把人工神经网络和模糊逻辑有机地结合起来，发挥两者之长，弥补两者之短，就能得到具有很强的学习、适应、容错能力和处理不确定信息能力的智能控制技术。

4.3.2 人工神经网络与模糊逻辑的特点

1. 人工神经网络的特点

人工神经网络是被相互连接起来的处理器结合的矩阵，每个节点是一个神经元，这是对人类大脑神经细胞的简单近似模拟。每个神经元接受一个以上与权因子相乘的输入，并把这些输入加到一起来产生输出[73]。神经元可被分层安排，第一层接受基本输入，然后传递其输出到第二层，第二层又有自己的权因子与代数和等，直到最后一层产生输出。

神经网络本质是模糊的，但是使用模糊逻辑的系统并不一定要神经网络结构。神经网络有两个与用传统方法进行信息处理完全不同的性质，第一，神经网络是自适应和可以被训练的，它有自学习能力。如果它的输出不满足期望结果，网络可以调整权重加到每个输入上去产生一个新的结果，整个修正过程可以通过训练算法来实现。第二，神经网络本身就决定了它是大规模并行机制，也就是说，神经网络从原理上看比传统方法要快得多，它擅长通过大量复杂的数据进行分类和发现模式或规律。神经网络的关键特性和基本限制是神经网络所含的信息是隐含的，要理解它是非常困难的，而安排它的权值是决定它工作情况的关键，然而却又无法知道权值和理解神经网络在做什么，那就是说，神经网络所用的“语言”我们是难以理解的。

2. 模糊逻辑的特点

模糊逻辑系统并不是像神经网络那样的学习系统，它所具有的“知识”可通过该领域的专家提供。模糊逻辑控制规则是靠人的直觉经验制定的，它本身并不具有学习功能。在用软件实现的复杂系统中，模糊控制规则越多，控制运算的实时性越差，而且需要识别和建立的规则和时间随规则数增加而以指数形式增长。

经典控制理论是把实际情况加以简化以便于建立数学模型，一旦建立数学模型以后，经典控制理论的深入研究就可对整个控制过程进行系统分析。尽管如此，这种分析对实际控制过程依然是近似的，甚至是非常粗糙的。近似的程度取决于建立数学模型过程中的简化程度。模糊逻辑把更多的实际情况包括在控制环内来考虑，整个控制过程的模型是时变的，这种模型的描述不是用确切的经典数学语言，而是用具有模糊性的语言来描述的。经典控制表面上看是精确控制，而实际上是简化控制，只有在数学模型与实际情况比较相符时才较为精确。模糊控制则把经典控制中被简化的部分也综合起来考虑了。

3. 神经网络与模糊逻辑的结合

模糊逻辑技术与神经网络技术各有长处和局限性。如果把模糊逻辑技术与神经网络技术结合起来，就能各取所长、共生互补。

模糊技术允许模糊表示，并积极地处理模糊知识，与神经网络相比，它能较清楚地表达知识；另一方面，模糊技术的自学习能力不如神经网络技术。在知识处理过程中，这两种技术往往可以相互代替，取长补短。

目前，模糊和神经网络技术从简单结合到完全融合主要体现在四个方面，由于模糊系统和神经网络的结合方式目前还处于不断发展的进程当中，所以，还没有更科学的分类方法，下述结合方式是从不同应用中综合分析的结果。

1）模糊系统和神经网络系统的简单结合

模糊系统和神经网络系统各自以其独立的方式存在，并起着一定的作用。

（1）松散型结合：在系统中，对于可用“if-then”规则来表示的部分，用模糊系统描述，而对很难用“if-then”规则表示的部分，则用神经网络，两者之间没有直接联系。

（2）并联型结合：模糊系统和神经网络在系统中按并联方式连接，即享用共同的输入。

（3）串联型结合：模糊系统和神经网络在系统中按串联方式连接，即一方的输出成为另一方的输入。这种情况可看成是两段推理或者串联中的前者作为后者输入信号的预处理部分。

2）用模糊逻辑增强的神经网络

这种结合的主要目的是用模糊逻辑作为辅助工具，增强神经网络的学习能力，克服传统神经网络容易陷入局部极小值的弱点，基于专家知识和规则，实现神经网络的训练，将模糊规则融入神经网络的反向误差传播算法中，训练前馈感知器网络。此外，为提高神经网络的训练速度，还可用模糊规则设计神经网络的初始权值。

3）用神经网络增强的模糊逻辑

这种类型的模糊神经网络是用神经网络作为辅助工具，更好地设计模糊系统。

（1）网络学习型的结合。模糊系统设计的关键是知识的获取，传统方法难于有效地获取规则和调整隶属度函数，实现自学习功能很困难，用神经网络增强的模糊系统，则神经网络的学习能力能够克服这些问题。

（2）基于知识扩展型的结合。神经网络和模糊系统的结合是为了扩展知识库和不费时地对知识库进行修正，增强系统的自学习能力，这种自学习能力是靠神经网络和模糊系统之间进行双向知识交换而实现的。

（3）模糊逻辑与神经网络系统的完全融合。

它主要是借鉴模糊逻辑的思路设计一些特殊结构的神经网络，这种网络与一般神经网络相比，其内部结构可观察到，而不再是一个黑箱。例如，设计的模糊系统用一等价结构的神经网络表示，网络的所示节点和参数都有一定的意义，即对应模糊系统的隶属函数或推理过程 [74]。

模糊逻辑与神经网络融合系统的主要优点可由图 4-6、图 4-7 概括。

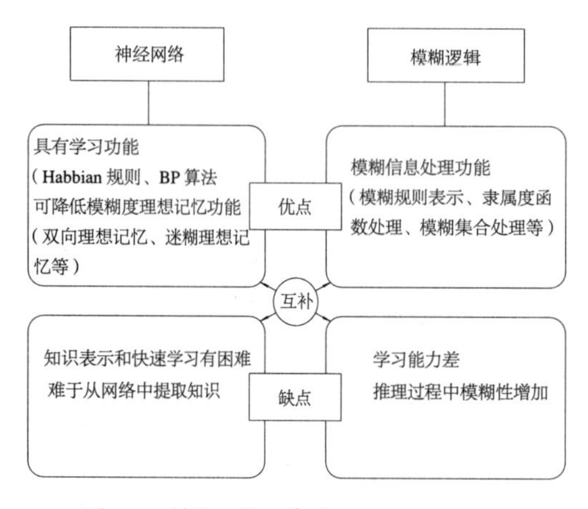

图 4-6 模糊逻辑与神经网络的比较

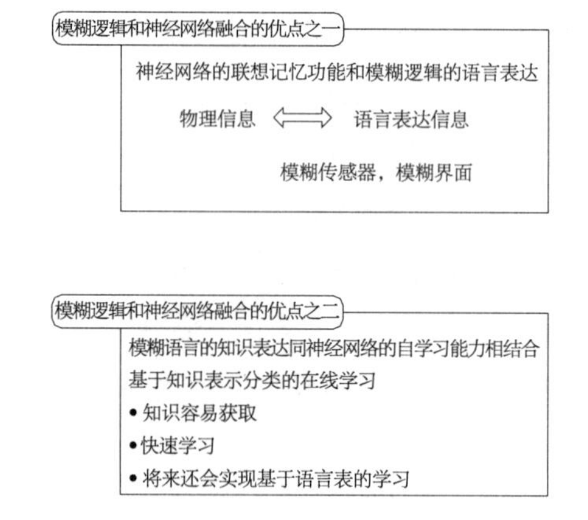

图 4-7 模糊逻辑与神经网络融合系统的主要优点
（资料来源：闻新，周露等 .MATLAB 模糊逻辑工具箱的分析与应用 [M]. 北京：科学出版社，2001：9）

4.3.3 实现住宅人工照明光环境模糊神经网络控制的必要性

1. 人工照明光环境质量评价的模糊性

在经典数学中，人们对事物的分析往往采用定量分析、定性分析、因果分析、元过程分析等，但是，这一垄断地位越来越受到非定性化、非定量化特性的模糊分析的挑战。国内外照明方面的专家对照明质量评价体系的讨论由来已久，并在一些研究文献中建立了许多照明质量评价的数学模型。就某一数学模型而言，在特定的研究环境下能够得到比较满意的结果，而当环境、评价群体等条件变化时，这一评价模型则缺乏相应的说服力，到目前为止仍然没有一个较为统一的照明质量评价体系。

事实上，由于环境（光环境、热环境、地理、气候等）、人种、民族、文化、信仰、行为、需求等的差异，用经典数学的思维方式建立一个统一的照明质量评价体系是很难的，因为在照明水平、视觉舒适感、艺术表现力、对人的行为表现的影响、对人体健康的影响（非视觉影响）等一些评价因素中，许多因素都表现出定性化与非定性化、定量化与非定量化的二重性，在评价中表现出的非定性化、非定量化的特性，是心理模糊性的体现。所谓心理模糊性是人脑反映客观差异的中介过渡性所产生的一种不确定性[75]，它是一种情绪评价、意念评价，无法用经典数学的手段建立数学模型。

2. 住宅人工照明光环境需求的模糊性

由于家庭人口的年龄、性别、职业、文化、爱好、行为活动的不同，住宅人工照明光环境存在着共性与个性需求的差异。所谓共性，是指家庭成员在长期的生活中对某一光环境形成的一种折中的选择，尽管它不是最佳的，但它是可以被普遍接受的，它是各种需求的心理模糊性平衡。同时，个性的差异也应该得到充分的尊重，如老年人、未成年人、中青年人、男人、女人对光环境的需求差异，日常生活、会客、团聚对光环境的需求差异等，不同需求下的光环境场景变化不应使人产生生理和心理上的不适，这种“适度”的范畴往往是模糊的，可以通过模糊控制的手段来实现。当然，并不是所有的人工照明光环境的场景变化都是模糊的，对于有一定变化规律的人工照明光环境，如季节不同引起的光环境变化、冬季早晨起床的光环境变化、厨房与卫生间的紫外线杀菌等，可以采用预先设定程序的方式来实现控制。

4.4　多传感器信息融合确定人工照明光环境各场景的发生条件

4.4.1　实现对人工照明光环境探测的多传感器信息融合

1. 多传感器信息融合技术的定义

多传感器信息融合技术亦称为数据融合技术，它是一种对多种信息获取、传输、处理的基本方法、技术和手段，以及对信息的内在联系和运动规律进行研究的技术。多传感器信息融合比较确切的定义可概括为：充分利用不同时间与空间的多传感器信息资源，采用计算机技术对按时序获得的多传感器观测信息在一定准则下加以自动分析、综合、支配和使用，获得对被测对象的一致性解释与描述，以完成所需的决策和估计任务，使系统获得比它的各组成部分更优越的性能。

多传感器信息融合是逻辑系统中常见的基本功能，从某种意义讲是指模仿人脑综合处理复杂问题。各种传感器的信息具有不同的特征：实时的或者非实时的，快变的或者缓变的，模糊的或者确定的，相互支持或者相互补偿，也可能是互相矛盾或竞争。

多传感器信息融合的基本原理就像人脑综合处理信息一样，充分利用多个传感器资源，通过对这些传感器及其观测信息的合理支配和使用，把多个传感器在空间或时间上的冗余或互补信息以某种准则来进行组合，以获得被测对象的一致性解释和描述。多传感器信息融合的目标是通过数据组合推导出更多的信息，即利用多个传感器共同或联合操作的优势，提高传感器系统的功能。

多传感器信息融合系统与单传感器信号处理或低层次的多传感器信号处理方式相比是一种在更高层次上模仿人脑功能的系统，能更有效地利用传感器的资源；它与经典信号处理方法相比，也有着本质的区别，关键在于它所处理的多传感器信息具有更复杂的形式，而且可以在不同的信息层次上出现，这些信息抽象层次包括数据层（像素层）、特征层和决策层（证据层）[76]。

2. 多传感器信息融合的特征

1）多传感器选择策略

在选择传感器时，必须考虑传感器处理、数据通信及显示要求，尽可能降低软、硬件设计的复杂性和降低系统成本。例如，在选择传感器时，应考虑到能否从所选传感器中有效提取便于处理和计算的目标特征。

（1）数据采集与数据通信

目标特征信息是从传感器数据中提取的，为了提高目标识别系统的性能，要求获得的传感器数据更加准确、精度更高、数据量更大。

（2）传感器的选配

应考虑到数据采集手段对传感器数据采集的有效性、复杂性、规模、价格等。同时，这些采集的数据最终必须提供给识别系统中的信号处理器，相应的问题是数据通信问题，涉及数据的传输速率、传输带宽、通信接口等。

（3）融合层次与融合预处理

传感器的选择一定程度上影响到融合层次的选择，从而也影响到融合预处理的复杂程度。比如选用被动红外线传感器，融合可以根据需要在三个层次上进行：数据级、特征级和决策级，在三个层次选择及融合预处理等方面要折中考虑。

2）传感器互补性特征

如果传感器仅仅重复信息，那么融合过程基本上等同建立冗余信息来增加可靠性。为了使来自各个传感器的多传感器信息融合得更有效、实用和有意义，传感器应是互补的。这些互补性体现在工作原理、工作方式、作用距离、作用环境等方面。比如，在光环境感应方面，具有不同工作原理的照度传感器、被动红外传感器、微波传感器、图像传感器等，应发挥它们的优势互补作用，其融合特征体现在以下几个方面：

（1）提高了系统稳定工作的性能和可靠性；

（2）扩大了空间覆盖范围；

（3）扩大了时间覆盖范围；

（4）因为进行了多个独立测量，所以总的可信任度提高了，不确定性、模糊性降低了；

（5）提高了空间分辨力和信噪比。

此外，传感器在相同自然环境中的相容性、传感器的布设、其中某个传感器失效时的影响等因素在传感器选配时都应有所考虑。

3. 多传感器信息融合的层次

多传感器信息融合可分为三个层次：数据级融合（或称像素级融合）、特征级融合和决策级融合。

1）数据级融合

直接在采集到的原始数据上进行的融合称为数据级融合或像素级融合。这种融合在各传感器的原始观测信息未经处理之前就进行数据综合分析，是最低层次的融合（图 4-8）。

数据级融合的优点是能保持尽可能多的现场数据，提供其他融合层次所不能提供的细微信息。

数据级融合的局限性在于：

（1）所要处理的传感器数据庞大，处理代价高、时间长、实时性差。

（2）数据通信量较大，抗干扰能力较差。

（3）数据级融合是在信息的最低层进行的，由于传感器原始信息的不确定性、不完全性和不稳定性，要求在数据融合时有较高的纠错能力。

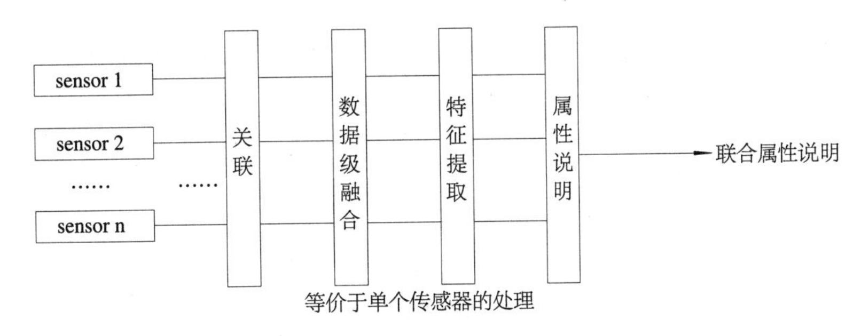

图 4-8　数据级融合的处理结构

（4）各传感器信息之间具有的精确度要达到一个像素的校准精度，因此各传感器信息必须来自同质传感器。

2）特征级融合

先对来自传感器的原始信息进行特征提取（特征可以是被观测对象的各种物理量），然后对特征信息进行综合分析和处理，这样的数据融合即为特征级融合（图 4-9）。

特征级融合属于中间层次，其融合过程为：首先提取像素信息的表示量或统计量，即提取特征信息，然后按特征信息对多传感器数据进行分类、综合和分析。

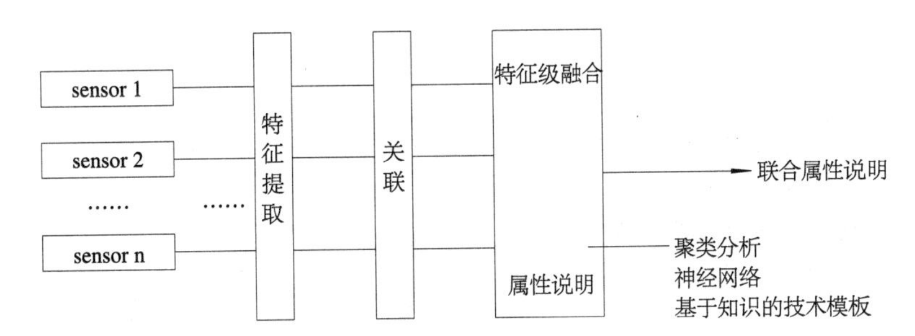

图 4-9　特征级融合的处理结构

特征级融合划分为两大类：目标状态数据融合和目标特性融合。

（1）特征级目标状态数据融合

特征级目标状态数据融合主要用于多传感器目标跟踪领域。融合系统首先对传感器数据进行预处理以完成数据校准，然后实现参数相关的状态向量估计。

（2）特征级目标特性融合

特征级目标特性融合就是特征层联合识别，融合方法是模式识别的相应技术，只是在融合前必须先对特征进行相关处理，把特征向量分成有意义的组合。

特征级融合的优点是实现了可观的信息压缩，有利于实时处理，并且由于所提取的特征直接与决策分析有关，因而融合结果能最大限度地给出决策分析所需要的特征信息。目前大多数系统（指挥、控制、通信和情报系统）的数据融合研究都是在该层次上展开的。

3）决策级融合

决策级融合是一种高层次融合，其结果为检测、控制、指挥、决策提供依据。决策级融合从具体决策问题出发，充分利用特征级融合的最终结果，直接针对具体决策目标，融合结果直接影响决策水平（图4-10）。

决策级融合的主要优点是：

（1）融合中心处理代价低，具有很高的灵活性。

（2）通信量小，抗干扰能力强。

（3）当一个或几个传感器出现错误时，通过适当的融合，系统还能获得正确的结果，所以具有容错性。

（4）对传感器的依赖性小，传感器可以是同质的，也可以是异质的。

（5）系统对信息传输带宽要求较低。

（6）能有效地反映环境或目标各个侧面的不同类型信息。

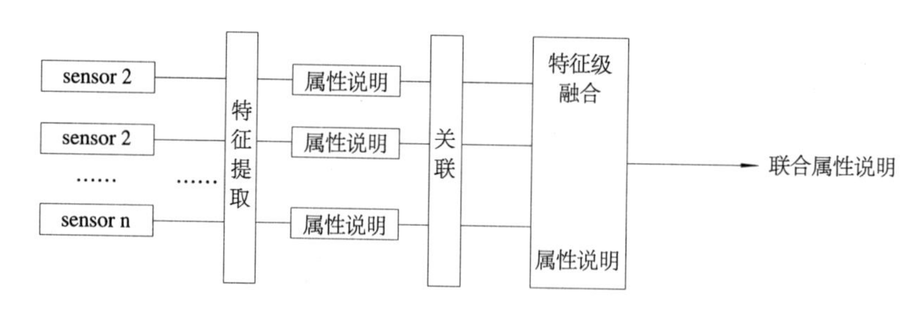

图 4-10 决策级融合的处理结构

决策级融合的缺点是要对原传感器信息进行预处理以获得各自的判定结果，所以预处理代价高。

4.4.2 用于信息融合的几种传感器的特性分析

1. 照度传感器

采用光敏传感器，将光的照度转换为电流信号，再经运算放大器转换为电压信号输出；当光的照度达到测量范围时，发出相应的判断信号。

2. 被动红外传感器

1）被动红外传感器红外探测原理

在自然界，任何物体高于绝对温度（－273℃）时都将产生红外光谱，不同温度的物体，其释放的红外能量的波长是不一样的，因此红外波长与温度的高低是相关的。

在被动红外传感器中有两个关键性的元件，一个是热释电红外传感器（PIR），它能将波长为 8 ～ 12um 之间的红外信号转变为电信号，并能对自然界中的白光信号具有抑制作用，因此在被动红外传感器的探测区内，当无人体移动时，热释电红外传感器感应到的只是背景温度，当人体进入探测区，通过菲涅尔透镜（Fresnel lens），热释电红外传感器感应到的是人体温度与背景温度的差异信号，因此，红外传感器的红外探测的基本概念就是感应移动物体与背景物体的温度的差异。

2）被动红外传感器的探测区域感应模型分析

许多被动红外传感器产品都有感应视区的模型图（图 4-11），并对以下各指标进行说明：

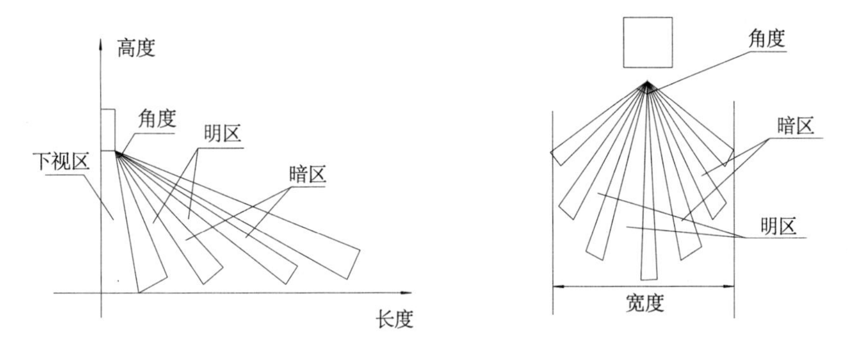

图 4-11　热释电红外传感器的探测区域

（1）传感器应该安装的高度；

（2）传感器下视区的角度；

（3）最远的探测范围；

（4）最宽的探测作用距离；

（5）探测角度。

3）被动红外传感器的防宠物干扰功能

被动红外传感器发展到今天，在技术上已经比较成熟，防小宠物干扰是被动红外传感器的一种重要的功能，每个生产厂家对抗小宠物干扰的处理方式是不一样的，但不外乎两种方式：一种是物理方式，即通过菲涅尔透镜的分割方式的改变来降低由于小宠物引起误报的概率，这种方式是表面的，效果也是有限的。第二种方式是采用对探测信号进行处理、分析的方式，主要是对探测的信号进行数据采集，然后分析其中的信号周期、幅度、极性，这些因素具体反映出移动物体的速度、热释红外能量的大小，以及单位时间内的位移。传感器中的微处理器将采集的数据进行分析比较，由此判断移动物体可能是人还是小动物。

3. 微波传感器

物理学中的多普勒原理告诉我们，在微波段，当以一种频率发送时，在微波能够覆盖的范围内有移动物体时，将以另一种频率反射，这样发射频率和反射频率有一个频率差异。这种频率差异与很多因素有关，其中包括移动物体的速度，与传感器的径向角度等。微波探测原理在理论上是比较复杂的，微波的传播能够穿透建筑物，所以如果在室内安装了微波传感器，且灵敏度调整不当，就有可能辐射到室外，这样就可能引起误报。

4. 超声波传感器

它是利用超声波的特性研制而成的传感器。超声波是一种振动频率高于声波的机械波，由换能晶片在电压的激励下发生振动产生，它具有频率高、波长短、绕射现象小，特别是方向性好、能够成为射线而定向传播等特点。超声波对液体、固体的穿透本领很大，尤其是在不透光的固体中，它可穿透几十米的深度。超声波碰到杂质或分界面会产生显著反射形成反射回波，碰到活动物体能产生多普勒效应。因此，超声波检测广泛应用在工业、国防、生物医学、安保等方面。以超声波作为探测手段，必须产生超声波和接收超声波。

5. 用于人脸识别技术的图像传感器

人脸识别系统（face recognition system）在近几年广泛受到研究学者与产业界的高度重视，其在安检、安保或门禁系统等方面的优异表现普遍受到关注。在门禁系统上，除了可以运用传统的警卫、密码或磁卡外，还可以利用生物认证技术，如：声纹、视网膜、指纹、掌纹或人脸等资料作为识别的依据，其中以人脸识别最友善，而且可以省去记密码的麻烦，人脸识别的研究目的则希望从已建立的人脸数据库中，快速地辨别出该影像的身份，作为他进入某一区域的通行证。

目前，常见的人脸识别算法有四种思路：利用运动信息识别；利用彩色信息识别；利用参数模型或模板对整个人脸进行相似识别；利用人脸的局部特征进行识别。

目前，常用的图像传感器，一种是广泛使用的电荷耦合（CCD）元件，另一种是新兴的互补金属氧化物半导体（CMOS）器件。电荷耦合以高解析度见长，互补金属氧化物半导体以低成本和体积小巧而见长。

6. 智能传感器

1）智能传感器的含义及功能

随着人工智能技术的发展，在许多智能高新技术应用领域提出了智能传感器（Intelligent Sensor or Smart Sensor）的需求。它是一种将传感器与微型计算机集成在一块芯片上的装置。其主要特征是将敏感技术和信息处理技术相结合，如模糊传感器、神经网络传感器等，它们除了有感知的本能外，还具有认知的能力，一般认为，智能传感器应具备以下条件：

（1）由传感器自身能消除异常值和例外值，提供比传统传感器更全面、更真实的信息；

（2）具有信息处理功能，如自动补偿功能；

（3）具有信息存贮及自诊断功能；

（4）具有自适应和自调节功能；

（5）具有智能算法及自学习功能；

（6）可以有数字通信接口，能实现网络化或远程通信。

2）智能传感器的技术途径

功能集成化是实现智能传感器的主要技术途径，利用大规模集成电路技术将敏感元件、信号处理器和微处理器集成在一块硅片上，形成一个“单片智能传感器”，是一个对外界信息具有检测、数据处理、判断、识别、自诊断和自适应能力的多功能传感器。

智能传感器的另一个技术途径是人工智能材料的应用，人工智能材料（Artificial Intelligent Materials，AIM）是一种结构灵敏性材料，它有三个基本特征：能感知环境条件变化（传统传感器）的功能；识别、判断（处理器）功能；发出指令和自行采取行动（执引器）功能。人工智能材料按电子结构和化学键分为金属、陶瓷、聚合物和复合材料等几类，按功能又分为半导体、压电体、电致流变体等几种，例如，利用电致变色效应和光记忆效应的氧化物薄膜，可制作成自动调光窗玻璃，既可减轻空调负荷又可节约能源，在智能建筑物窗玻璃上有广泛应用前景；利用热电效应和热记忆效应的高聚物薄膜可用于智能多功能自动报警和智能红外摄像，取代复杂的检测线路。显然，它除了具有功能材料的一般属性（如电、磁、声、光、热、力等），能对周围环境进行检测的硬件功能外，还能依据反馈的信息，具有进行自调节、自诊断、自修复、自学习的软调节和转换的软件功能。人工智能材料是制造智能传感器的极好材料，也是当今高新技术领域中的一个研究热点课题。

4.4.3　住宅人工照明光环境中多传感信息器融合的可信任度求取

1. 多传感器数据融合的前提分析

随着智能技术的发展，越来越多的智能高科技产品将用于民用住宅中，它能大大提高住宅的智能化水平，并能够提高照明的控制效率[77]。如同手机、电脑那样，当传感器在智能住宅中得到广泛的应用时，相信其成本也会大幅度下降。值得关注的是，传感器不应仅限于住宅智能化的某一个领域，应大力推广在住宅其他领域的应用，不仅用于照明控制领域，还可用于家庭安防系统、门禁系统、煤气泄漏、室内空气污染监测、防火监测、智能家电（电视机、冰箱、洗衣机、空调、淋浴器等）控制等领域，形成多功能探测网，由家庭中央控制器对来自传感器的信号进行数据融合处理，并作出相应决策。

在人工照明光环境智能控制系统数据融合的传感器选配方面，可以有多种实施方案。就本套住宅而言，以三个传感器信息融合为例选择方案如下。

1）同质传感器组合

安装在不同位置的三个智能传感器或三个被动红外传感器。

2）异质传感器组合

（1）照度传感器、被动红外传感器、超声波传感器各一个。

（2）微波传感器、被动红外传感器、超声波传感器各一个。由于光环境照度随时间呈一定的规律性变化，在没有照度传感器的前提下，可以限定数据融合后相应控制器件产生决策的时间，如傍晚 6 点以后。

（3）图像传感器、被动红外传感器、超声波传感器各一个。

3）同质传感器与异质传感器搭配组合

（1）两个被动红外传感器（安装位置不同）、一个超声波传感器。

（2）两个被动红外传感器（安装位置不同）、一个图像传感器。

其他组合方式多种多样，应该注意的是三个同质传感器应在探测范围、探测灵敏度等方面作适当的调整，以减少探测性能相同而产生误报或信息冗余的可能性，而异质传感器组合恰恰弥补了这方面的不足。

本文假设使用三个异质传感器，即在客厅与餐厅之间的墙面处安装一个图像传感器，该传感器具有面部识别与记忆功能；在客厅与餐厅之间的顶棚安装一个被动红外传感器，并对这两个传感器进行数据融合；另外，在餐厅顶棚设一个照度传感器独立探测照度，不参与同其他两个传感器的数据融合。

2. 基于 D-S 理论的多信息融合方法及应用

在多传感器系统中，当一个传感器的信息获得必须依赖于另一个传感器的信息时，这两个传感器提供的信息被称为协同信息。协同信息的融合，很大程度上与各传感器使用的时间或顺序有关。目前，尚不存在一种普遍的融合方法能对所有的多传感器信息进行融合。一般来说，对不同的信息，使用不同的融合方法。本文运用 D-S 证据推理方法对传感器的信息进行融合[78]。

1）D-S 证据推理的理论基础

D-S（Dempster-shafer）证据推理是贝叶斯推理的扩充，其证据推理的三个要点是基本概率赋值函数 m_i、信任函数（Belief function）$Bel(A)$ 和似真函数（plausibility function）$pl(A)$。

用“识别框架 Θ”表示感兴趣的命题集，它定义了一个集函数 $m: 2^{\Theta} \rightarrow [0,1]$ 满足：

$$m(\Theta)=0 \tag{4-1}$$

$$\sum_{A \subseteq \Theta} m(A)=1 \tag{4-2}$$

$$0 \leqslant m(B) \leqslant 1 \quad \forall B \subseteq \Theta \tag{4-3}$$

2^{Θ} 为 Θ 所有的子集所构成的集合，称 m 为识别框架 Θ 上的基本可信任度分配；$\forall A \subset \Theta$，$m(A)$ 称为 A 的基本可信数（basic probability number）。对于任何命题集，D-S 理论还提出了信任函数的概念：

$$Bel(A)=\sum_{B \subset A} m(B) \quad (\forall A \subset \Theta) \tag{4-4}$$

即 A 的信任函数为 A 中每个子集的信任度值之和。$m(B)$ 表示给定证据时所提供给假设 B 的精确信任的部分，即对命题“x 在 B 中”的信任程度，$m(B)$ 表示 B 的直接支持。由此可以得到：

$$\begin{cases} Bel(\phi)=0 \\ Bel(\Theta)=1 \end{cases} \tag{4-5}$$

式（4-5）中 ϕ 表示空集。

关于一个命题 A 的信任，单用信任函数来描述还是不够的，因为 $Bel(A)$ 不能反映出怀疑 A 的程度，所以，还需引入怀疑 A 的程度的量。

$\forall A \subset \Theta$，定义：

$$Dou(A)=Bel(\overline{A}) \tag{4-6}$$

$$pl(A)=1-Bel(\overline{A}) \tag{4-7}$$

则称 *Dou* 为 *Bel* 的怀疑函数，*pl* 为 *Bel* 的似真度函数；*Dou*（*A*）为 *A* 的怀疑度，*pl*（*A*）为 *A* 的似真度。由式（4-6）得：

$\forall A\subset\Theta$，则

$$pl(A)=1-Bel(\overline{A})=\sum_{B\subset\Theta}m(B)-\sum_{B\subset A}m(B)=\sum_{B\cap A\neq\phi}m(B) \tag{4-8}$$

由于$\overline{A}\cap A=\phi$，$A\cup\overline{A}\subset\Theta$，因此

$$Bel(A)+Bel(\overline{A})\leqslant\sum_{x\subset\Theta}m(x)=1 \tag{4-9}$$

即

$$Bel(A)\leqslant 1-Bel(\overline{A})=pl(A) \tag{4-10}$$

实际上,[*Bel*（*A*）,*pl*（*A*）] 表示了 *A* 的不确定区间,也称为概率的上下限。图 4-12 直观地给出了 D-S 理论对信息的不确定性表示。

2）Dempster 合成法则

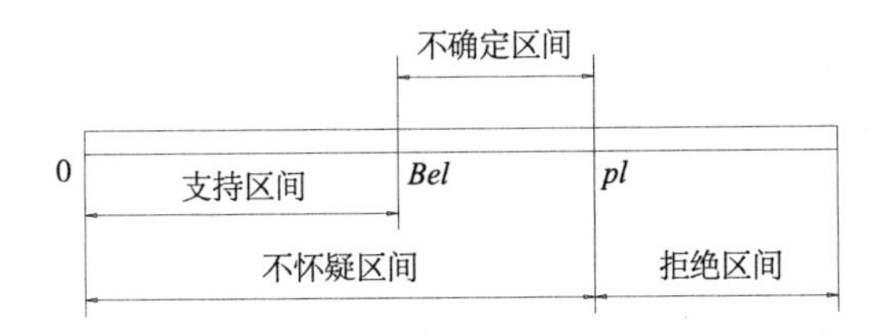

图 4-12　信息的不确定性表示

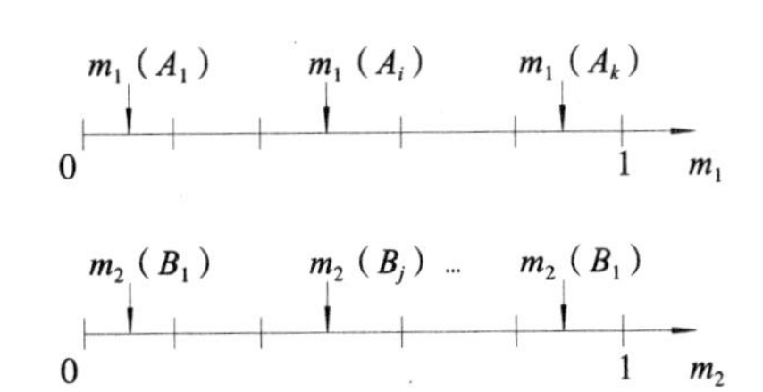

图 4-13　基本可信任度分配图示

如果将命题看做识别框架 Θ 上的元素，对于 $\forall m(A)>0$，称 *A* 为信任函数 *Bel* 焦元（Focal element）。设 Bel_1、Bel_2 是同一识别框架 上的两个信任函数，m_1、m_2 分别是其对应的基本可信任度分配，焦元为 A_1，…，A_k 和 B_1，…，B_L，用图 4-13 来表示。

给定 $A\subset\Theta$，若有 $A_i\cap B_j=A$，那么 $m_1(A_i)m_2(B_j)$ 就是确切地分到 *A* 上的部分信任度，而分到 *A* 上的总信任度为：

$$m(A)=\sum_{A_i\cap B_j=A}m_1(A_i)m_2(B_j) \tag{4-11}$$

但是当 $A=\phi$ 时，按这种理解，将有部分信任度 $\sum_{A_i\cap B_j=\phi}m_1(A_i)m_2(B_j)$ 分到空集上，这显然不合理，为此可在每一信任度上乘一规范系数：

$$k=\left(1-\sum_{A_i\cap B_j=\phi}m_1(A_i)m_2(B_j)\right)^{-1} \tag{4-12}$$

规范数 *k* 的引入，实际上是把空集所丢弃的正交和按比例补到非空集上，使总信任度仍然满足 1 的要求，至此，实际上已给出了两个信任度的合成法则：

$$m(A)=m_1(A)\oplus m_2(A)=\frac{\sum_{A_i\cap B_j=A}m_1(A_i)m_2(B_j)}{1-\sum_{A_i\cap B_j=\phi}m_1(A_i)m_2(B_j)} \tag{4-13}$$

对于多个信任度的合成（融合），令 m_1，…，m_n 分别表示 n 个信息的信任度分配，如果它们是由独立的信息推得的，则融合后的信任函数 $m = m_1 \oplus m_2 \cdots \oplus m_n$ 表示为：

$$m(A)=\frac{\sum_{\cap A_i=A}\prod_{i=1}^{n}m_i(A_i)}{1-\sum_{\cap A_i=\phi}\prod_{i=1}^{n}m_i(A_i)} \tag{4-14}$$

3）D-S 证据理论在多信息融合中的应用

将各传感器采集的信息作为证据，每个传感器提供一组命题，对应决策：$x_1 \cdots x_i \cdots x_n$，并建立一个相应的信任函数，这样，多传感器信息融合实质上就成为在同一识别框架下，将不同的证据体合并成一个新的证据体的过程。

如果信息融合系统的决策目标集由一些互不相容的目标构成，即前述的 Θ，当传感器对环境实施探测时，每个传感器的信息均能在目标集上得到一组信任度，当系统有 n 个传感器时，便有 n 组信任度，这些信任度是决策的依据。

运用证据决策理论，多传感器信息融合的一般过程是：

（1）分别计算各传感器的基本可信数、信任函数和似真度函数。

（2）利用 D-S 合并规则，求得所有传感器联合作用下的基本可信数、信任函数和似真度函数。

（3）在一定的决策规则下，选择具有最大支持度的目标。

上述过程可由图 4-14 表示，先由 n 个传感器分别给出 m 个决策目标集的信任度，经 D-S 合并规则合成一致的对 m 个决策目标集的信任度。最后对各种可能的决策利用某一决策规则得到结果。

4）传感器对住宅人工照明光环境外界影响因素的探测与信息融合分析

以夜晚人工照明光环境在日常照明、会客照明、团聚照明三种状态下的智能转换为例，对传感器的探测信息融合后进行目标物分类，探测对象的特性分为四类：

（1）日常：家人（≤ 4 人）；

（2）会客：客人（≤ 2 人）+ 家人（≤ 4 人）；

（3）团聚：客人（>2 人）+ 家人（≤ 4 人）；

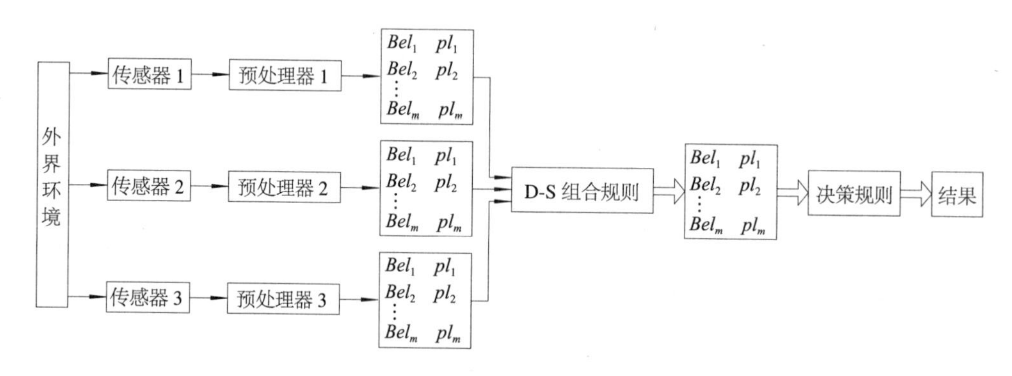

图 4-14 证据理论决策过程

（4）外界干扰：包括宠物干扰、光和热不稳定变化、各种噪声等。

建立识别框架 $\Theta=\{A_1, A_2, A_3, A_4\}$，其中，

A_1：家人（≤ 4 人）；

A_2：客人（≤ 2 人）+ 家人（≤ 4 人）；

A_3：客人（>2 人）+ 家人（≤ 4 人）；

A_4：外界干扰。

通过 D-S 合并规则，得到融合后传感器数据对每一目标类别证据的信任度和似真度，据此，可由以下规则（一个或几个）来确定目标物的类别：

- 规则 1：目标类别应具有最大的基本可信任度值；
- 规则 2：目标类别与其他类别的基本可信任度值的差必须大于某一阈值；
- 规则 3：不确定区间［$Bel(A)$，$pl(A)$］必须小于某一阈值；
- 规则 4：目标类别的信任度值必须大于不确定性区间上下限差值 $pl(A)-Bel(A)$。

假设预处理器对家人的特征信息具有记忆功能，并假设基于图像传感器导出的基本概率分配函数分别为：

$m_1(\{A_1\})=0.1$

$m_1(\{A_2\})=0.5$

$m_1(\{A_2, A_4\})=0.3$

$m_1(\{A_1, A_2, A_4\})=0.1$

假设基于被动红外传感导出的基本概率分配函数分别为：

$m_2(\{A_1\})=0.1$

$m_2(\{A_2\})=0.6$

$m_2(\{A_1, A_2, A_4\})=0.2$

$m_2(\{A_4\})=0.1$

则有

$$m(\{A_1\})=\sum_{A\cap B=\{A_1\}} m_1(A)\, m_2(B)$$

$$=m_1(\{A_1\})\,m_2(A_1)+m_1(\{A_1, A_2, A_3\})\,m_2(\{A_1\})+m_2(\{A_1, A_2, A_3\})\,m_2(\{A_1\})$$

$$=0.1\times0.1+0.1\times0.1+0.2\times0.1=0.04$$

$$m(\{A_2\})=\sum_{A\cap B=\{A_2\}} m_1(A)\, m_2(B)$$

$$=m_1(\{A_2\})\,m_2(\{A_2\})+m_1(A_2)\,m_2(\{A_2,A_2,A_4\})+m_2(\{A_2\})\,m_1(\{A_2,A_4\})+m_1(\{A_1,A_2,A_3\})\,m_2(\{A_2\})$$

$$=0.5\times0.6+0.5\times0.2+0.3\times0.6+0.1\times0.6=0.64$$

$$m(\{A_4\})=m_4(\{A_4\})\,m_1(\{A_2, A_4\})+m_2(\{A_4\})\,m_1(\{A_1, A_2, A_4\})$$

$= 0.1\times0.3 + 0.1\times0.1 = 0.04$

$m(\{A_2, A_4\}) = m_1(\{A_1, A_2\})\, m_2(\{A_1, A_2, A_4\}) = 0.3\times0.2 = 0.06$

$m(\{A_1, A_2, A_4\}) = m_1(\{A_1, A_2, A_3\})\, m_2(\{A_1, A_2, A_2\}) = 0.1\times0.2 = 0.02$

以上各项乘以归一化系数 k

$$k=\left[1-\sum_{A_i\cap B_j=\phi} m_1(A_i)m_2(B_j)\right]^{-1}=(0.04+0.64+0.04+0.06+0.02=0.8)^{-1}=1.25$$

根据 D-S 融合规则得到表 4-1。

根据 D–S 融合规则融合后的 $m(A)$、$Bel(A)$、$pl(A)$ 值　　表 4–1

A	ϕ	$\{A_1\}$	$\{A_2\}$	$\{A_3\}$	$\{A_4\}$	$\{A_2, A_4\}$	$\{A_1, A_2, A_4\}$	…
$m(A)$	0	0.05	0.8	0	0.05	0.075	0.025	0
$Bel(A)$	0	0.05	0.8	0	0.05	0.925	0.95	0
$pl(A)$	0	1	1	0.05	1	1	1	1

由表 4-1 可见，融合后对目标 $\{A_1, A_2, A_4\}$ 的支持程度很高，首先可以排除 A_3，在两个目标中 $\{A_2, A_4\}$ 的支持程度较高，此时 $\{A_2\}$ 的信任区间为 [0.8,1]；$\{A_4\}$ 的信任区间为 [0.05,1]，$\{A_4\}$ 的不确定性较大。因此，取 $\{A_2\}$ 的可能性远远大于 $\{A_4\}$。

这说明信息融合降低了系统的不确定性，同时使融合后的基本信任度函数比融合前各传感器的基本信任度函数具有更好的可区分性，即提高了系统的识别能力。

4.5 住宅人工照明光环境的模糊神经网络控制

本套住宅采用神经网络增强模糊逻辑的方式对神经网络与模糊逻辑进行融合，即首先使用 BP 神经网络离线学习不同场景的主要人工照明光环境特征，然后根据传感器探测到的光环境发生条件用模糊控制的方式转换相应的场景。该种方式允许模糊控制规则有一定的错误，可根据实际应用情况随时修正模糊规则中的一些错误。由于人工神经网络是离线学习，不占用控制时的系统资源，能够有效提高控制效率（图 4-15）。

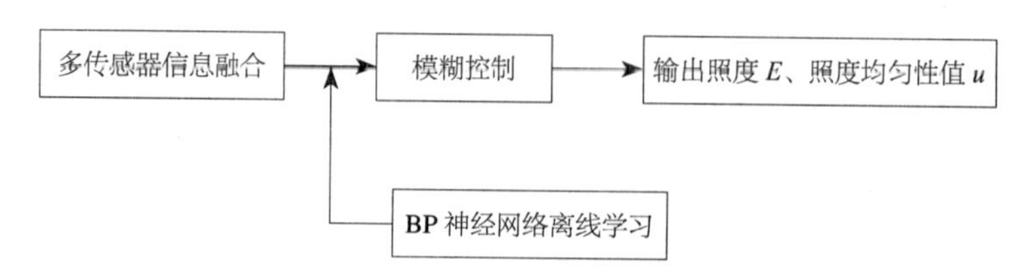

图 4-15　人工照明光环境智能控制系统

前面各章节的研究表明，在同一季节中，日常、会客、团聚的人工照明光环境场景有各自不同的特征，日常场景的使用时间占所有场景使用时间的 90% 以上，因而该场景应更注重功能性照明，同时还应节能，对装饰性照明要求较低。就目前市场销售的灯具来看，使用节能光源的功能性照明灯具较多，而装饰性照明灯具几乎全部是白炽灯系列（包括普通白炽灯、卤钨灯等），后者光效低且耗能高，开启后对房间整体照度值影响较小，在对 17 家新装修的住宅照明状况的调查中发现竟没有一家日常照明使用已安装好的装饰灯具照明。而与日常场景相比，会客与团聚场景光环境特点有所不同，它们除了强调功能性照明外，还强调装饰照明的重要性，尽管装饰照明不节能，但由于其增强了室内的艺术效果，且使用时间相对较短，因而是会客、团聚中必不可少的照明。

基于以上分析以及前一章节的评价结果，日常场景主要通过反映照度大小和照度分布来体现照明的功能性，这也是日常场景下模糊神经网络控制的依据。

4.5.1　夏季日常场景光环境变化的分类

本套住宅是以夏季日常人工照明光环境场景为例，以沙发附近区域为参考点，并以人工照明提供的沙发附近工作面照度变化为依据，对客厅及餐厅照度变化状况实施控制。通过结合使用者的操作经验与操作统计数据，用模糊神经网络控制方式模拟手动开关转换场景的全过程。控制芯片对传感器信息融合后分析统计某一区域活动次数与活动时间的规律，通过调整神经网络的权值控制房间的平均照度和照度均匀度，并通过运用一系列模糊规则对房间人工照明光环境不同场景实施模糊控制。

把夏季晚间人工照明光环境控制分成三个时间段，分别为 19:00 之前、19:00 ~ 22:30 之间、22:30 之后，也可根据不同家庭作息时间的差异调整时间段分配，具体控制方式如下。

1. 19: 00 之前

此时主要以人工照明补充天然采光不足，可在房间深处（餐厅区域）安装一个照度传感器，照度传感器独立探测，不参与与其他传感器的信息融合，当探测到房间深处光线不足且其他传感器探测到房间内有人活动时，则启动人工照明补充自然光的照明模式，并逐步过渡到下一个场景（详见 4.4 节的论述）。

2. 19: 00 ~ 22: 30 之间

此时为晚间人工照明光环境下的家庭成员主要活动时间，分为以下五种状态：

（1）当人在客厅沙发及餐桌区域活动很少时，说明住宅内的人员主要活动分散到其他各房间，客厅照明仅仅是联系其他各房间的交通照明，可把这种情况设定为节能场景。客厅及餐厅平均照度可控制在 10 ~ 20lx，照度均匀度可控制在 $E_{min}/E_{av}<0.2$，因而开启第 6 组灯即可。

（2）就餐时，为了增强就餐气氛，要求餐桌面上的照度较高，而其他区域照度较低，客厅及餐厅平均照度可控制在 20 ~ 50lx，照度均匀度 $0.1<E_{min}/E_{av}<0.3$，因而调暗沙发区域的 1+2 组灯且开启餐厅第 4+6 组灯。此时有很强的空间归属感。

（3）当家庭成员主要活动集中在沙发附近区域时，除主要活动区照度较高外其他区域照度较低，客厅及餐厅平均照度可控制在 75 ~ 100lx，照度均匀度 $0.2<E_{min}/E_{av}<0.4$，因而可开启 1+2 组灯。此时空间归属感较强。

（4）当家人在房间内活动范围较大时，要求房间整个区域内平均照度较高，且照度分布相对较均匀，客厅及餐厅平均照度可控制在 100 ~ 150lx，照度均匀度 $0.3<E_{min}/E_{av}<0.5$，因而可开启 1+2+8 组灯。此时

房间感觉宽敞，但空间归属感减弱。

（5）当房间内以老年人、儿童为主时，或偶尔用来调节心情，该场景是一种特殊需求。要求房间整个区域内平均照度较高，且照度分布均匀，客厅及餐厅平均照度可控制在 150 ~ 200lx，照度均匀度 $E_{min}/E_{av}>0.5$，因而可开启 1+2+8+4+6 组灯。此时房间感觉宽敞，基本无空间归属感。

3. 22：30 之后

此时家庭成员的活动行为减少，趋于平静，并且行为活动趋向单一，开始进入就寝前的准备，此时的光环境变化可分为以下三种情况：

（1）15min 内无人活动时，自动切换到节能场景，客厅及餐厅平均照度可控制在 10 ~ 20lx，照度均匀度可控制在 $0.1<E_{min}/E_{av}<0.2$，因而开启第 6 组灯即可，若再过 15min 无人活动灯光自动熄灭。

（2）看影碟或家庭影院时，房间内平均照度要求较低，客厅及餐厅平均照度可控制在 3 ~ 10lx，照度均匀度 $0.1<E_{min}/E_{av}<0.2$，第 2 组灯调暗并开启第 10 组电视机背光灯。

（3）若以上两种行为活动不显著时，自动切换到睡前场景，客厅及餐厅平均照度可控制在 30 ~ 50lx，照度均匀度可控制在 $0.2<E_{min}/E_{av}<0.4$，因而调暗第 1+2 组灯即可。

确定夏季日常人工照明光环境场景的每一种光环境状态的发生条件同样可通过传感器的信息融合技术实现。

4.5.2 用 BP 神经网络学习光环境样本

1. BP 神经网络的理论基础

1）BP 神经网络的模型结构

BP 神经网络（Back-Propagation Network）是一种用于前向多层神经网络的反馈学习算法，目前，在人工神经网络的实际应用中，绝大部分的神经网络模型采用 BP 神经网络和它的变化形式。

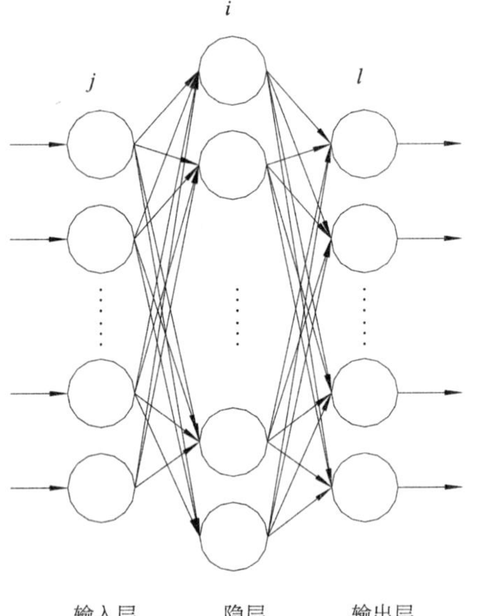

图 4-16　三层 BP 网络结构

典型的为三层 BP 网络结构（图 4-16），它由输入层、隐层（中间层）、输出层组成。隐层与外界没有联系，但隐层神经元状态的改变能影响输入与输出之间的关系。BP 网络学习公式推导的指导思想是对网络权值（w_{ij}，T_{li}）的修正与阈值（θ）的修正，使误差函数（E）沿负梯度方向下降，BP 网络三层节点表示为，输入节点：x_j，隐节点：y_i，输出节点：O_l。

输入节点与隐节点间的网络权值为 w_{ij}，隐节点与输出节点间的网络权值为 T_{li}，输出节点的期望输出为 t_l。

2）BP 神经网络的学习公式

（1）输出节点的输出 O_l 计算公式

a. 输入节点的输入：x_j。

b. 隐节点的输出：$y_i = f(\sum_j w_{ij}x_j - \theta_i)$

其中，连接权值 w_{ij}，节点阈值 θ_i。

c. 输出节点输出：$O_l = f(\sum_i T_{ij} - \theta_l)$

其中，连接权值 T_{ij}，节点阈值 θ_l。

（2）输出层（隐节点到输出节点间）的修正公式

a. 输出节点的期望输出：t_l。

b. 误差控制。

所有样本误差：

$E = \sum_{k=1}^{P} e_k < \varepsilon$，其中一个样本误差

$e_k = \sum_{l=1}^{n} \left| t_l^{(k)} - O_l^{(k)} \right|$

其中，P 为样本数，n 为输出节点数。

c. 误差公式：$\delta_l=（t_l-O_l）\cdot O_l\cdot（1-O_l）$

d. 权值修正：$T_{li}（k+1）=T_{li}（k）+\eta\delta_l y_i$

其中，k 为迭代次数。

e. 阈值修正：$\theta_l（k+1）=\theta_l（k）+n'\delta'_l$

（3）隐节点层（输入节点到隐节点数）的修正公式

a. 误差公式：$\delta'_i=y_i（1-y_i）\sum_l \delta_l T_{li}$

b. 权值修正：$w_{ij}（k+1）=w_{ij}(k)+n'\delta'_l x_j$

c. 阈值修正：$\theta_i（k+1）=\theta_i（k）+n'\delta'_i$

3）BP 网络的设计分析

在进行 BP 网络设计前，一般应从网络的层数、每层中的神经元个数、初始值以及学习方法等方面来进行考虑。下面首先分析 BP 网络的结构特征，然后结合 Matlab 讨论一下相关的分析设计问题。

（1）网络的层数

理论上早已证明，具有偏差和至少一个 Sigmoid 型隐层加上一个线性输出层的网络，能够逼近任何有理函数。增加层数主要可以更进一步地降低误差，提高精度，但同时也使网络复杂化，从而增加了网络权值的训练时间。而误差精度的提高实际上也可以通过增加隐层中的神经元数目来获得，其训练效果也比增加层数更容易观察和调整，所以一般情况下，应优先考虑增加隐层中的神经元数。

（2）隐层的神经元数

网络训练精度的提高，可以通过采用一个隐层，而增加其神经元个数的方法来获得，这在结构实现上要比增加更多的隐层要简单得多。那么究竟选取多少个隐含节点才合适？这在理论上并没有一个明确的规定，在具体设计时，比较实际的做法是通过对不同神经元数进行训练比较对比，然后适当地加上一点余量。

（3）初始权值的选取

由于系统是非线性的，初始值对于学习是否达到局部最小、是否能够收敛以及训练时间的长短关系很大。如果初始值太大，使得加权后的输入落在激活函数的饱和区，从而导致其导数 $f'(x)$ 非常小，而在计算权值修正公式中，因为 δ 正比于 $f'(x)$，当 $f'(x)\to 0$ 时，则有 $\delta\to 0$。使得 $w\to 0$，从而使得调节过程几乎停顿下来。所以，一般总是希望经过初始加权后的每个神经元的输出值都接近于零，这样可以保证每个神经元的权值都能够在它们的 Sigmoid 型激活函数变化最大之处进行调节。所以，一般取初始权值在（—1，1）。

（4）学习速率

学习速率决定每一次循环训练中所产生的权值变化量。大的学习速率可能导致系统的不稳定，但小的学习速率将会导致训练时间较长，收敛速度很慢，不过能保证网络的误差值不跳出误差表面的低谷而最终趋于最小误差值。所以，在一般情况下，倾向于选取较小的学习速率以保证系统的稳定性。学习速率的选取范围在 0.01 ~ 0.8 之间。

和初始权值的选取过程一样，在一个神经网络的设计中，往往要经过几个不同的学习速率的训练，通过观察每一次训练后的误差平方和 $\sum e^2$ 的下降速率来判断所选定的学习速率是否合适。如果 $\sum e^2$ 下降很快，则说明学习速率合适，若 $\sum e^2$ 出现振荡现象，则说明学习速率过大。对于一个具体网络都存在一个合适的学习速率。但对于较复杂网络，在误差曲面的不同部位可能需要不同的学习速率。为了减少寻找学习速率的训练次数以及训练时间，比较合适的方法是采用变化的自适应学习速率，使网络的训练在不同的阶段自动设置不同学习速率的大小。

（5）期望误差的选取

在设计网络的训练过程中，期望误差值也应当通过对比训练后确定一个合适的值，这个所谓的“合适”，是相对于所需要的隐层的节点数来确定，因为较小的期望误差值是要靠增加隐层的节点，以及训练时间来获得的。一般情况下，作为对比，可以同时对两个不同期望误差值的网络进行训练，最后通过综合因素的考虑来确定采用其中一个网络。

2. 用 BP 神经网络学习住宅人工照明光环境样本

1）输入层的设计

房间装修完成后，室内的空间尺寸、各表面反射比、窗户的位置、光源的位置等在一定的时间内一般不再改变，这些指标可视为常量，由此看来，房间照度与照度均匀度的变化仅与光源的光通量变化有关。房间内光通量有两种变化情况，其一，通过调光控制光通量的变化；其二，通过开启或关闭光源控制光通量变化。

本研究以夏季日常场景 3 在 19：00 ~ 22：30 之间的人工照明光环境变化为例，根据它们各自的光环境特征研究模糊神经网络的控制。通过神经网络对相应场景实测数据的学习，以及根据不同场景光环境特征运用模糊逻辑对某一场景发生的条件作出推理和判断，使复杂的问题转化为如何改变每组灯具中光源的光通量来调整室内光环境变化的问题。而光通量的变化与调光时的电压（本套住宅的荧光灯使用了调光镇流器）有一定的关系，从实测情况看，电压的变化与光通量的变化并不成一定的比例关系，当光通量减少 50% 时，电压为原来的 35% 左右。也就是说，控制装置接收到来自模糊控制器的信号后，通过神经网络调整输入输出权值的变化，把某一行为活动状态下的最佳光环境特征（不同区域的平均照度及照度均匀度等）与电压输出量或开启新的光源相互联系，达到在不同需求下灵活转换室内人工照明光环境场景的目的。

表 4-2 所示为日常人工照明光环境场景的五种光环境状态的学习样本，该表中的客厅区域平均照度、餐厅区域平均照度、房间整体平均照度、照度均匀度用于作为训练的目标矢量。

通过调整作为输入矢量的光通量与样本训练后输出矢量间的权值和阈值，使输出矢量与目标矢量达到高度一致。

各光源厂家的标称光通量比实测后经过计算的光通量均有不同程度的偏差，选用的欧司朗 36W 紧凑型荧光灯标称光通量为 2900lm，在本套住宅使用的该光源（第 1 组灯具）每只光源约为 2500lm，而一些不知名品牌相差较大，本套住宅使用的另一种 38W 紧凑型荧光灯（第 2 组灯具）无光通量标注，实际上每只光源约为 2400lm。考虑到 0.8 的灯具效率，第 1 组灯具总光通量为 4000lm（每组灯 2 只光源），第 2 组灯总光通量为 3840lm（表 4-3）。

19：00 ~ 22：30 之间日常照明场景五种光环境状态的学习样本　**表 4–2**

光环境状态		节能	就餐	主要活动集中在沙发附近区域	主要活动范围较大	特殊需求
灯具编组		6	20%（1+2）+4+6	1+2	1+2+8	1+2+8+4+6
客厅区域平均照度	$E_{av1\sim41}$	4.0	24.7	147.7	91.6	196.3
餐厅区域平均照度	$E_{av42\sim61}$	31.8	97.9	33.5	64.4	197.2
房间整体平均照度	E_{av}	16.4	61.0	137.9	79.5	195.8
照度均匀度	E_{min}/E_{av}	0.09	0.21	0.24	0.36	0.50

注：表中照度值为实测数据乘以 0.8 的维护系数。

各组灯具每只光源的光通量　**表 4–3**

灯具编组	1	2	4	6	8
每只光源光通量（lm）	2500	2400	800	800	800
每组灯具光通量（lm）	4000	3840	1280	640	1920

注：每组灯具光通量乘以 0.8 的灯具效率。

2）样本的学习过程

以下通过 Matlab 软件对五种光环境状态样本进行学习。

（1）节能光环境状态

场景输入：P=[$E_{av1\sim41}$，$E_{av42\sim61}$；E_{av}，E_{min}/E_{av}] =[4.0，31.8；16.4，0.09]

学习目标：$T=[\phi_6, \phi_0]=[640, 0]$

其中，$E_{av1\sim41}$：1 ~ 41 测量点的平均照度，即客厅区域照度；

$E_{av42\sim61}$：42 ~ 61 测量点的平均照度，即餐厅区域照度；

E_{av}：整个房间的平均照度；

E_{min}/E_{av}：整个房间的照度均匀度；

ϕ_6：第 6 组灯的光通量；

ϕ_0：不输出光通量。

由于要求 BP 网络输出矢量的元素个数与输入每一列矢量的元素个数相等，因而在输出项中加入一个 0，可以解释为仅有一组灯具输出光通量，其他组灯具均为 0 输出。节能光环境状态构成的神经网络模型如图 4-17 所示。

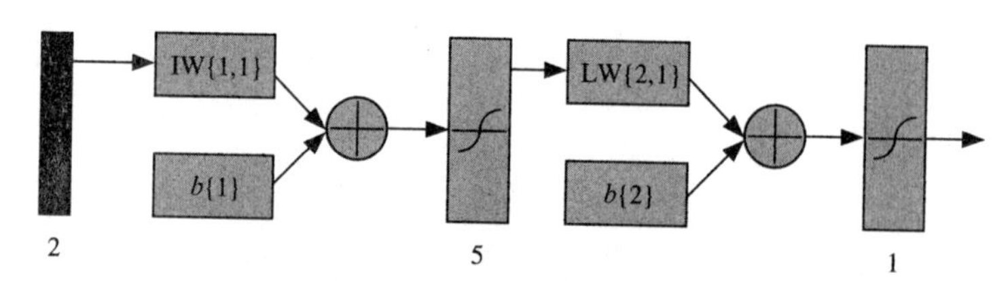

图 4-17 节能光环境状态神经网络模型

隐层神经元通常采用正切 Sigmoid 传递函数（图 4-18），在 Matlab 中称为 *tansig*，即：

$$f(x)=\frac{1}{(1+e^{-x})} \tag{4-15}$$

而输出层神经元则采用线性传递函数（图 4-19），在 Matlab 中称为 *purelin*，即：

$$f(x)=kx \tag{4-16}$$

训练误差目标参数值 *goal* 定为 0.0001，经过学习后可以看到，当网络训练至 7 步时，网络性能达标（图 4-20）。

样本输出：$O_t=[639.998, -8.3556\times10^{-7}]$

学习后的网络参数如表 4-4 所示。

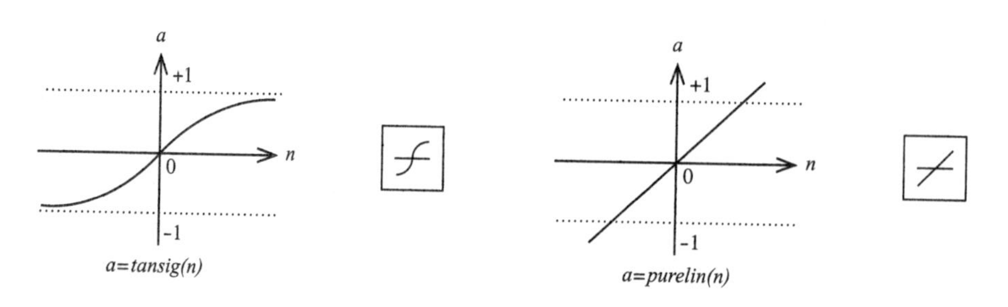

图 4-18 正切 Sigmoid 函数

图 4-19 线性函数

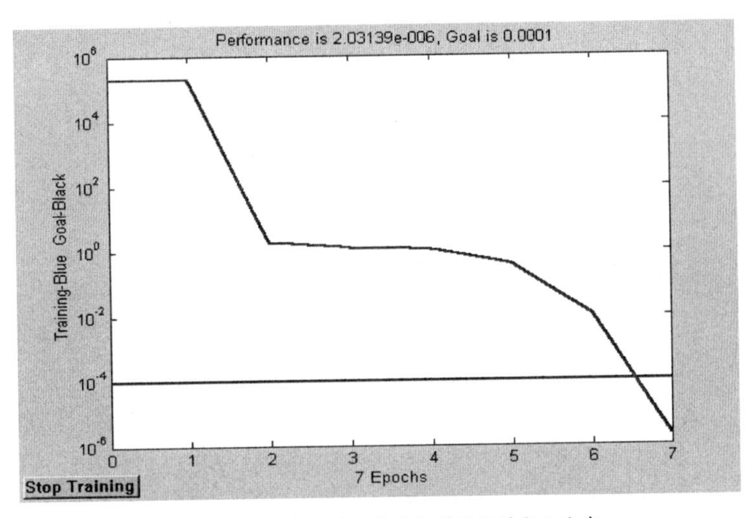

图 4-20　节能光环境状态网络学习误差变化曲线

学习后的网络参数　　　　**表 4–4**

输入节点与隐节点间的网络权值 w_{ij}	[4.4418，–0.22049; -14.6714，–59.4104; -10.9658，19.11; -0.069299，–1.8777; 8.8666，34.40004]
隐节点与输出节点间的网络权值 T_{li}	[56.4696，–61.787，318.8882，–71.0213，58.5411]
输入节点与隐节点间的阈值 θ_{ij}	$[-4.4015，2.5342，0.12906，0.30161，4.3771]^T$
隐节点与输出节点间的阈值 θ_{li}	[73.2908]

注：w_{ij}、T_{li}、θ_{ij}、θ_{li} 分别相当于 Matlab 中的 $Iw\{1，1\}$、$Lw\{2，1\}$、$b\{1\}$、$b\{2\}$。

（2）就餐光环境状态

场景输入：$P=[E_{av1\sim41}，E_{av42\sim61}，E_{av}，E_{min}/E_{av}]$= [24.7，97.9，61.0，0.21]

学习目标：$T=[20\%\phi_1，20\%\phi_2，\phi_4，\phi_6]$ =[800，768，1280，640]

样本输出：O_l =[800.0002，768.0009，1279.999，640.0001]

样本学习情况见图 4-21、图 4-22 和表 4-5。

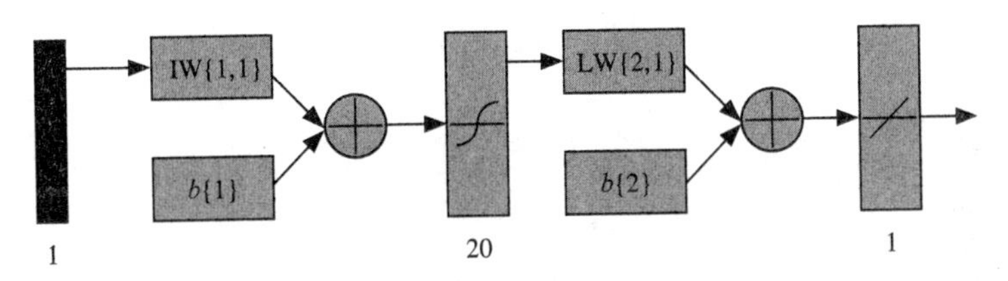

图 4-21　就餐光环境状态神经网络模型

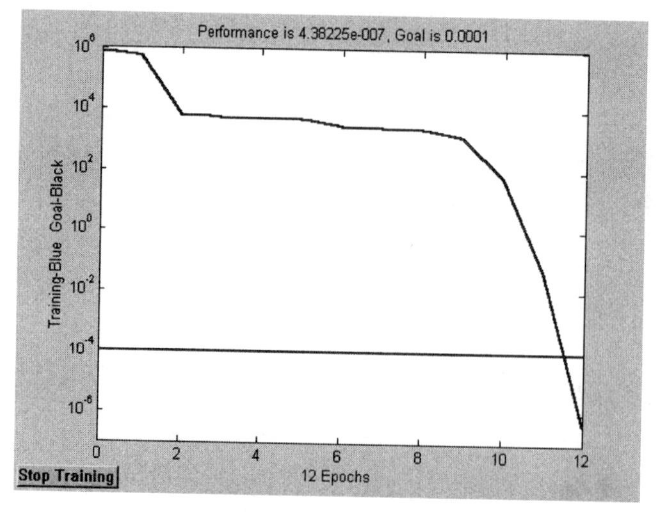

图 4-22 就餐光环境状态网络学习误差变化曲线

学习后的网络参数 表 4–5

输入节点与隐节点间的网络权值 w_{ij}	[56.7129,53.1849,-50.2611,-47.2782,44.431,-41.4114,38.4402,-36.1076,32.5379,-29.6919,-26.6465,23.6993,20.7573,-17.8098,17.0646,-11.3443,-8.9506,-6.0209,4.3386,-16.0065]^T
隐节点与输出节点间的网络权值 T_{li}	[94.3724,92.8797,-86.2995,-128.1991,127.80,91.7938,93.1259,92.5213,-48.4781,40.7541,47.694，-47.6598,-47.8606,48.307,84.6257,27.1346,26.8277,26.043,-26.1948,-36.501]
输入节点与隐节点间的阈值 θ_{ij}	[56.7129,53.1849,-50.2611,-47.2782,44.431,41.4114,38.4402,36.1076,32.5379,-29.6919,-26.6465,23.6993]^T
隐节点与输出节点间的阈值 θ_{li}	[97.8238]

（3）主要活动集中在沙发附近区域的光环境状态

场景输入：P=[$E_{av1\sim41}$，$E_{av42\sim61}$；E_{av}，E_{min}/E_{av}] = [147.7，33.5；137.9，0.24]

学习目标：T=[ϕ_1，ϕ_2] =[4000，3840]

样本输出：O_l=[3999.9999，3840.0028]

样本学习情况见图 4-23、图 4-24 和表 4-6。

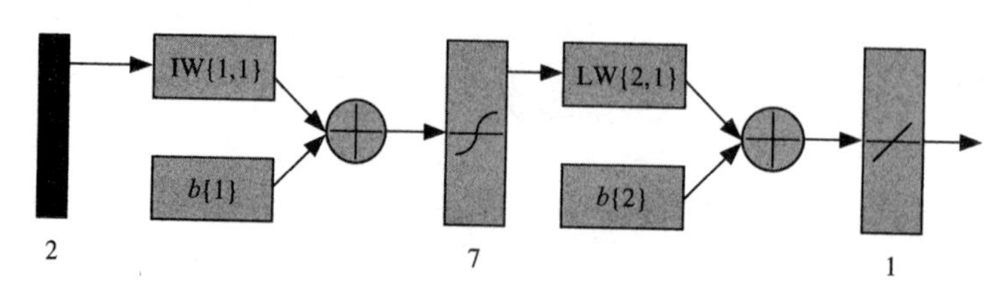

图 4-23 主要活动集中在沙发附近区域的光环境状态神经网络模型

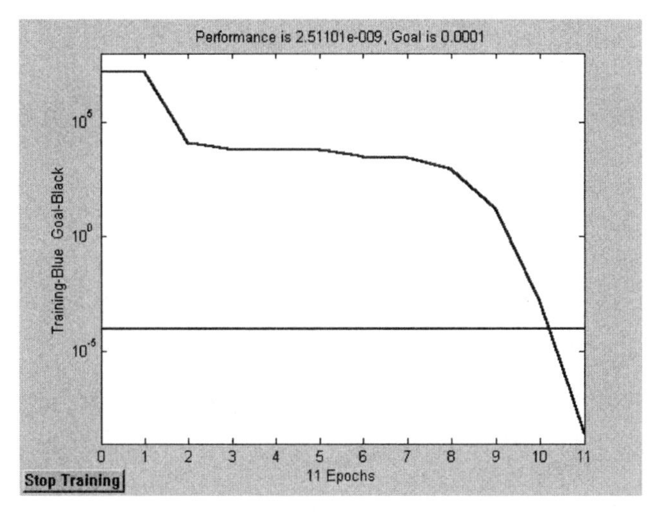

图 4-24　主要活动集中在沙发附近区域的光环境状态网络学习误差变化曲线

学习后的网络参数　　　　表 4–6

输入节点与隐节点间的网络权值 w_{ij}	[8.0681，7.5211；0.55064，0.51106；18.3079，0.048342；-142.9954，111.2764；-3.718，–0.022562；-0.017692，0.66204；61.094，0.41035]
隐节点与输出节点间的网络权值 T_{li}	[564.425，588.5484，–60.5433，–580.2962，–564.4726，586.3508，588.199]
输入节点与隐节点间的阈值 θ_{ij}	[-10.5396，9.077，8.3459，-4.854，4.9996，1.3564，4.0734]^T
隐节点与输出节点间的阈值 θ_{li}	[587.3513]

（4）主要活动范围较大的光环境状态

场景输入：P=[$E_{av1\sim41}$，$E_{av42\sim61}$；E_{av}，E_{min}/E_{av}] =[91.6，64.4；79.5，0.36]

学习目标：T=[ϕ_1，ϕ_2，ϕ_8，ϕ_0] =[4000，3840；1920，0]

样本输出：O_1= [4000.0002，3839.9998；1919.9958，0.0041665]

样本学习情况见图 4-25、图 4-26 和表 4-7。

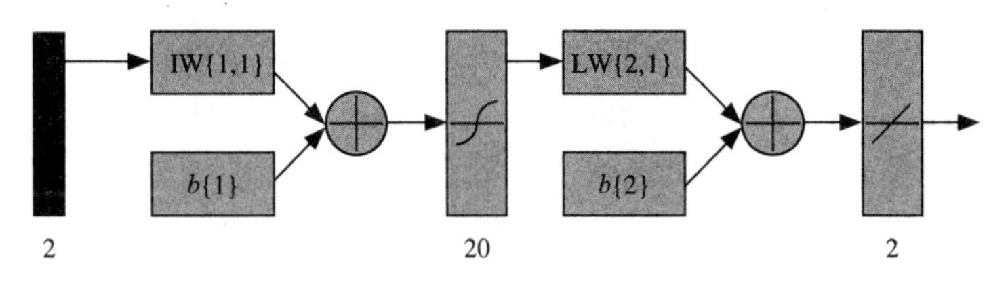

图 4-25　主要活动范围较大的光环境状态神经网络模型

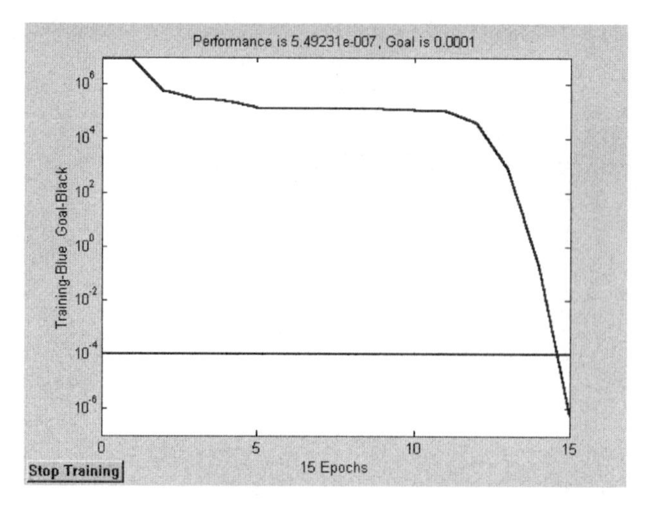

图 4-26 主要活动范围较大的光环境状态网络学习误差变化曲线

学习后的网络参数 表 4–7

输入节点与隐节点间的网络权值 w_{ij}	[4.3506，-0.13109；66.0492，57.4068；-23.1434，-20.2991；-101.742，-0.72557；-24.0984，-21.5125；-2.3345，-0.3516；2.6584，2.3649；111.3717，0.82327；-4.6588，-4.4736；0.9514，0.58684；64.69，54.6353；-1.3143，-0.73511；-60.0186，-11.1658；27.7433，0.48857；-61.9701，-53.7964；-0.43982，0.0074897；0.26428，0.22491；9.7509，-0.042274；-0.62562，-0.038828；-7.4896，0.04837
隐节点与输出节点间的网络权值 T_{li}	[7.8538，21.7051，-21.7924，-388.6685，-291.3018，-389.215，387.8044，386.8995，-20.8399，291.22，387.5046，-291.1093，-20.6471，21.4641，-389.3247，-20.4809，80，-226.1524，-386.7864，-21.6336；-77.2037，-70.3554，71.4902，-114.5049，-301.9499，-114.6441，114.7241，114.7057，70.7508，302.3499，114.0661，-302.2202，72.4066，-71.2671，-118.2961，70.6496，960，-297.628，-113.9601，70.4666]
输入节点与隐节点间的阈值 θ_{ij}	[7.9245，30.9927，-37.1048，-7.2415，37.6529，-11.8284，-17.0304，-36.054，-34.3629，-33.3741，-29.183，34.3961，-27.1462，29.8027，16.4283，-32.5311，-29.7028，27.0762，30.6232，-26.5759]^T
隐节点与输出节点间的阈值 θ_{li}	[389.9014，118.797]

（5）特殊需求的光环境状态

场景输入：P=[$E_{av1\sim41}$，$E_{av42\sim61}$；E_{av}，E_{min}/E_{av}]=[196.3，197.2；195.8，0.50]

学习目标：T=[ϕ_1，ϕ_2；ϕ_8，ϕ_4；ϕ_6，ϕ_0] =[4000，3840；1920，1280；640，0]

样本输出：O_l=[4000.0026，3839.9974；1919.9953，1280.0047；639.9943，0.0057318]

样本学习情况见图 4-27、图 4-28 和表 4-8。

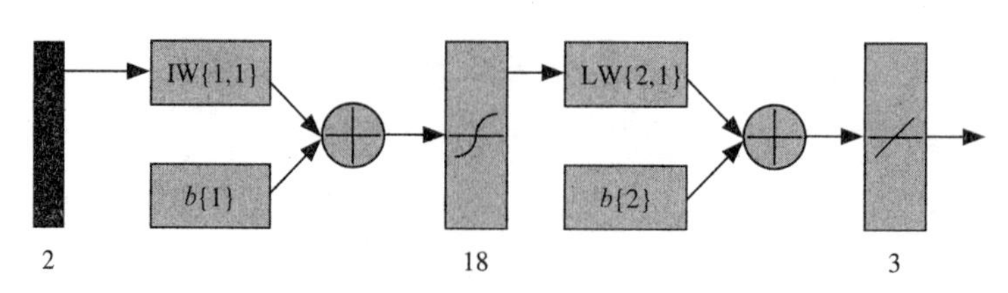

图 4-27 特殊需求的光环境状态神经网络模型

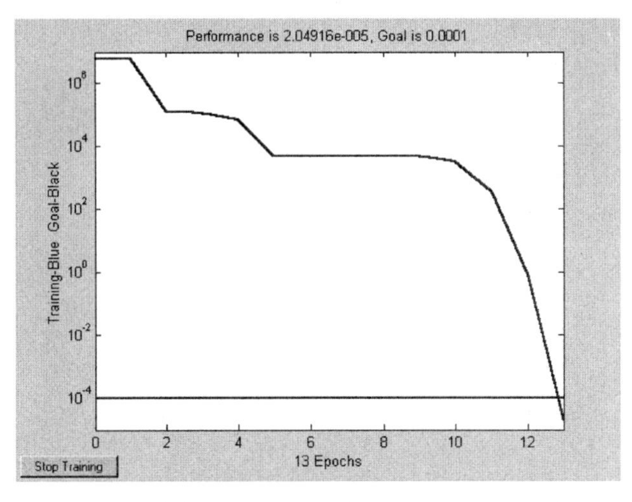

图 4-28　特殊需求的光环境状态网络学习误差变化曲线

学习后的网络参数　表 4–8

输入节点与隐节点间的网络权值 w_{ij}	[21.8787，-22.4989；-10.8379，-0.031631；8.3927，-0.04785；-49.3697，-47.5041；67.0283，0.15495；3.4438，2.3312；55.6374，8.6303；-13.2495，0.19389；2.3794，-0.092741；9.8543，0.18271；18.3709，-0.026975；37.3526，-9.5531；30.0248，-0.18911；1.6261，-1.4686；20.6682，-7.4504；9.4452，-0.48536；8.3014，0.050607；15.3663，2.1866]
隐节点与输出节点间的网络权值 T_{li}	[230.9336，232.3844，229.5086，-228.3052，227.7845，228.4469，231.8867，80.0026，221.957，22.9486，221.6294，231.9565，-230.9169，-228.467，-229.2942，-229.6762，232.0462，231.1374；110.7597，116.2233，118.8247，-114.6055，118.5579，115.0332，116.5748，319.9953，24.6664，-198.5048，24.6714，118.0107，-115.3605，-118.0757，-117.1301，-118.1317，117.0241，117.5809；42.9131，57.602，55.9579，-60.0322，56.1353，60.818，58.0002，319.9943，-136.9857，-250.3042，-138.558，56.7105，-57.8935，-56.6928，-54.9998，-55.8616，57.5596，56.163]
输入节点与隐节点间的阈值 θ_{ij}	[1725.4829，2179.0658，-1455.8821，364.6849，-2491.5398，-238.0489，1984.4316，2585.6535，-322.1571，-1927.8304，-2594.9659，-1915.969，1334.1213，9.1215，2593.0822，1744.8148，-1604.9288，-2587.0867]^T
隐节点与输出节点间的阈值 θ_{li}	[230.7206，117.3742，58.5082]^T

4.5.3　人工照明光环境的模糊控制

1. 模糊控制的理论基础

模糊控制是一种以模糊集合论、模糊语言变量以及模糊逻辑推理为数学基础的控制方法，模糊控制的基础是模糊数学。

模糊控制系统应用于诸如在测量数据不确切，或者需要处理的数据量过大以致无法判断它们的兼容性，以及一些复杂可变的被控对象等场合是非常合适的。与传统依赖于系统行为参数的控制器设计方法不同的是模糊控制器的设计是依赖于操作者的经验，在传统控制器中，参数或控制输出的调整是根据对由一组微分方程描述的过程模型的状态分析和综合来进行的，而模糊控制器参数或控制输出的调整是从过程函数的逻辑模型产生的规则来进行的，改善模糊控制性能的最有效方法是优化模糊控制规则。通常，模糊控制规则是通过将人的操作经验转化为模糊语言形式获取的，因此它带有相当的主观性，模糊控制规则可通过对实际控制效果的观察与评价进行修改。

1）模糊控制的特点

模糊控制是建立在人工经验基础上的。对于一个熟练的操作人员，他并非需要了解被控对象精确的数学模型，而是凭借其丰富的实践经验，采取适当的对策来巧妙地控制一复杂过程。若能把这些熟练操作人员的实践经验加以总结和描述，并用语言表达出来，它就是一种定性的、不精确的控制规则。在实际的模糊控制系统中，模糊控制器的功能与模糊推理系统的功能是等价的，模糊控制器具有一些明显的特点。

（1）无须知道被控对象的数学模型

模糊控制是以人对被控系统的控制经验为依据而设计的控制器，故无须知道被控系统的数学模型。

（2）是一种反映人类智慧思维的智能控制

模糊控制采用人类思维中的模糊量，如“明亮”、“适中”、“昏暗”、“大”、“小”等，控制量由模糊推理导出。这些模糊量和模糊推理是人类通常智能活动的体现。

（3）易被人们所接受

模糊控制的核心是控制规则，这些规则是以人类语言表示的，如“家庭活动较活跃，则平均照度较大”，很明显这些规则易被一般人所接受和理解。

（4）构造容易

用单片机等来构造模糊控制系统，其结构与一般的数字控制系统无异，模糊控制算法用软件实现。

（5）鲁棒性好

所谓鲁棒性（Robust），是指控制系统在一定（结构、大小）的参数摄动下，维持某些性能的特性。模糊控制系统无论被控对象是线性的还是非线性的，都能执行有效的控制，具有良好的鲁棒性和适应性。

2）模糊控制系统的组成

模糊控制算法是一种新型的计算机数字控制算法，因此，模糊控制系统具有数字控制系统的一般结构形式，其系统组成如图 4-29 所示。

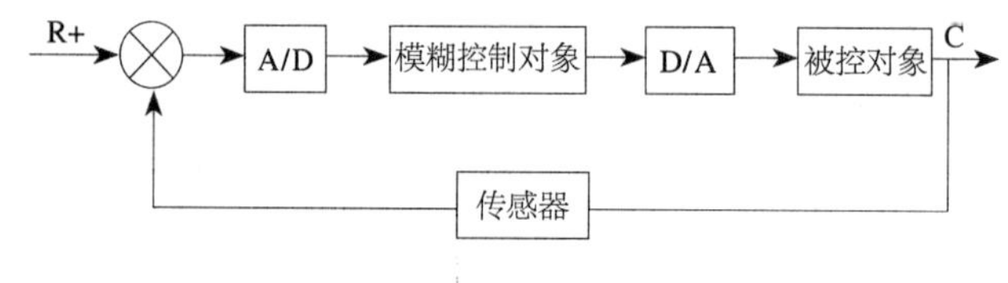

图 4-29 模糊控制系统的组成

（1）模糊控制器

模糊控制器又称模糊推理系统，是直接完成模糊推理算法的专用设备。可以采用软件和硬件两种方法完成一个模糊控制器的功能，主要完成输入量的模糊化、模糊关系运算、模糊决策以及决策结果的反模糊化处理（精确化）等重要过程。可以说，一个模糊控制系统性能指标的优劣在很大程度上取决于模糊控制器的“聪明”程度。

（2）输入 / 输出接口电路

该接口电路主要包括前向通道中的 A/D 和 D/A 两个信号转换电路。前向通道的 A/D 转换把传感器检测到的反映被控对象输出量大小的模拟量（一般为电压信号，且为 -10 ～ +10V 之间）转换成微机可以接受的数字量（0 或 1 的组合），送到模糊控制器进行运算；D/A 转换把模糊控制器输出的数字量转换成与之成比例的模拟量（一般为电流信号，通常是在 0 ～ 10mA 或 4 ～ 20mA 之间）控制执行机构的动作。在实际控制系统中，选择 A/D 或 D/A 转换器主要应该考虑转换精度、转换时间以及性能价格比等三个因素。

（3）广义对象

广义对象包括执行机构和被控对象。常见的执行机构包括电磁阀、伺服电动机等。被控对象可以是线性的，也可以是非线性的，可以是定常的，也可以是时变的。

（4）传感器

传感器也就是检测装置，它负责把被控对象的输出信号（往往是非电量，如温度、湿度、压力、液位、浓度等）转换为对应的电信号（一般为 0 ～ 5V 电压，或 0 ～ l0mA 电流）。在模糊控制系统中，应选择精度高并且稳定性好的传感器。否则，不仅控制的精度没有保证，而且可能出现失控现象。

3）模糊控制算法

要实现语言控制的模糊逻辑控制器，就必须解决三个基本问题。

（1）精确输入量的模糊化

通常把输入变量范围人为地定义成离散的若干级，所定义级数的多少取决于所需输入量的分辨率。定义输入量的隶属函数可采用高斯型、钟形、梯形和三角形等，理论上说高斯型、钟形最为理想，但是计算复杂。实践证明，用三角形和梯形函数其性能并没有十分明显的差别，所以为了简化计算，现在最常用的是三角形，其次为梯形。

为了实现模糊控制的标准化设计，目前常用的处理方法是 Mamdani 提出的方法，即把输入量的变化范围设定为 [-6，6] 区间连续变化量，使之离散化，再把 [-6，6] 之间的变化连续量分成若干等级，每个等级作为一个模糊变量，并对应一个模糊子集或隶属函数。习惯上可分为 8 个等级：

负大（NB）、负中（NM）、负小（NS）、负零（NZ）、正零（PZ）、正小（PS）、正中（PM）、正大（PB）。

以上等级可根据需要分成 7 个或 5 个等级，分别对应负大（NB）、负中（NM）、负小（NS）、零（ZO）、正小（PS）、正中（PM）、正大（PB）以及负大（NB）、负小（NS）、零（ZO）、正小（PS）、正大（PB）。减少等级后，控制规则减少了，但也降低了分辨率。

（2）模糊推理

①模糊条件语句

模糊规则的形成是把有经验的操作者或专家的控制知识和经验制定出若干模糊控制规则，为了能存入计算机，还必须对它们进行形式化数学处理。这些规则可以用自然语言来表达，例如：“如果水温偏高，那么就加一些冷水”;“如果衣服很脏，那么洗涤时间长，否则洗涤时间中等”;“如果距离较大而且距离还在继续增大，那么速度就要减小”。

将以上三个例子转化为模糊语言的形式，可以分别表示为“if A then B”;“if A then B else C”;“if A and B then C”。再模仿人的模糊逻辑推理过程，确定推理方法。这样计算机就可用模糊化的输入量，根据制定的模糊控制规则和事先确定好的推理方法进行模糊推理，并得到模糊输出量，即模糊输出隶属函数。

根据模糊集合和模糊关系理论，对于不同类型的模糊规则可用不同的方法得到隶属函数。

a. if A then B 语句

设有论域 X、Y，若存在 $X\times Y$ 上的二元关系 $R=A\rightarrow B$，则其隶属函数为

$$\mu_R(x,y)=\mu_{A\rightarrow B}(x,y)=[1-\mu_A(x)]\vee[\mu_A(x)\wedge\mu_B(y)]$$

式中，$A\in X$，$B\in Y$，因此，模糊关系为

$$R=A^c\cup A\times B$$

b. if A then B else C 语句

设有论域 X、Y，且 $A\in X$，$B\in Y$，$C\in Y$，则二元模糊关系 $R=(A\rightarrow B)\vee(A^c\rightarrow C)$ 的隶属函数为

$$\mu_R(x,y)=[\mu_A(x)\wedge\mu_B(y)]\vee\{[1-\mu_A(x)]\wedge\mu_C(y)\}$$

亦即 $R=(A\times B)\cup(A^c\times C)$

c. if A and B then C 语句

设有论域 X、Y，且 $A\in X$，$B\in Y$，$C\in Z$ 则三元模糊关系 $R=(A\times B)\rightarrow C$ 的隶属函数为

$$\mu_R(x,y,z)=[\mu_A(x)\wedge\mu_B(y)]\wedge\mu_C(z)=\mu_A(x)\wedge\mu_B(y)\wedge\mu_C(z)$$

②模糊推理

模糊逻辑推理是一种不确定性的推理方法，其基础是模糊逻辑，它是在二值逻辑三段论的基础上发展起来的。由于它缺乏现代形式逻辑中的性质以及理论上的不完善，这种推理方法还未得到一致的公认。但是，这种推理方法所得到的结论与人的思维一致或相近，在应用实践中证明是有用的。模糊推理是一种以模糊判断为前提，运用模糊语言规则，推出一个新的近似的模糊判断结论的方法。

在模糊逻辑推理中有两种重要的推理方法，即所谓的广义取式（肯定前提）推理和广义拒式（肯定结论）推理，Zadeh 模糊推理法、Mamdani 模糊推理法均以此为依据。

广义取式推理具有如下的推理过程：

前提 1：x 为 A'

前提 2：如果 x 为 A，则 y 为 B

结论：y 为 B'

而广义拒式推理具有如下的推理过程：

前提 1：y 为 B'

前提 2：如果 x 为 A，则 y 为 B

结论：x 为 A'

其中，A、B、A'、B' 均为模糊集合，x 和 y 为语言变量。

Mamdani 推理法是一种在模糊控制中普遍使用的方法，它本质上仍然是一种合成推理方法，只不过对模糊蕴含关系取不同的形式而已。

Mamdani 模糊蕴含关系 $A \to B$ 用 A 和 B 的直积表示，即有

$$A \to B = A \times B$$

即

$$R(u,v) = A(u) \wedge B(v)$$

因此，有如下推理过程。

a. 模糊取式推理

已知模糊蕴含关系 $A \to B$ 的关系矩阵，对给定的 A'，$A' \in U$，则可推得结论 $B' \in V$，且 B' 为

$$B' = \sup_{u \in U} \{A'(u) \wedge [A(u) \wedge B(v)]\}$$

b. 模糊拒式推理

已知模糊蕴含关系 $A \to B$ 的关系矩阵，对给定的 B'，$B' \in V$，则可行结论 $A' \in U$，且 A' 为

$$A' = \sup_{v \in V} \{[A(u) \wedge B(v)] \wedge B'(v)\}$$

（3）精确输出量的反模糊化（Defuzzification）

通过模糊推理得到的结果是一个模糊集合。但在实际使用中，必须有一个确定的值才能去控制或驱动执行机构。在推理得到的模糊集合中取一个能最佳代表这个模糊推理结果可能性的精确值的过程就称为精确化过程，又称为反模糊化。反模糊化可以采取很多不同的方法，用不同的方法所得到的结果也是不同的。常用的精确化计算方法有以下三种。

①最大隶属度函数法

简单地取所有规则推理结果的模糊集合中隶属度最大的那个元素作为输值，即

$$v_0 = \max \mu_v(v),\ v \in V$$

如果在输出论域 V 中，其最大隶属度函数对应的输出值多于一个时，简单的方法是取所有具有最大隶属度输出的平均，即：

$$v_0 = \frac{1}{j} \sum_{j=1}^{J} v_j, v_j = \max_{v \in V} [\mu_0(v)]; J = |\{v\}|$$

J 为具有相同最大隶属度输出的总数。

最大隶属度函数法不考虑输出隶属度函数的形状，只关心其最大隶属度值处的输出值。因此，难免会丢失许多信息。但它的突出优点是计算简单。所以，在一些控制要求不高的场合，采用最大隶属度函数法是非常方便的。

②重心法

重心法是取模糊隶属度函数曲线与横坐标围成面积的重心为模糊推理最终输出值，即

$$v_0 = \frac{\int_V v \mu_v(v) \mathrm{d}v}{\int_V \mu_v(v) \mathrm{d}v}$$

对于具有 m 个输出量化级数的离散论域情况

$$v_0=\frac{\sum_{k=1}^{m}v_k\mu_v(v_k)}{\sum_{k=1}^{m}\mu_v(v_k)}$$

与最大隶属度法相比较，重心法具有更平滑的输出推理控制。即对应于输入信号的微小变化，其推理的最终输出一般也会发生一定的变化，且这种变化明显比最大隶属度函数法要平滑。

③加权平均法

加权平均法的最终输出值是由下式决定的：

$$v_0=\frac{\sum_{i=1}^{m}v_ik_i}{\sum_{i=1}^{m}k_i}$$

这里的系数 k_i 的选择要根据实际情况而定，不同的系数就决定系统有不同的响应特性。当该系数 k_i 取为 $\mu_V(v_i)$ 时，即取其隶属度函数值时，就转化为重心法了。在模糊控制中，可以选择和调整该系数来改善系统的享用特性。

精确化计算的方法还有很多，如左取大、右取大、取大平均等。总的来说，精确化计算方法的选择与隶属度函数的形状选择、推理方法的选择都是相关的。重心法对于不同的隶属度函数形状会有不同的推理输出结果。而最大隶属度函数法对隶属度函数的形状要求不高。

4）模糊控制器的设计原则

模糊控制器是一种利用人的直觉和经验设计的控制系统，与传统控制器设计思想不同，它不需要受控对象的数学解析模型。因此,也没有如经典控制器设计那样有成熟而固定的设计过程和方法。尽管如此，我们仍然可以总结出以下供参考的原则性设计步骤。

（1）定义输入、输出变量

首先要决定受控系统有哪些输入的状态必须被监测和哪些输出的控制作用是必须的。例如，模糊温度控制器就必须测量受控系统的温度,与设定值相比较可得到误差值,进而决定加热操作量的大小。由此，模糊温度控制器就必须定义系统的温度为输入量，而把加热操作量作为输出变量。

根据输入和输出变量的个数，就可以求出所需要规则的最大数目

$$N=n_{out}n_{level}n_{in}$$

这里 n_{in} 是输入变量的个数，n_{out} 是输出变量的个数，n_{level} 是输入与输出模糊划分的数目。

然而，实际上有的组合状态不出现，所以真正用到的规则数没有这么多。建议用以下公式来计算：

$$N=n_{out}[n_{in}(n_{level}-1)+1]$$

在定义输入和输出变量时，要考虑到软件实现的限制，一般用小于 10 个输入变量时，软件推理还能应付，若输入变量的数目再增加，就要考虑采用专用模糊逻辑推理集成芯片。

（2）定义所有变量的模糊化条件

根据受控系统的实际情况，决定输入变量的测量范围和输出变量的控制作用范围，以进一步确定每

个变量的论域，然后再安排每个变量的语言值及其相对应的隶属度函数。

（3）设计控制规则库

这是一个把专家知识和熟练操作人员的经验转换为用语言表达的模糊控制规则的过程。

（4）设计模糊推理结构

这一部分可以设计成通用的计算机或单片机上用不同推理算法的软件程序来实现，也可采用专门设计的模糊推理硬件集成电路芯片来实现。

（5）选择精确化策略的方法

为了得到确切的控制值，就必须对模糊推理获得的模糊输出量进行转换，这个过程称作精确化计算，这实际上是要在一组输出量中找到一个有代表性的值，或者说对推荐的不同输出量进行仲裁判决。

5）模糊控制器的设计途径

目前，设计模糊逻辑控制器的途径可以从三个方面来考虑。

（1）以专家的知识和经验作为依据的设计方法

模糊逻辑控制器实际上是应用于控制的专家系统，其设计依据就是专家的知识和经验。

（2）通过建立熟练操作人员控制模型的设计方法

现场控制专家和熟练操作人员可以巧妙地根据其经验实现对复杂系统的控制，但是要把专家或者操作人员控制的经验和诀窍用逻辑形式表达出来就不那么容易，而且不同的专家所拥有的经验不尽相同，其控制效果也各有差异。专家可以控制复杂系统，但他未必能用语言来准确描述整个控制的过程和方法、步骤。目前，人工智能领域通常意义下的咨询专家系统只考虑知识的表达，但是在控制专家系统中不仅需要知识的表达，而且必不可少地需要某种“技巧”的表达，对于仅考虑了知识表达的模糊控制规则，为了真正能达到模仿熟练操作人员控制的能力，就必须考虑系统能通过训练获得所需要的技巧，具有不断改善和自学习的功能。

（3）建立被控制对象模糊模型的设计方法

以上两种方法都是通过建立专家或熟练操作者的数据库模型，以此模型作为推理规则来实现模糊控制器。显然，这类模糊控制器的性能不会超越所依赖的专家的水平。对有的控制对象，根本无法找到该领域有经验的控制专家，用模糊逻辑来实现控制的一种可行的方法是通过建立被控制对象的模糊模型来实现。

所谓建立被控制对象的模糊模型就是用像建立模糊控制规则一样的“如果……那么……”形式来描述被控制对象的动态特性。一条“如果……那么……”表达式就是一条控制规则。因此，被控制对象的模型是由多条控制规则组成的，这样通过该模型就可从输入推理得到输出。

2. 住宅人工照明光环境的模糊控制

1）确定模糊控制的输入、输出变量

（1）输入变量的确定

不同光环境状态的变化以 15min 为观察时间，也就是说，传感器探测到某一光环境状态发生的条件需要 15min 的时间作出判断，若时间过短，则容易产生误判，若时间过长，则实时性较差。这基本符合人的操作习惯，或者说符合人的大脑判断某一光环境状态作出的反应时间。例如，当房间内人员活动范围较大时，家庭成员会主动打开某些未被开启的灯，弥补较暗区域的照度不足。实际上，从房间需要开灯到开启灯的那一时刻，存在一段从“没有开灯意识—产生这一意识—作出开灯决定”的过程。

本套住宅把传感器探测到人在客厅活动时间（累计）t_1 和在餐厅活动时间（累计）t_2 的变化作为输入变量（图 4-30），因为其中一个变量往往不能准确判断某一光环境状态发生的条件。例如，房间内人员活动范围较大时，某一固定区域分配的时间相对较少，仅考虑客厅活动时间变化而不考虑餐厅活动时间变化时，不能准确判断房间内的活动分布，相应的控制器对传感器探测到的信息融合后，有可能把家庭成员活动范围较大误判为家庭活动相对较少而自动转换到节能光环境状态。

客厅活动时间和餐厅活动时间的变化根据家庭人数、职业习惯、生活习惯、室内空间特性等因素确定，因而，以上两项指标对于不同住宅或家庭存在着差异，应根据具体情况而定。

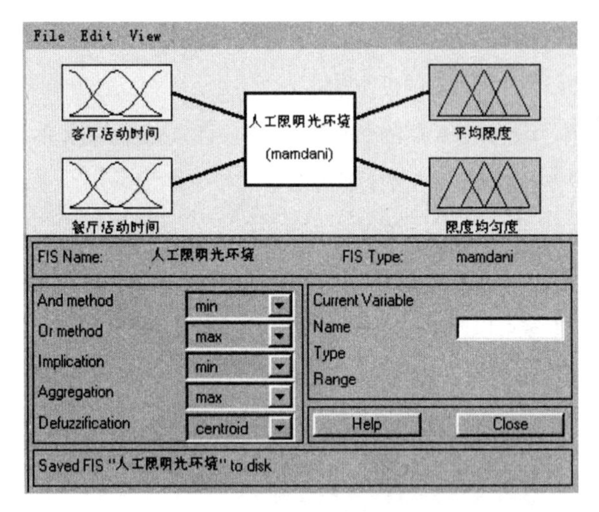

图 4-30 不同人工照明光环境状态模糊推理系统编辑器

（2）输出变量的确定

本套住宅考虑了两个输出变量，分别为平均照度和照度均匀度（见图 4-30），其控制结构为两输入—两输出结构。本章理论部分讨论的以单（多）输入—单输出模糊控制结构为主，而本例的控制结构属于多输入—多输出模糊控制结构。对于许多多输入—多输出模糊控制系统而言，它的规则提取无法直接从人的经验上获得。为此，必须把观察和实验数据重组。以本套住宅为例，设人在客厅的活动时间为 t_1 和在餐厅的活动时间为 t_2，整个房间平均照度为 E，照度均匀度为 E_{min}/E_{av}，则样本数据（t_1，t_2，E，E_{min}/E_{av}）可变换为（t_1，t_2，E），（t_1，t_2，E_{min}/E_{av}）。这样把多输入—多输出模糊控制结构转化为多输入—单输出模糊控制结构，然后可以用多输入—单输出模糊控制系统的设计方法进行设计，这就是多变量控制系统的模糊解耦问题，Matlab 软件提供了解决这一问题的手段。

应注意的是在本套住宅人工照明光环境的模糊控制中为简化控制规则，省去了 BP 神经网络学习样本中 $E_{av1\sim41}$（客厅区域照度）、$E_{av42\sim61}$（餐厅区域照度）两个指标作为输出量，控制系统的分辨率有所降低，但通过 BP 神经网络对这两个指标的学习，可以有效弥补系统分辨率降低而造成的不足。

2）确定各输入、输出量的变化范围

根据对房间内夏季人工照明光环境日常场景 3 下的各种光环境状态的统计与观测，控制输入量以如下方式确定：活动时间分布的论域为 [0，15]（图 4-31、图 4-32），即以 15min 为观察时间。

控制输出量以如下方式确定：平均照度论域为 [0,250]（图 4-33），照度均匀度论域为 [0,1]（图 4-34）。

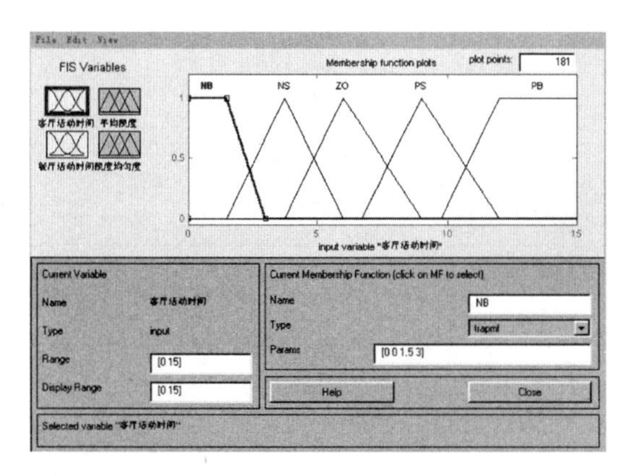

图 4-31　客厅活动时间 t_1 模糊集的隶属度函数

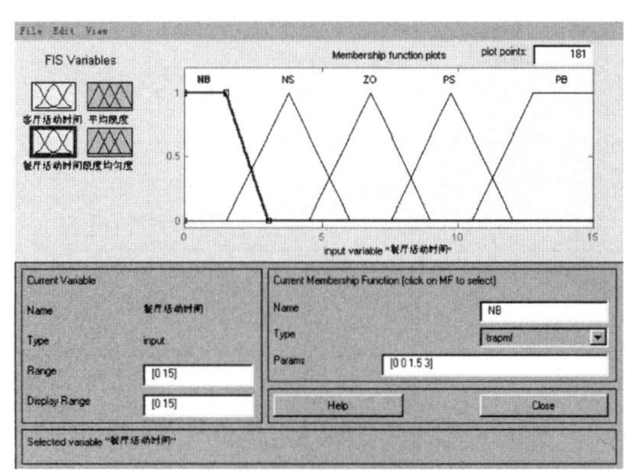

图 4-32　餐厅活动时间 t_2 模糊集的隶属度函数

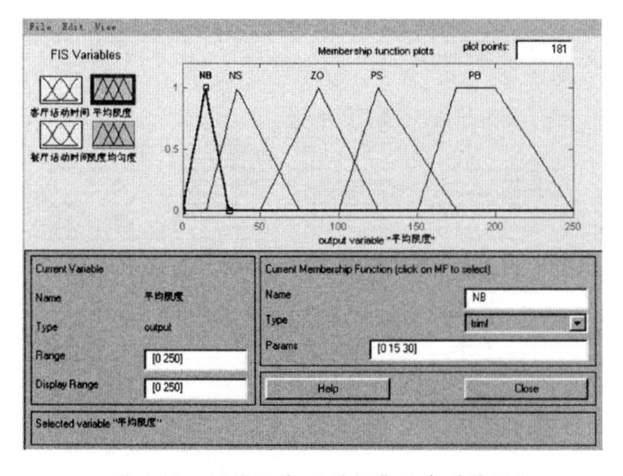

图 4-33　平均照度 E 模糊集的隶属度函数

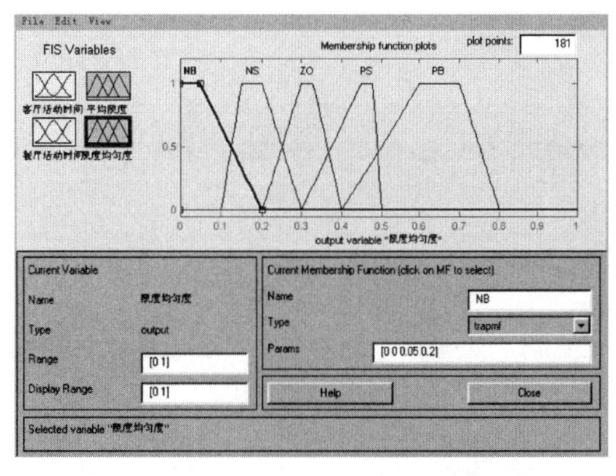

图 4-34　照度均匀度 E_{min}/E_{av} 模糊集的隶属度函数

3）在输入、输出语言变量的量化域内定义模糊子集

首先确定各语言变量论域内模糊子集的个数，本例中取了 5 个模糊子集，即 NB、NS、ZO、PS、PB。各语言变量模糊子集如图 4-31 ～图 4-34 所示。

4）模糊控制规则的确定

模糊控制规则实质上是将操作人员的控制经验加以总结而得出若干条模糊条件语句的集合。本套住宅根据操作者经验确定的控制规则库如表 4-9、表 4-10 所示。

把表 4-9、表 4-10 控制规则库输入 Matlab，得到的规则编辑器如图 4-35 所示。

Matlab 提供了模糊规则观察器界面，可以令用户观察模糊推理图，并观察模糊推理系统的行为是否与预期的一样（图 4-36）。

输出为平均照度 E 的控制规则表 表 4-9

客厅活动时间 t_1	餐厅活动时间 t_2				
	NB	NS	ZO	PS	PB
NB	NB	NS	ZO	PS	PB
NS	NS	ZO	PS	PS	PB
ZO	ZO	ZO	PS	PS	PB
PS	ZO	PS	PS	PB	PS
PB	PS	PS	PS	PB	PB

输出为照度均匀度 E_{min}/E_{av} 的控制规则表 表 4-10

客厅活动时间 t_1	餐厅活动时间 t_2				
	NB	NS	ZO	PS	PB
NB	NB	NB	ZO	NS	NS
NS	NS	NS	ZO	ZO	ZO
ZO	ZO	ZO	ZO	ZO	ZO
PS	NS	ZO	PS	PS	PB
PB	NS	ZO	PS	PS	PB

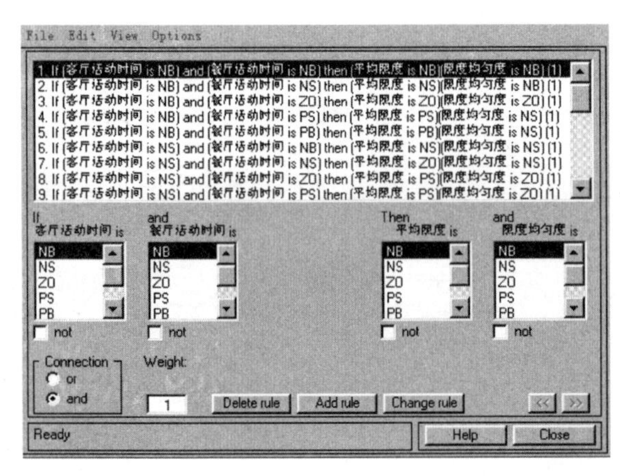

图 4-35 不同人工照明光环境状态模糊规则编辑器（部分规则）

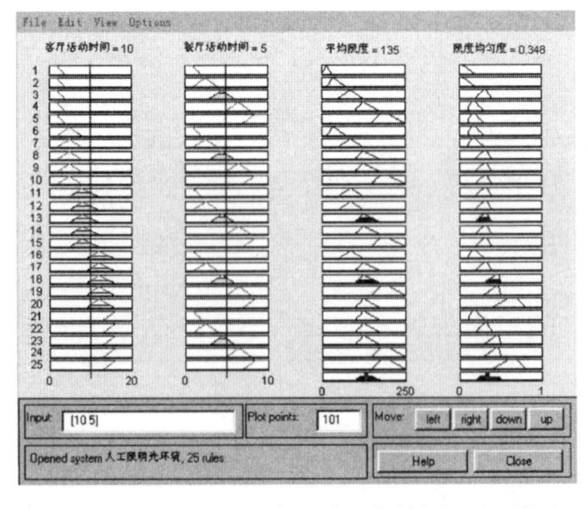

图 4-36 不同人工照明光环境状态模糊规则观察器

5）模糊推理

一般地，模糊推理可以分为四步：即计算隶属度，将已知事实与模糊规则的前提进行比较，求出相对每一前提隶属函数的隶属度；求激励强度，或称求总前提的满足程度，用模糊并或模糊交算子，把相对于前提隶属函数的隶属度结合起来，求出对总前提的满足程度；应用模糊规则，将激励强度施加于模糊规则结果的隶属函数，以产生一个定性的隶属函数；进行模糊聚类，获得最终输出的隶属度。

6）聚类输出

由于决策是在对模糊推理系统中所有规则进行测试的基础上作出的，故必须以某种方式将规则结合起来以作出决策。聚类就是这样一个过程，它将表示每个规则输出的模糊集结合成一个单独的模糊集。只有在模糊推理过程的第 5 步也就是反模糊化之前，才对每个输出变量进行一次聚类处理。聚类过程的输入是对每个规则的蕴涵过程返回的截断输出函数，其输出是一个输出变量的模糊集合。

由于聚类方法是可交换的，因此在聚类方法中，规则的执行顺序无关紧要。Matlab 工具箱有三个内置方法：max，probor 和 sum。其中，sum 执行的是各规则输出集的简单相加。图 4-36 所示第三、四列的最后一行显示各模糊规则的输出如何被结合，并构成聚类输出，然后再被反模糊化。

7）反模糊化

反模糊化过程的输入是一个模糊集，即上一步中的聚类输出模糊集，其输出为一个单值。在各中间步骤中，模糊性有助于规则计算，但一般而言，对各变量最终的期望输出是一个单值。但是，模糊集的聚类中包含了许多输出值，因此必须将其反模糊化，以便从集合中解析出一个单输出值。本研究采用的反模糊化方法是重心计算法，图 4-36 所示第三、四列的最后一行显示的是反模糊化值。

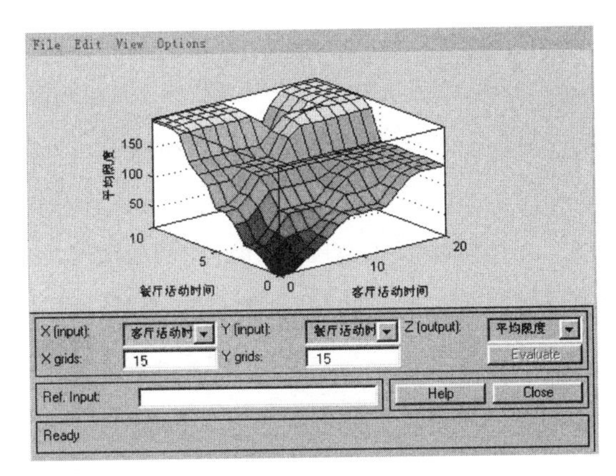

图 4-37 平均照度输出曲面观察器

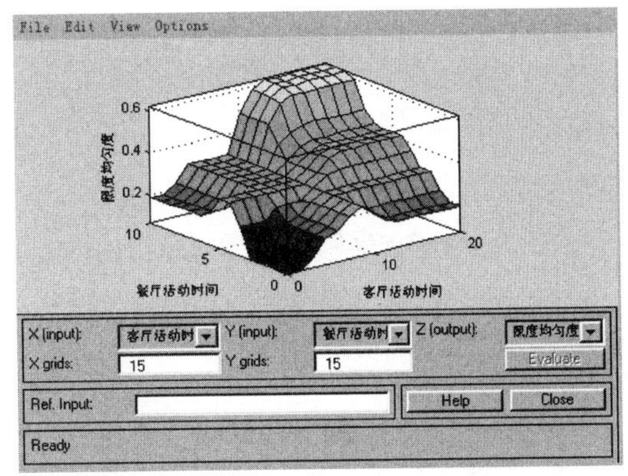

图 4-38 照度均匀度输出曲面观察器

从图 4-37、图 4-38 的输出曲面观察器可以看到模糊推理系统的全部输出曲面，也就是与整个输入区间相对应的整个输出区间。

4.6 本章小结

本章创新之处在于运用了先进的传感器信息融合和模糊神经网络的理论方法实现住宅人工照明光环境全过程拟人化的自主型智能控制，这种控制具有较强的自适应、自学习、自主决策和自我管理的能力。

目前，照明的智能控制手段大多处于开环控制到确定性反馈控制（闭环控制）阶段，应该说，这一阶段仅仅是通向智能控制的初级阶段，而本章所研究的具有较高智能水平的住宅人工照明光环境自主型智能控制方法是照明智能控制的一个重要发展方向。

1. 人工照明光环境智能控制方法研究

（1）本章讨论了智能控制的概念和特点，对一些复杂、不确定性、非线性并且很难建立数学模型的控制问题，智能控制提供了解决此类问题的有效方法。

（2）在智能控制与常规控制的关系上，与常规控制相比，智能控制所涉及的控制范围更广泛，目标更为一般化，控制对象与控制器不明显分离。但不管智能化程度达到何种水平，它们始终是相互补充而不是相互排斥的关系。

2. 基于现有技术和认识水平的住宅人工照明光环境智能控制

本章从技术发展水平、使用者认识水平和接受程度的角度对住宅人工照明光环境智能控制方式作了分析，将现有水平智能控制技术与常规控制技术、自主型智能控制技术进行了比较，认为基于现有水平研制的实验装置尽管技术上与自主型智能控制技术存在着一定的差距，但两者对住宅人工照明光环境的验证效果是基本相同的，都是以创造一个高质量的人工照明光环境为最终目的。自主型智能控制依赖于通过传感器、模糊神经网络的协同工作对人工照明光环境作出判断，而现有技术和认识水平的智能控制需借助人脑完成部分工作作出相应的判断，它更符合现阶段人们对人工照明光环境智能控制的认识和接受程度的要求。

3. 具有较高智能水平的住宅人工照明光环境自主型智能控制

（1）首先讨论了代表当今智能控制主要发展趋势的三个方向，即人工智能、模糊控制、人工神经网络。而通过智能控制方法与常规控制方法的结合，以及智能控制的各种方法的相互结合，已经或正在进一步形成各种类型广泛、性能改善的智能控制技术。

（2）人工神经网络与模糊逻辑有各自的优点与缺点，人工神经网络具有自学习能力，擅长通过大量复杂的数据进行分类和发现模式或规律的优点，缺点在于神经网络所含的信息是隐含的，且难以理解，难于从网络中提取知识。

模糊逻辑的信息处理功能较强，如模糊规则表示、隶属度函数处理、模糊集合处理等，但它学习功能较差，模糊控制规则越多，控制运算的实时性越差。

如果把模糊逻辑技术与神经网络技术结合起来，就能各取所长、共生互补。融合后知识容易表达，具有快速学习的功能。

（3）实现住宅人工照明光环境模糊神经网络控制的必要性体现在照明质量评价的模糊性以及住宅室内人工照明光环境需求的模糊性方面。

4. 用多传感器信息融合确定人工照明光环境各场景的发生条件

（1）运用多传感器的信息融合技术，充分利用不同时间与空间的多传感器信息资源，采用计算机技术对按时序获得的多传感器观测信息在一定准则下加以自动分析、综合、支配和使用，获得对被测对象的一致性解释与描述，以完成所需的决策和估计任务，使系统获得比它的各组成部分更优越的性能。

（2）探讨了用于信息融合的几种传感器性能，如照度传感器、被动红外传感器、微波传感器、超声波传感器、图像传感器以及智能传感器等。

（3）在住宅人工照明光环境中，用D-S证据推理方法对传感器的信息进行融合，即对日常、会客、团聚场景下的多传感器信息融合的可信任度求取。也就是说解决在什么情况下某种人工照明光环境场景（或状态）发生。

5. 人工照明光环境的模糊神经网络控制

（1）以夏季日常场景 3 为例，根据客厅内人的行为活动特征对夏季日常场景光环境变化进行分类，主要分为三个时间段，即 19：00 之前、19：00 ~ 22：30 之间、22：30 之后。将 19：00 ~ 22：30 之间时段的五种人工照明光环境变化状态作为研究重点。

（2）用 BP 神经网络学习光环境样本

BP 神经网络主要解决具备某种人工照明光环境产生条件后如何控制该光环境的问题。通过对某种人工照明光环境状态下平均照度、照度均匀度输入后的光通量样本的学习，得到输入节点与隐节点间的网络权值 w_{ij}、隐节点与输出节点间的网络权值 T_{li}、输入节点与隐节点间的阈值 θ_{ij}、隐节点与输出节点间的阈值 θ_{li}。也就是说，要想获得某一种满意的光环境状态，只要通过人工神经网络调整以上各权值和阈值，便可得到所需要的光通量输出值，而光通量的输出可以通过开启新的光源或调整原有光源的电压（配有可调光荧光灯镇流器）来实现。

（3）人工照明光环境的模糊控制

模糊（逻辑）控制主要解决如何根据人的需求对若干种人工照明光环境场景或状态进行相互切换控制的问题。完成确定模糊控制的输入输出变量、确定各输入输出量的变化范围、在输入输出语言变量的量化域内定义模糊子集、确定模糊控制规则、模糊推理、聚类输出以及反模糊化等一系列过程。

本章对能够完成自主型智能控制的传感器信息融合与模糊神经网络控制系统的“感知—推理—决策”以及人工照明光环境样本学习过程作了深入的研究，自主型控制过程是具有较高“聪明”程度的、拟人化的全过程智能控制。

第5章 住宅人工照明光环境智能控制的实验验证

5.1　住宅人工照明光环境智能控制实验装置的硬件和软件设计

5.1.1　住宅人工照明光环境智能控制实验装置的硬件设计

1. 住宅人工照明光环境智能控制控制装置的组成

本套住宅的人工照明光环境控制装置以前面各章节的研究成果作为控制的理论依据，该套系统由两部分组成，第一部分为“真善美”智能照明控制开关，第二部分为自主开发的智能控制装置。在住宅整体人工照明光环境控制方面选购了“真善美”10 位遥控型智能照明控制开关（GKB7E10 2/IR）作为实验装置（图 5-1、图 5-2），系统具有以下智能功能：

（1）集中控制：在任何一个地方的终端均可控制不同地方的灯；

（2）多点操作：不同地方的终端可控制同一盏灯；

（3）集中显示：在每个终端面板上均可观察到所有灯的亮灭状态；

（4）停电自锁：若停电，来电后所有灯将保持熄灭状态；

（5）免打扰：特备锁定键，锁定后，只有本位键能控制灯的亮和灭，其他位置无法对它进行控制；

（6）遥控功能：与遥控器配套使用，遥控器上的按钮具有夜光功能。遥控器上具有一个可学习的本位键。

图 5-1　10 位遥控型智能照明控制开关（GKB7E10 2/IR）

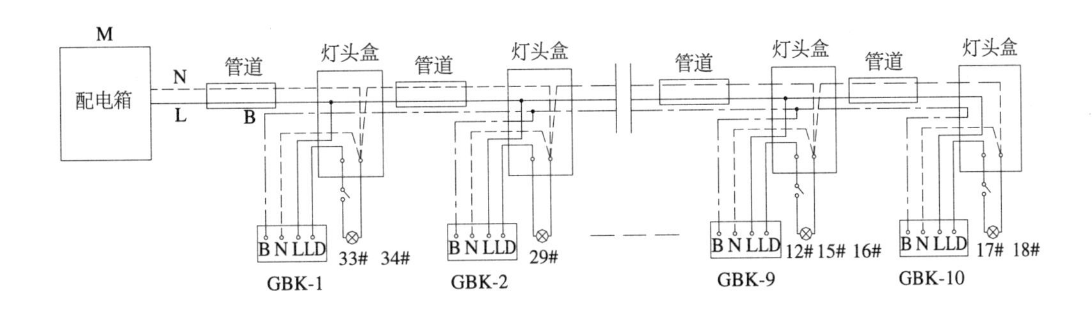

注：1.GBK 表示真善美智能控制开关。
2. 与普通开关相比较智能开关增加了中性线（– – – – – –）、信号线（ —— - —— ）。

图 5-2　“真善美”开关接线示意图

在客厅人工照明光环境控制方面，与自动控制相关专业的技术人员合作，开发了用于人工照明光环境多场景转换的实验装置。后者也是用来实施和验证人工照明光环境智能控制理论的实验基础，也是本论文实验内容的核心部分。系统具有以下智能功能：

（1）数字调光功能：不仅具有白炽灯的数字调光功能，还配合专用荧光灯调光镇流器，增加了荧光灯数字调光功能；

（2）照明场景手动和自动切换功能：根据不同需求下的光环境特点进行照明场景切换；

（3）灯光自动渐变功能：适应人的视觉系统对明适应和暗适应的要求，减弱或消除两种场景的突变给视觉系统带来的不适；

（4）外出旅游场景自动转换功能：外出旅游时开启此功能，室内灯光的开闭随机变化，防止不法人员非法侵入室内；

（5）灯光定时开闭：可配合闹钟对冬季早晨起早工作或上学的人实施灯光照射唤醒，也可用于厨房、卫生间的紫外线定时杀菌；

（6）编程控制：可通过编程调整不同灯光的组合方式。

2. 住宅人工照明光环境智能控制的硬件构成

1）住宅内所有房间照明的整体控制策略

本套住宅的人工照明光环境控制是采用智能开关与常规翘板开关分级控制的方式，既可以满足一定程度的智能控制要求，又可以实施常规控制。上一级开关为 GKB7E10 2/IR 开关，用来控制下一级翘板开关和部分分组灯具，下一级开关的每个回路控制对应的各组灯具。每一个 GKB7E10 2/IR 开关的额定功率为 1200W，每一个智能开关的本位控制范围及翘板开关控制范围如下：

（1）GKB-1：本位控制阳台双联翘板开关，双联翘板开关控制第 33 组、第 34 组两组灯具；

（2）GKB-2：本位控制厨房第 29 组灯具；

（3）GKB-3：本位控制客厅自主开发的智能控制装置（简称自主开关装置），自主开关装置控制第 1 组、第 2 组、第 3 组、第 4 组、第 5 组、第 6 组、第 7 组、第 9 组、第 11 组、第 22 组共 10 组灯具，灯光场景组合的最大功率为 466W，小于开关的额定功率，因而该设计是安全的；

（4）GKB-4：本位控制第 8 组灯具，设计该组灯的目的是提高夜晚照明的均匀性，可用于夜晚客厅人员活动较少时的照明，同时还可以起到补充天然采光不足以及平衡天然采光引起的室内各表面亮度分布不均的作用；

（5）GKB-5：本位控制电视机背光灯第 10 组灯具；

（6）GKB-6：本位控制次卫生间第 23 组灯具；

（7）GKB-7：本位控制书房（将来的儿童房）双联翘板开关，双联翘板开关控制第 20 组、第 21 组两组灯具；

（8）GKB-8：本位控制主卫生间第 27 组灯具；

（9）GKB-9：本位控制主卧室三联翘板开关，三联翘板开关控制第 12 组、第 15 组、第 16 组三组灯具；

（10）GKB-10：本位控制次卧室双联翘板开关，双联翘板开关控制第 17 组、第 18 组两组灯具。

每个智能开关设有红外线接收器，住宅内任何一处智能开关的开启与关闭可用遥控器实施遥控操作。

2）住宅出入口照明控制

本套住宅的出入口与一般的住宅有所差异，需通过一个大的花园式阳台进入室内的客厅，在寒冷或炎热的天气对灯光的控制产生诸多的不便，因而，阳台出入口采用触摸式延时开关控制第 32 组灯，这一区域的照明主要满足夜晚出入住宅时的需求，不需要很长时间的照明，由于延时开关具有 3min 自动关闭的功能，因而不必担心出入家门忘记关灯，同时这一时间足以满足出入家门时换鞋、收雨伞、整理衣冠等简单的行为动作。

3）自主开发的智能控制装置对客厅照明的控制

本套住宅自主开发的智能控制装置是基于现有技术和认识水平开发的，具有场景转换、程序设定、自动调光、集中显示、时间显示等功能。

（1）自主开发的智能控制装置的组成

硬件部分由主板与控制面板两部分组成（见图 5-6 ~ 图 5-8），并由相应的软件编程控制。

根据系统功能，系统主要由控制面板的输入电路、电源电路、输出电路和显示电路组成（图 5-3）。

输入电路由控制面板组成，输入人们的控制指令，比如场景切换、进入外出模式等。

电源电路主要把交流电源转换为控制器、各芯片的工作电源以及参考电压。

显示电路完成时间显示、场景显示、季节显示、场景灯光组数显示等功能。

输出电路由固态继电器或调光器、灯光回路组成，完成荧光灯、白炽灯调光和开、关的功能。

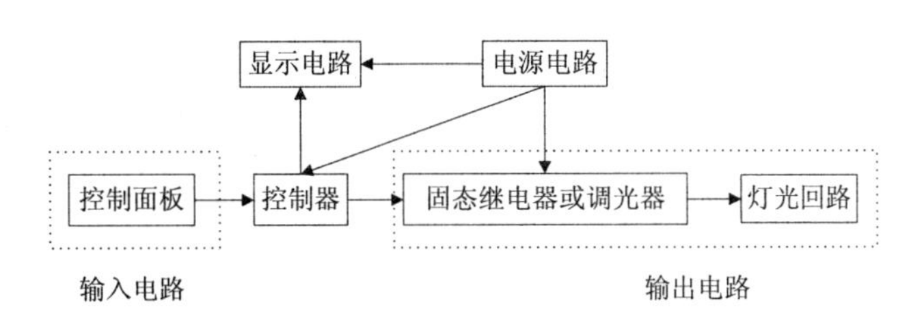

图 5-3　住宅照明的智能控制系统方框图

（2）自主开发的智能控制装置的硬件电路设计

①控制面板的输入电路

根据系统的需求，为使控制面板操作直观、简单，共设计有 11 个键，采用独立式键盘要占用较多的 I/O 线，因此采用矩阵式键盘。矩阵式键盘的按键位于行、列交叉点上。图 5-4 中 P1.0 ~ P1.3 为行线，P1.4 ~ P1.6 为列线。

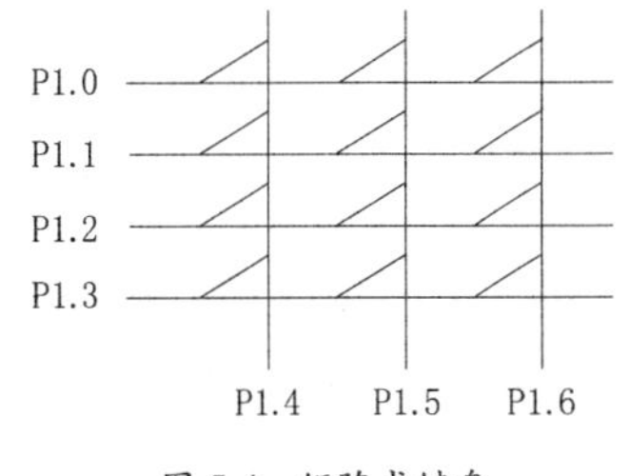

图 5-4　矩阵式键盘

②电源电路

有两个电源电路（图 5-5），第一个为交流 12V 经过晶闸管整流后，接电源指示灯 LED，P2.7 为电源检测电压采样点，当 P2.7 为低电平时，产生电源掉电信号。整流得到直流 15V 电压经过 CW7805 稳压器，输出 + 5V 的电压作为单片机以及各芯片电源用。其中，蓄电池是备用电源，供交流电停电时单片机系统用，大约可以维持 3h，一般处于浮充状态。逆变换器 DC － DC/5S12 输出＋ 12V 电压作为隔离电源供光电隔离器用；第二个主要是得到－ 6V 电压，作为 DAC0832 的负参考电压用。TL431 可以调整稳压源电压。

③输出电路

采用可调光电子镇流器对荧光灯进行调光，这种电子镇流器工作在很高的频率（40 ~ 70kHz），消除了闪烁（频闪），同时提供了一个稳定的亮度。D/A 转换器输出的 DC0 ~ 10V 信号作为电子镇流器的控制信号，可实现荧光灯 1% ~ 100% 范围的调光。荧光灯的调光器采用 OSRAM 的可调光电子镇流器，调光信号：DC1 ~ 10V，光通量调节范围：1% ~ 100%。

固态继电器（SSR），在随机型固态继电器控制端施加控制信号，交流负载便可立即导通。当控制信号为与交流电网同步的可移相的脉冲信号时，负载端便可实现从 180º 到 0º 范围内电压的平稳调节。移相触发器可根据控制电压的大小，输出端产生与电网电压同步的双倍电网频率的从 180º 到 0º 范围内移相的宽脉冲，用以驱动随机型固态继电器，从而达到移相调压的目的。因此，随机型固态继电器单独使用，可接通或关断灯光回路；移相触发器和随机型固态继电器配合使用，可实现白炽灯的调光。

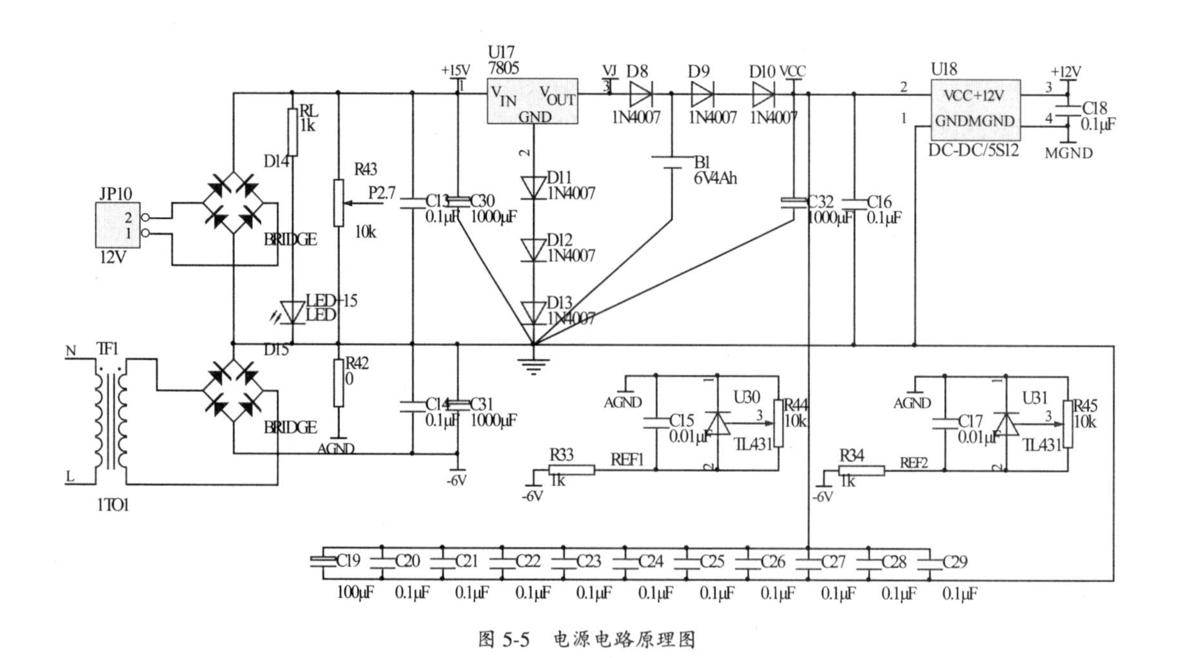

图 5-5　电源电路原理图

固态继电器接受控制器的输出信号，实现对灯光的开、关控制。移相触发器和随机型固态继电器配合使用，可实现白炽灯 0 ~ 100% 的调光。

④显示电路

MCS － 51 对 LED 管的显示可以分为静态和动态两种。静态显示的特点是各 LED 管能稳定地同时显示各自字形；动态显示是指各 LED 轮流地一遍一遍显示各自字符，人们因视觉惰性而看到的是各 LED 似乎在同时显示不同字形。

为了减少静态显示硬件开锁，提高系统可靠性和降低成本，单片机控制系统通常采用动态扫描显示。动态显示采用软件法把欲显示的十六进制数（或 BCD 码）转换为相应字形码，故需要在 RAM 区建立一个显示缓冲区。本系统中只需要显示数字和几个字母,显示缓冲区中每个存储单元依次存储相应的字形码。

（3）自主开发的智能控制装置对房间人工照明光环境的控制策略

①控制面板的“季节”按键分别控制夏季、春秋季、冬季三种模式的切换。

②“日常、会客、团聚”按键与每种季节模式相对应，控制相应的各场景切换。

③“睡前”按键与每种季节模式相对应，控制相应的睡前各场景切换，也可通过编程控制，使各季节模式下的日常场景在规定的某一时刻自动切换到睡前场景。自动切换时间可根据家庭成员的作息时间确定，本套住宅的家庭成员就寝时间约在 23：30，睡前场景自动设置在 22：30。

④“唤醒”按键控制未成年人卧室（现暂时作为书房）的台灯，主要适用于光线不足的冬季，儿童上课时间为 8：30，起床时间设定为 7：30（可根据个人需求调整这一时间），开启时间为起床前 90min，在这一时间内通过编程控制，缓慢调光至最大值，在最大值维持约 30min；台灯应为漫射照明，90min 内缓慢地增加枕边（眼部）的照度，直到达到 250lx，光源最好选用全光谱的多敷涂层可调光荧光灯，其次可选用白炽灯，但应避免直射光线产生的眩光。

⑤“外出”按键启动时,通过软件的编程控制,客厅内设计的几种照明场景在规定的时间内随机开启、关闭，这种没有规律的灯光开闭，对住宅的防盗起到一定的作用。

⑥“光疗”按键的开启，使室内尤其是沙发附近主要活动区域的照度达到一个较高的水平，这一场景全部使用紧凑型荧光灯（节能灯）照明，没有耗电较多的装饰性照明的白炽灯，较为节能。光疗型适用于冬季缺少日光照射的地区，如重庆地区。正如前面章节所述，光对人的生理调节作用可以发生在 180lx 这样照度较低的室内照明水平，它不同于医院用于光疗的高照度（2000 ~ 100000lx）照射，而是通过在冬季长期的使用，能够对人的心理和生理起到渐进式调节作用。

⑦厨房的紫外线杀菌灯通过软件编程，设定开启与关闭时间，本套住宅的杀菌灯开启时间为星期一凌晨 2：00，持续时间为 30min，关闭时自动启动厨房排气系统排气 10min，使杀菌灯产生的臭氧尽快排出室内。

图 5-6 ~ 图 5-8 所示为自主开发的智能控制装置的控制面板功能说明图以及面板和主板的实物图。

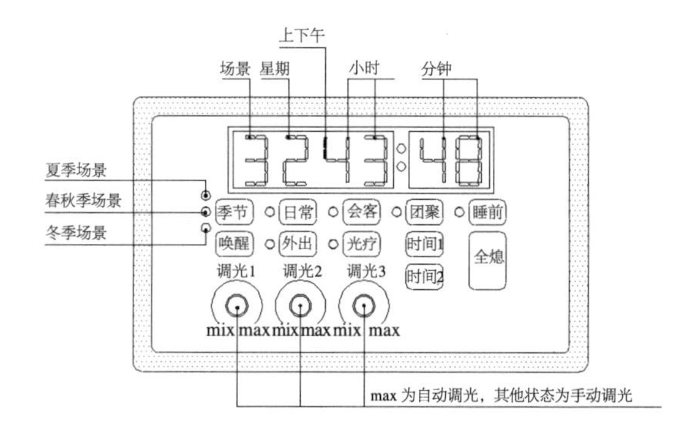

图 5-6　自主开发的智能控制装置控制面板

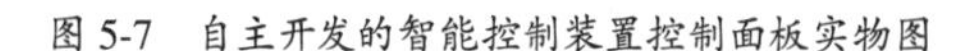

图 5-7　自主开发的智能控制装置控制面板实物图

图 5-8　自主开发的智能控制装置控制主板

5.1.2　住宅人工照明光环境智能控制实验装置的软件设计

本套控制装置的软件设计根据所要实现的控制功能和前面提到的硬件设计，采用一体化的设计思想，确保既能完成系统功能，又运行可靠、故障率低。

软件设计采用模块化结构，以便于系统功能的扩展。本系统程序主要分为主程序、按键扫描子程序、中断服务子程序、显示子程序、各按键处理子程序、时间控制子程序、自检程序、停电检测子程序、停电处理子程序。主程序的作用是初始化系统和连接各子程序（引自项目合作者黄艳玲编写的部分程序）。

1. 主程序

图 5-9 所示为主程序流程图。主程序主要完成以下工作：

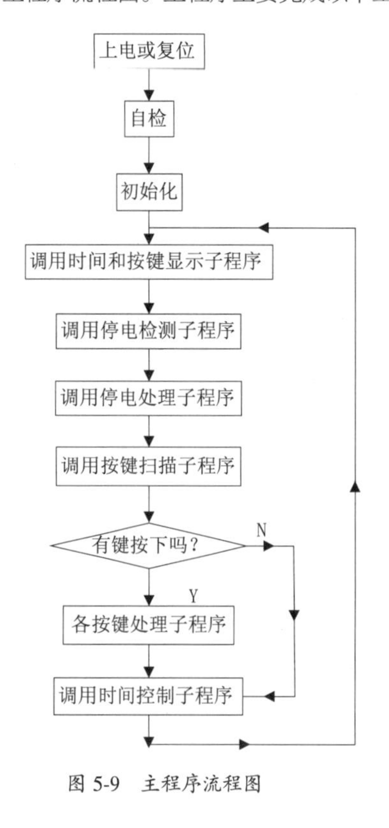

图 5-9　主程序流程图

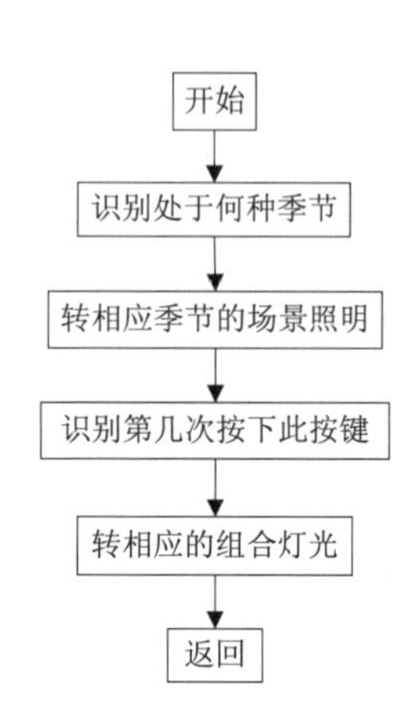

图 5-10　场景按键子程序流程图

（1）初始化。设置暂存单元、设置栈区、开中断、设定可编程芯片 8255 的工作方式等。

（2）循环中不断地调用各子程序。时间的计数采用中断的方式，在主程序中只表现为提供中断服务程序入口地址。

各按键处理子程序主要有时间按键子程序、场景按键子程序、季节转换子程序、外出模式子程序。

主程序：

```
ORG  0000H
SJMP START
ORG  001BH
LJMP TIME1
START：      MOV R7，#78H                  ；主程序开始
MOV R0，#07H
CLR A
CR：INC R0
MOV @R0，A
DJNA R7，CR                               ；清空暂存单元
MOV DPTR，#0E4H
MOVX @DPTR，A
MOV DPTR，#0E5H
MOVX @DPTR，A
MOV DPTR，#0E7H
MOVX @DPTR，A
MOV DPTR，#0E8H                           ；分别置 DAC0832 初始
MOVX @DPTR，A                             ；输出值为 0
MOV SP，#4AH                              ；设置堆栈指针
CLR EA                                    ；关总中断
MOV TMOD，#00010001B                      ；令 T0、T1 为定时器方式 1
MOV TH1，#TIH                             ；装入定时初值
MOV TL1，#TI1
MOV TH0，#00H
MOV TL0，#00H
……
```

2. 场景按键处理子程序

场景按键处理程序包括识别处于哪种季节，识别第几次按下同一个按钮，场景指示以及显示组数。图 5-10 所示为场景按键处理子程序流程图。

3. 按键扫描子程序

采用 CPU 对按键扫描的方式及所有的按键进行监视，一旦发现有键按下，CPU 通过程序识别，并转入相应键的处理程序，实现该键功能[79]。CPU 检测到有键按下时，先延时 20ms 去抖动，再次对按键进行扫描，如果仍然检测到有键按下，则进入按键识别程序。

按键识别出来后，进入按键的处理子程序。图 5-11 所示为按键扫描子程序流程图。

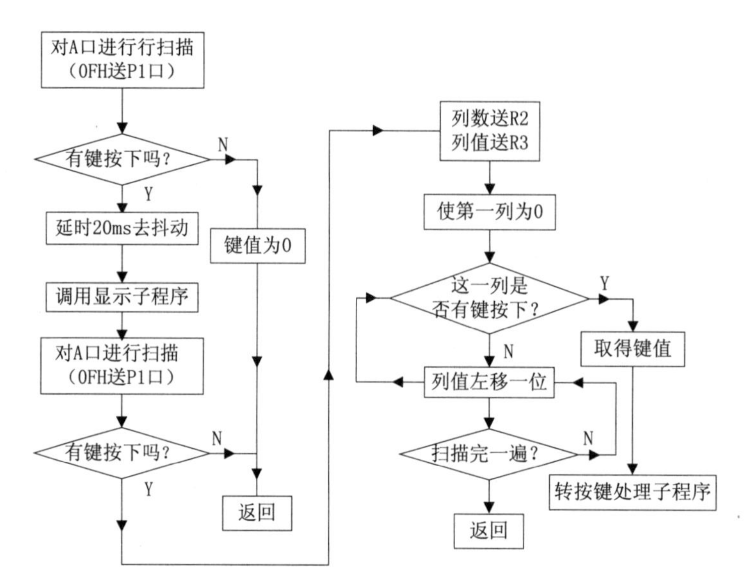

图 5-11　按键扫描子程序流程图

程序如下：

```
KEY_1:      MOV R4，#00H               ;
            MOV P1，#0FH               ；准备 P1.4 ~ P1.7 输入
            MOV A，P1                  ；读取 P1 口数据
            ANL A，#0FH                ；取出行值送 A
            CJNE A，#0FH，PD1          ；若有键按下，则 PD1
            MOV KEY_POWER，#00H        ；若无键按下，则键值为 0
KEY_1_END: RET                         ；返回
PD1:        ACALL D1                   ；延时 20ms，去抖动
            LCALL LED                  ；调用显示子程序
            MOV A，P1                  ；读取 P1 口数据
            ANL A，#0FH                ；取出行值送 A
            CJNE A，#0FH，PD2          ；若有键按下，则 PD2
            RET                        ；返回
```

```
PD2:     MOV R2，#03H            ；列数送 R2
         MOV R3，#10H            ；列值送 R3
KPD:     MOV A，R3               ；列值送 A
         CPL A                   ；使第一列为低电平
         MOV P1，A
         MOV A，P1
         ANL A，#0FH
         CJNE A，#0FH，FIND      ；若被按按键在本列，则 FIND
MOV A，R3                        ；若被按按键不在本列，则列值送 A
         RL A                    ；左移一位
         MOV R3，A               ；送回 R3
         DJNZ R2，KPD            ；若未扫描完一遍，则 KPD
         RET                     ；若扫描完一遍，则返回
FIND:    CPL A                   ；得到行值
         ADD A，R3               ；低 4 位为行值，高 4 位为列值
         MOV R4，A
         MOV B，A                ；把键值送 B
         MOV DPTR，#KTAB         ；键值表地址送 DPTR
         MOV R0，#00H            ；键值计数器 R0 清零
         CLA A                   ；A 清零
REPE:    MOVC A，@A+DPTR         ；查键值表
         CJNE A，B，NEXT2        ；若未查到，则 NEXT2
         SJMP RESE               ；若查到，则 RESE
NEXT2:   INC R0                  ；键值计数器加 1
         MOV A，R0               ；送入 A
         SJMP REPE               ；继续查表
         ……
```

4. 中断服务子程序

中断是定时器 T1、T0 溢出中断，设 T1、T0 为定时器工作方式 1，设定时为 2us，晶振 6mHz，经 12 分频，计数脉冲周期为 2us。定时 50ms 所需的定时器初值为 9e58H。每当到 50ms 时 CPU 就响应它的溢出中断请求，从而进入中断服务子程序。图 5-12 所示为中断服务子程序流程图。

定时器中断 20 次便是 1s，由此累加产生分、时、日、星期、月、年等。设计中以下 2:00 时特别需提出：

（1）累加产生小时，如果上、下午标志位为 1，表示是凌晨 12：00，此时已过了一天，因此日以及星期暂存单元的数据加 1；相反，如果上、下午标志位为 0，表示是正午 12：00，开始为下午计数。

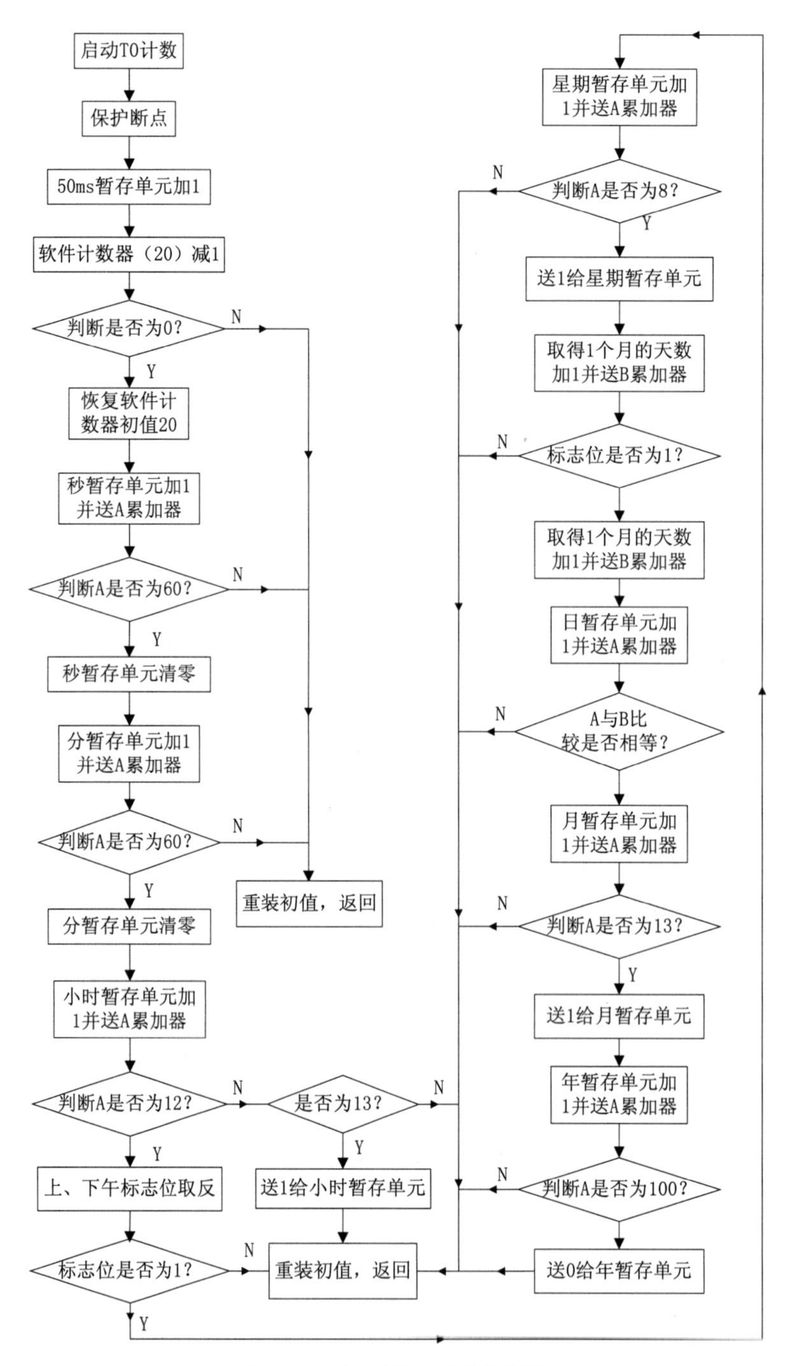

图 5-12　中断服务子程序流程图

（2）累加产生月份时，首先需判断当前是几月，查表得出每个月的天数，当是 2 月时，还需先判断当前是哪一年，由此查表得出 2 月是 28 天或 29（闰年）天。每个月天数加 1 后，与日暂存单元的数据比较是否相等，如果相等，则月暂存单元的数据加 1。

5. 显示子程序

此处主要介绍程序设计思路。采用动态扫描的方式，每个 LED 管各显示 1ms，给人的视觉效果是

LED 管一直亮着。显示缓冲区中每个存储单元存放着相应 LED 显示管欲显示字符的字形码地址偏移量[79]。当需要显示某个 LED 管时，8255 先读取相应 LED 管欲显示字符的字形码地址偏移量，通过查字形码表得到需显示字符的字形码，并送给 8255 的 A 口显示，且使相应的 LED 管控制位为低电平。

6. 时间控制子程序

整个程序中共有唤醒灯控制子程序、紫外线杀菌灯控制子程序和睡前照明自动转换子程序三个时间控制子程序。它们的设计思路基本一致，即把设定的时间与实时时间相比较是否相等，如相等，则进入相应的控制程序。如设定为每周星期一凌晨 2:00 时打开卫生间的紫外线杀菌灯，30min 后杀菌灯自动熄灭。

7. 自检程序

8. 停电检测子程序

当检测到 P2.7 为低电平时，停电标志位置位；检测到 P2.7 为高电平时，停电标志位清零。

9. 停电处理子程序

当停电标志位为 1 时，关断显示，此时蓄电池只作为系统电源，亦可供停电指示灯用。

10. 由于局部照明随意性较大，因而采用手控开关，不纳入智能控制范围

5.2　住宅人工照明光环境智能控制实验结果基于模糊综合评价的验证

5.2.1　常规控制与智能控制下的视觉与非视觉质量因素比较

1. 常规控制与智能控制的人工照明光环境场景转换分析

表 5-1 所示是 2003 年 4 月 7 日、2003 年 4 月 14 日、2003 年 4 月 21 日三天中 7:30 ~ 11:00 时段内不同控制方式的统计结果。

客厅人工照明光环境场景切换次数　表 5-1

控制方式			客厅
常规控制			4
智能控制	本地		9
	其他		8
混合控制	常规控制		2
	智能控制	本地	10
		其他	7

根据统计结果及自由问答分析，常规控制方式往往使人觉得根据需求现场组合控制灯光的过程过于繁琐，从而减少了人工照明光环境变化的次数，使不同的行为活动（就餐、休闲、看电视等）限制在变化较少的人工照明光环境中，光环境变化单调。智能控制方式由于实现了灯光的有序组合以及集中与分散控制相结合，减少了组织灯光时繁琐的思考过程，因而切换人工照明光环境场景的次数增多，说明使用者更愿意根据人的不同行为活动控制光环境的变化。从统计结果还看出集中控制面板可以随意对其他

区域的灯光进行控制，减少了控制其他区域照明时多走的一些不必要的路。混合控制提供了自由选择常规控制和智能控制的可能性，但根据统计结果可以看出，使用者选择智能控制的次数明显多于选择常规控制，可见智能控制提供了更多的便利。

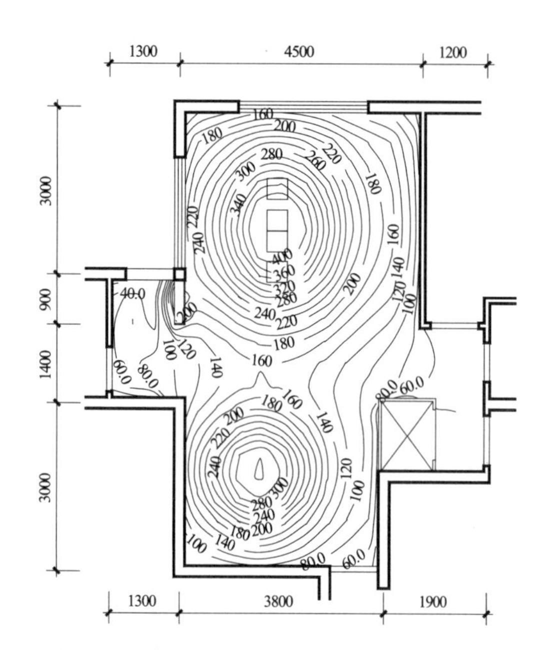

图 5-13 就餐时客厅照明维持不变（餐厅照明由第 4 组灯＋第 6 组灯提供，客厅灯由第 1 组灯＋第 2 组灯提供）（lx）

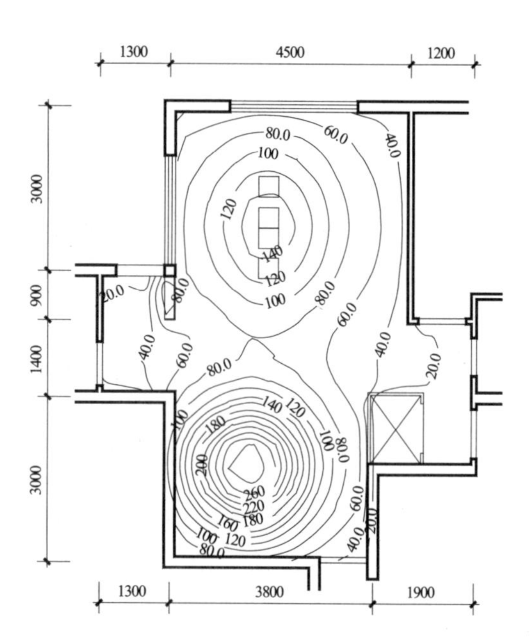

图 5-14 就餐时客厅照明调暗到原照度的 1/3（餐厅照明由第 4 组灯＋第 6 组灯提供，客厅灯由第 1 组灯＋第 2 组灯提供）（lx）

2. 就餐时常规控制与智能控制的房间照度分布差异

表 5-2 记录了 2003 年 4 月 1 ～ 21 日晚餐的起始时间，根据该表统计，大致可以确定该套住宅家庭成员晚餐时间主要集中在傍晚 7：00 ～ 8：00 之间。图 5-13、图 5-14 所示为就餐时两种人工照明光环境的照度分布计算图，表 5-3 ～表 5-6 所示为 5 名家庭成员的评价结果。

从表 5-3、表 5-4 的模糊综合评价可以看出就餐时调低房间内其他区域的照度值有助于创造一个良好的就餐光环境，这种光环境的转换往往在常规控制下显得繁琐且不容易记忆，而通过智能控制可以简捷地达到这一目的。

根据评价结果对就餐时的照明光环境作如下设计，即，在就餐时间范围内（程序设定为晚间 7：00 ～ 8：00），当餐桌上的第 4 组灯手动开启时，客厅的灯光自动适当调暗（原照度的 1/3），待就餐完毕第 4 组灯关闭后，客厅灯光恢复到原有亮度水平。但在近期内，由于家庭成员就餐时，小孩喜欢在客厅内到处玩耍，需要一个比较明亮且照度分布均匀的光环境，因而就餐时客厅灯光暂不作变化。

每日就餐时间记录表　　表 5-2

记录日期	2003 年 4 月 1 日	2003 年 4 月 2 日	2003 年 4 月 3 日	2003 年 4 月 4 日	2003 年 4 月 5 日	2003 年 4 月 6 日	2003 年 4 月 7 日
起止时刻	19: 23 ~ 19: 56	19: 11 ~ 19: 42	19: 33 ~ 17: 59	19: 05 ~ 19: 44	19: 26 ~ 19: 57	19: 13 ~ 19: 37	19: 46 ~ 20: 18
时间（min）	33	31	26	39	31	24	32
记录日期	2003 年 4 月 8 日	2003 年 4 月 9 日	2003 年 4 月 10 日	2003 年 4 月 11 日	2003 年 4 月 12 日	2003 年 4 月 13 日	2003 年 4 月 14 日
起止时刻	19: 15 ~ 19: 43	19: 27 ~ 19: 56	19: 01 ~ 19: 29	19: 38 ~ 20: 13	19: 20 ~ 19: 44	19: 32 ~ 19: 57	19: 54 ~ 20: 27
时间（min）	28	29	28	35	24	25	33
记录日期	2003 年 4 月 15 日	2003 年 4 月 16 日	2003 年 4 月 17 日	2003 年 4 月 18 日	2003 年 4 月 19 日	2003 年 4 月 20 日	2003 年 4 月 21 日
起止时刻	19: 22 ~ 19: 50	19: 41 ~ 20: 24	18: 56 ~ 19: 33	19: 25 ~ 19: 57	19: 17 ~ 19: 56	19: 37 ~ 20: 01	19: 20 ~ 19: 52
时间（min）	28	43	37	32	39	24	32

评价者对就餐时客厅照明维持不变的评价得分　　表 5-3

评价集		V						
满意程度		很满意	满意	较满意	一般	较不满意	不满意	很不满意
评价等级		1	2	3	4	5	6	7
等级评分		100	90	80	70	60	50	40
因素集 A	整体照明水平 A_1	0	0	2	1	2	0	0
	照度与亮度分布 A_2	0	0	3	2	0	0	0
	就餐气氛 A_3	0	0	0	4	1	0	0
评价结果	模糊综合评价结果	$\underset{\sim}{B}=(0,0,0.405,0.405,0.189,0,0)$						
	总评分	72.16						
	评定	较满意或一般						
	夏季日常场景排名	2						

评价者对就餐时客厅照明调暗到原照度的 1/3 的评价得分　　表 5-4

评价集		V						
满意程度		很满意	满意	较满意	一般	较不满意	不满意	很不满意
评价等级		1	2	3	4	5	6	7
等级评分		100	90	80	70	60	50	40
因素集 A	整体照明水平 A_1	0	1	2	2	0	0	0
	照度与亮度分布 A_2	0	2	3	0	0	0	0
	就餐气氛 A_3	1	3	0	1	0	0	0
评价结果	模糊综合评价结果	$B=(0.159,0.341,0.341,0.159,0,0,0)$						
	总评分	85.00						
	评定	满意或较满意						
	夏季日常场景排名	1						

就餐时光环境各因素重要性得分统计平均值 **表 5–5**

重要性评价	整体照明水平 A_1	照度与亮度分布 A_2	就餐气氛 A_3
平均重要性得分	3.52	1.762	2.238
重要性归属等级	4	2	2

注：就餐气氛包括就餐时的空间归属感、就餐心情、餐桌部位的吸引力等。

就餐时光环境各因素权值 **表 5–6**

	A_1	A_2	A_3	w	
A_1	1	1/3	1/3	0.143	λ_{max}=3.000 $C.I.$=0.000 $C.R.$=0.000
A_2	3	1	1	0.429	
A_3	3	1	1	0.429	

3. 看电视时的常规控制与智能控制的光环境分析

1）看电视时的视觉需求差异

在 21 名参与测试评价的被试者中，分别要求他们对 5 种看影碟时的人工照明光环境的满意程度进行排序，并要求他们简要阐述其满意程度的理由，具体评价结果见表 5-7 ~ 表 5-14。

本次调查发现，看电视节目与看影碟时的心情并不完全相同，看电视节目时往往伴随着一些其他的活动行为，如就餐、闲聊、阅读书报、手工操作、交谈等，此时看电视仅仅作为以上行为活动之一，并无明显的行为侧重点，因而不是很有必要调整看电视时光环境的明暗效果。当观看影碟时，人的主要精力往往集中在视觉行为方面，其他行为活动退居较次要的位置，此时更注重画面的视觉效果，光环境适当地调暗有助于增强这一效果。调查中还发现，家庭成员从就寝前的 1.5 ~ 2.5h 开始其他行为活动逐渐减少，此时以看电视成为主要行为活动，适当调暗的光环境有助于看电视时聚精会神。

看电视时（主要针对影碟或家庭影院）不同光环境下电视画面与背景及其环境亮度的关系 **表 5–7**

亮度与照度分布	灯光组合				
	1	1+10	2	2+10	10
电视画面亮度（cd/m^2）	30 ~ 86	30 ~ 86	30 ~ 86	30 ~ 86	30 ~ 86
电视背景亮度（cd/m^2）	4	8	4	9	4
周围环境亮度（cd/m^2）	2	2	2	2	1
画面亮度：背景亮度	7.5 ~ 21.5	3.8 ~ 10.8	7.5 ~ 21.5	3.3 ~ 9. 6	7.5 ~ 21.5
画面亮度：周围环境亮度	15 ~ 43	15 ~ 43	15 ~ 43	15 ~ 43	30 ~ 86
背景亮度：周围环境亮度	2	4	2	4.5	4
沙发附近照度（lx）	3.5 ~ 8.0	4.5 ~ 10.0	3.5 ~ 8.0	4.5 ~ 10.0	1.5 ~ 3.5

注 1. 所测数据为眼睛高度 1.2m 处的照度值，1、2 组灯通过调光达到该照度值。

2. 第 1 组灯、第 2 组灯的光通量调光至原光通量的 10%。

21 名评价者对开启第 1 组灯看电视的（主要针对影碟或家庭影院）评价得分　　表 5-8

评价集		V						
满意程度		很满意	满意	较满意	一般	较不满意	不满意	很不满意
评价等级		1	2	3	4	5	6	7
评分等级	100	90	80	70	60	50	40	
因素集 A	照明水平 A_1	0	5	7	7	2	0	0
	电视画面与背景亮度对比 A_2	0	2	2	7	8	2	0
	电视背景与周围环境亮度对比 A_3	0	0	3	10	5	3	0
	电视画面与周围环境亮度对比 A_4	0	0	5	8	6	2	0
评价结果	模糊综合评价结果	$\underset{\sim}{B}=(0,0.125,0.125,0.250,0.250,0.250,0)$						
	总评分	66.25						
	评定	一般、较不满意或不满意						
	夏季会客场景排名	5						

21 名评价者对开启第 1+10 组灯看电视的（主要针对影碟或家庭影院）评价得分　　表 5-9

评价集		V						
满意程度		很满意	满意	较满意	一般	较不满意	不满意	很不满意
评价等级		1	2	3	4	5	6	7
评分等级		100	90	80	70	60	50	40
因素集 A	照明水平 A_1	1	7	7	4	2	0	0
	电视画面与背景亮度对比 A_2	0	7	4	6	3	1	0
	电视背景与周围环境亮度对比 A_3	1	5	8	5	2	0	0
	电视画面与周围环境亮度对比 A_4	2	7	7	4	0	1	0
	画面吸引力 A_5	0	7	4	7	3	0	0
评价结果	模糊综合评价结果	$\underset{\sim}{B}=(0.091,0.273,0.181,0.273,0.136,0.046,0)$						
	总评分	77.71						
	评定	满意或较满意						
	夏季会客场景排名	3						

21 名评价者对开启第 2 组灯看电视的（主要针对影碟或家庭影院）评价得分　　表 5-10

评价集		V						
满意程度		很满意	满意	较满意	一般	较不满意	不满意	很不满意
评价等级		1	2	3	4	5	6	7
评分等级		100	90	80	70	60	50	40
因素集 A	照明水平 A_1	0	8	5	6	2	0	0
	电视画面与背景亮度对比 A_2	0	0	3	11	6	1	0
	电视背景与周围环境亮度对比 A_3	0	0	5	10	5	1	0
	电视画面与周围环境亮度对比 A_4	0	0	6	8	6	1	0
	画面吸引力 A_5	0	1	7	5	3	5	0
评价结果	模糊综合评价结果	$\underset{\sim}{B}=(0,0.115,0.231,0.231,0.231,0.192,0)$						
	总评分	68.47						
	评定	较满意、一般或较不满意						
	夏季会客场景排名	4						

21 名评价者对开启第 2+10 组灯看电视的（主要针对影碟或家庭影院）评价得分　　表 5-11

评价集		V						
满意程度		很满意	满意	较满意	一般	较不满意	不满意	很不满意
评价等级		1	2	3	4	5	6	7
评分等级		100	90	80	70	60	50	40
	照明水平 A_1	0	10	7	2	2	0	0
	电视画面与背景亮度对比 A_2	0	6	8	3	3	1	0
	电视背景与周围环境亮度对比 A_3	2	7	6	5	1	0	0
	电视画面与周围环境亮度对比 A_4	3	6	6	4	1	1	0
	画面吸引力 A_5	2	9	4	5	1	0	0
评价结果	模糊综合评价结果	$\underset{\sim}{B}=(0.125, 0.25, 0.25, 0.208, 0.125, 0.042, 0)$						
	总评分	79.16						
	评定	满意或较满意						
	夏季会客场景排名	1						

21 名评价者对开启第 10 组灯看电视的（主要针对影碟或家庭影院）评价得分　　表 5-12

评价集		V						
满意程度		很满意	满意	较满意	一般	较不满意	不满意	很不满意
评价等级		1	2	3	4	5	6	7
评分等级		100	90	80	70	60	50	40
因素集 A	照明水平 A_1	0	0	2	6	9	2	2
	电视画面与背景亮度对比 A_2	0	5	5	7	3	1	0
	电视背景与周围环境亮度对比 A_3	0	2	7	11	1	0	0
	电视画面与周围环境亮度对比 A_4	0	0	6	11	4	0	0
	画面吸引力 A_5	5	4	5	6	0	1	0
评价结果	模糊综合评价结果	$\underset{\sim}{B}=(0.192, 0.192, 0.192, 0.231, 0.116, 0.077, 0)$						
	总评分	78.84						
	评定	满意或较满意						
	夏季会客场景排名	2						

看电视时光环境各因素重要性得分统计平均值　　表 5-13

重要性评价	照明水平 A_1	电视画面与背景亮度对比 A_2	电视背景与周围环境亮度对比 A_3	电视画面与周围环境亮度对比 A_4	画面吸引力 A_5
平均重要性得分	3.048	1.905	2.810	3.333	2.429
重要性归属等级	3	2	3	3	2

看电视时光环境各因素权值　表 5-14

	A_1	A_2	A_3	A_4	A_5	w	
A_1	1	1/2	1	1	1/2	0.143	λ_{max}=5.000 $C.I.$=0.000 $C.R.$=0.000
A_2	2	1	2	2	1	0.286	
A_3	1	1/2	1	1	1/2	0.143	
A_4	1	1/2	1	1	1/2	0.143	
A_5	2	1	2	2	1	0.286	

本套住宅为防止儿童（一岁零九个月）长时间看电视影响视力，家庭成员大部分看电视的时间选择在小孩上床睡觉之后（晚上 10：00 左右）。通过对光环境评价结果的分析发现，看电视时的光环境比睡前光环境场景稍暗，因而可近似地把睡前场景与看电视场景合而为一，时间可向前调整到晚上 10：00。

通过对表 5-8 ~ 表 5-12 中 5 种光环境的模糊综合评价，可以看出，评价者对第 2+10 组灯照明最为满意，由此分析，良好的观看影碟或家庭影院人工照明光环境应具备两个条件：首先，应选择色温为 6400K 的日光色光源作为背景照明；其次，还应选择同样色温的光源作为周围环境照明，这与前面章节提到的美国国家电视标准和电视纲要所建议的人工照明光环境较为接近。

根据实验结果以及模糊综合评价结果分析，电视画面与背景亮度比在 4∶1 ~ 10∶1 之间，电视画面与周围环境亮度比在 15∶1 ~ 40∶1 之间，背景亮度与周围环境亮度比在 4：1 左右较为理想，评价人员普遍认为冷色光环境（6400K）有助于加强看电视时的气氛，通过与被试者的交谈和对测试结果的分析，认为人的视觉系统对电视图像中黄色的皮肤颜色最熟悉与最敏感，电视中的暖色调图像画面居多，且由于电视中的暖色调画面亮度值大于冷色调画面亮度值而使暖色调画面更具吸引力，暖色的背景光减弱了肤色与背景以及大多数图像画面与背景之间的色彩对比，从而减弱了图像的生动感与吸引力，相反，冷色光能够增强它们之间的色彩对比，使图像更加清晰、生动。

2）看电视时人工照明光环境场景转换的灵活性分析

当用常规控制实现看电视光环境场景转换时，需要完成三个步骤：第一，每天记住需要看电视场景转换的某一时刻，经常做到这一点是相当困难的；第二，荧光灯手动调光，调到理论上较理想的照度值以及亮度对比水平非常困难；第三，每天要通过常规控制完成其他光环境场景的还原是非常繁琐的工作。由此可见，经常通过常规控制实现看电视的人工光环境最佳状态几乎是不可能的，而智能控制可以通过程序设计实现人工照明光环境的定时自动转换。也可以通过编程实现定时提醒功能，若使用者愿意接受提醒信号，可通过手动控制实现一次按键完成全部的操作步骤，下次启动时可复位到执行以上操作之前设定好的光环境场景。

5.2.2　常规控制与智能控制下的控制质量因素的比较

本套住宅人工照明控制系统采用智能控制与常规控制相结合的方式，上一级开关为“真善美”GKB7E10 2/IR 智能开关，用来控制下一级开关和部分分组灯具，下一级开关的每个回路控制对应的各组灯具，客厅的下一级开关为自主开发的智能控制装置，餐厅区域照明的第 4 组灯和厨房的杀菌灯采用智能和手动双控的方式，以适应部分随机性的控制行为。对整套住宅照明控制的测试如下。

1. 实验前提

（1）预先设定下一级开关的开闭状态，仅通过“真善美”智能开关和自主开发的智能控制装置控制各组灯具，这种控制方式为智能控制。

（2）预先设定上一级“真善美”智能开关的开闭状态，仅通过下一级开关控制各组灯具，这种控制方式相当于智能控制系统不起作用，因而属于常规控制。

2. 实验中的被试人员

年轻夫妇、老年夫妇以及暂住家中的亲属 1 人，总计共 5 人。

3. 实验条件

在实验的 6 周内家庭成员的日常行为没有较大的变化，白天以多云天气为主，下雨天气相对较少，主要测试夜晚人工照明的控制行为。为使实验结果更接近真实性，不提出任何引导性的提示。两个墙角 1.2m 高度安放两台摄像机（型号为 SonyCCD-TRV45E 和 SonyTRV-104E），在 120min 内由摄像带自动记录，定时更换记录完的摄像带。书房的墙角安放一台 CMOS 小型摄像头，可观测到书房、次卫生间及卫生间照明的开闭状态，但需要有人在书房记录。

4. 实验方法

以 3 周为测试周期，测试时间为 2003 年 4 月 1 ~ 21 日晚间 7：30 ~ 11：00，其中：

（1）4 月 1 ~ 7 日仅使用常规控制开关，不使用“真善美”智能开关、触摸延时开关及自主开发的智能控制装置（用胶带把这些不使用的开关暂时封盖）；

（2）4 月 8 ~ 14 日使用“真善美”智能开关、触摸延时开关及自主开发的智能控制装置，不使用常规控制开关（用胶带把这些不使用的开关暂时封盖）；

（3）4 月 15 ~ 21 日无限制地使用任何一种控制方式，即，混合控制。

5. 被试人员的主要活动

在每天测试的这一段时间内，除就餐外，年轻夫妇大部分时间在书房工作、学习，老年夫妇及亲属做家务、看电视、照看小孩，小孩在 10：00 左右在主卧室上床就寝，测试结果见表 5-15。

由表 5-16 可以看出，尽管智能控制有其优越性，但由于产品设计不够人性化，反而会给使用者带来一些不便，如该表记录的智能控制按键反应时间比常规控制反应慢得多，因而按键功能需要改进（表 5-18 ~表 5-22）。

各开关控制灯光开闭的次数 **表 5–15**

<table>
<tr><th colspan="3">控制方式</th><th>客厅</th><th>餐厅</th><th>主卧室</th><th>次卧室</th><th>书房</th><th>次卫生间</th><th>厨房</th><th>阳台</th></tr>
<tr><td colspan="3">常规控制</td><td>29</td><td>26</td><td>23</td><td>13</td><td>22</td><td>56</td><td>37</td><td>24</td></tr>
<tr><td rowspan="2">智能控制</td><td colspan="2">本地</td><td>33</td><td>23</td><td>15</td><td>8</td><td>15</td><td>49</td><td>26</td><td>13</td></tr>
<tr><td colspan="2">其他</td><td>21</td><td>18</td><td>3</td><td>13</td><td>12</td><td>14</td><td>3</td><td>2</td></tr>
<tr><td rowspan="3">混合控制</td><td colspan="2">常规控制</td><td>2</td><td>26</td><td>10</td><td>2</td><td>3</td><td>16</td><td>6</td><td>3</td></tr>
<tr><td rowspan="2">智能控制</td><td>本地</td><td>26</td><td>21</td><td>18</td><td>7</td><td>18</td><td>59</td><td>29</td><td>7</td></tr>
<tr><td>其他</td><td>24</td><td>25</td><td>4</td><td>9</td><td>11</td><td>21</td><td>2</td><td>2</td></tr>
</table>

抽样测试按键时的平均反应时间（秒）　　**表 5–16**

控制方式			客厅	餐厅	主卧室	次卧室	书房	次卫生间	厨房	阳台
常规控制			0.8	0.5	0.7	0.7	0.6	0.8	0.5	0.7
智能控制	本地		1.4	1.7	1.9	1.7	1.5	1.8	1.7	1.7
	其他		2.1 ~ 3.3	2.2 ~ 3.6	2.1 ~ 3.4	2.2 ~ 3.5	2.0 ~ 3.8	2.2 ~ 3.5	2.0 ~ 4.0	2.6 ~ 3.9
混合控制	常规控制		0.9	0.4	0.8	0.7	0.5	0.7	0.7	0.8
	智能控制	本地	1.2	1.4	2.3	2.1	1.6	1.8	1.9	1.5
		其他	2.5 ~ 3.4	2.0 ~ 3.3	2.3 ~ 3.7	2.1 ~ 3.9	2.2 ~ 3.1	2.3 ~ 4.0	2.3 ~ 3.9	2.4 ~ 3.7

注：1. 以上计时采用型号为 HT900 的体育比赛用秒表记录。

2. 在“真善美”智能开关面板上，被试者对经常使用的按键比不常使用的按键反应速度稍快。

控制灯光时的误操作次数　　**表 5–17**

控制方式			客厅	餐厅	主卧室	次卧室	书房	次卫生间	厨房	阳台
常规控制			0	0	6	3	4	5	0	6
智能控制	本地		4	3	8	8	3	5	4	4
	其他		5	4	6	2	4	6	2	1
混合控制	常规控制		0	0	3	3	1	2	0	2
	智能控制	本地	2	3	1	3	2	6	4	5
		其他	4	25	4	3	4	5	3	2

常规控制下各种行为的满意程度评价量表　　**表 5–18**

评价集		V						
满意程度		很满意	满意	较满意	一般	较不满意	不满意	很不满意
评价等级		1	2	3	4	5	6	7
评分等级	100	90	80	70	60	50	40	
因素集 A	集中控制 A_1	0	0	0	1	3	1	0
	分散控制 A_2	0	0	0	0	3	2	0
	场景切换 A_3	0	0	0	0	2	3	0
	控制繁琐程度 A_4	0	1	2	2	0	0	0
	控制的舒适感 A_5	0	0	1	3	0	1	0
评价结果	模糊综合评价结果	$\underset{\sim}{B}=(0,0.142,0.142,0.180,0.268,0.268,0)$						
	总评分	66.22						
	评定	较不满意或不满意						
	排名	3						

智能控制下各种行为的满意程度评价量表 **表 5-19**

评价集		V						
满意程度		很满意	满意	较满意	一般	较不满意	不满意	很不满意
评价等级		1	2	3	4	5	6	7
评分等级		100	90	80	70	60	50	40
因素集 A	集中控制 A_1	0	4	1	0	0	0	0
	分散控制 A_2	0	2	2	1	0	0	0
	场景切换 A_3	0	1	3	1	0	0	0
	控制繁琐程度 A_4	0	0	1	3	0	1	0
	控制的舒适感 A_5	0	2	2	1	0	0	0
评价结果	模糊综合评价结果	$\underset{\sim}{B}=(0.173,0.258,0.258,0.173,0,0.137,0)$						
	总评分	80.21						
	评定	满意或较满意						
	排名	1						

混合控制下各种行为的满意程度评价量表 **表 5-20**

评价集		V						
满意程度		很满意	满意	较满意	一般	较不满意	不满意	很不满意
评价等级		1	2	3	4	5	6	7
评分等级		100	90	80	70	60	50	40
因素集 A	集中控制 A_1	0	0	0	1	3	1	0
	分散控制 A_2	0	0	0	0	3	2	0
	场景切换 A_3	0	0	0	0	2	3	0
	控制繁琐程度 A_4	0	1	2	2	0	0	0
	控制的舒适感 A_5	0	0	1	3	0	1	0
评价结果	模糊综合评价结果	$\underset{\sim}{B}=(0,0.312,0.312,0.210,0.166,0,0)$						
	总评分	77.71						
	评定	满意或较满意						
	排名	2						

控制行为方式各因素重要性得分统计平均值 **表 5-21**

重要性评价	集中控制 A_1	分散控制 A_2	场景切换 A_3	控制的复杂程度 A_4	控制的舒适感 A_5
平均重要性得分	2.2	2.4	3.2	2.8	2.6
重要性归属等级	2	2	4	3	3

控制行为方式各因素权值　表 5–22

	A_1	A_2	A_3	A_4	A_5	w	
A_1	1	1	3	2	2	0.298	λ_{max}=5.013 $C.I.$=0.003 $C.R.$=0.003
A_2	1	1	3	2	2	0.298	
A_3	1/3	1/3	1	1/2	1/2	0.089	
A_4	1/2	1/2	2	1	1	0.158	
A_5	1/2	1/2	2	1	1	0.158	

5.2.3　常规控制与智能控制下能效利用质量因素的比较

在三种控制方式分别控制的 7 天内，为减少天然光的干扰因素，等到天完全暗下来后测量，每天在 7：30 ～ 11：00 的时间范围内统计总的照明开启时间和无人区域的闲置照明（每次开灯无人时间大于 15min，以免开启过于频繁影响光源的寿命）开启时间，测试结果见表 5-23。

各种控制方式能效利用的比较　表 5–23

控制方式	时间分配	客厅	餐厅	主卧室	次卧室	书房	次卫生间	厨房	阳台
常规控制	总照明时间（h）	19.62	5.22	9.98	4.80	22.50	4.21	16.05	4.02
	闲置照明时间（h）	5.81	2.19	2.71	0.96	4.22	1.43	3.99	0.78
	闲置比例	29.6%	41.2%	27.2%	20.0%	18.8%	34.0%	24.9%	19.4%
智能控制	总照明时间	18.14	4.12	10.65	5.47	20.04	3.63	16.57	3.63
	闲置照明时间（h）	3.17	1.26	1.88	0.71	3.35	0.87	2.34	0.54
	闲置比例	17.5%	30.6%	17.7%	12.7%	16.7%	24.0%	14.1%	14.9%
	节能水平（Wh）	390.72	24.18	18.26	5.40	22.62	22.40	33.00	10.56
	总节能（kWh）	0.52724							
	节约资金（元）	0.21							
混合控制	总照明时间	17.23	3.90	8.79	4.43	23.18	4.38	15.20	4.21
	闲置照明时间	3.35	1.77	1.97	0.80	3.46	0.94	1.97	0.60
	闲置比例	13.6%	45.3%	22.4%	18.1%	14.9%	21.5%	12.9%	14.3%
	节能水平	216.08	10.92	16.28	3.52	19.76	19.60	40.4	7.92
	总节能（kWh）	0.48248							
	节约资金（元）	0.19							

注：1. 闲置比例 =（闲置照明时间 / 总照明时间）×100%。
2. 能水平指的是智能控制与常规控制相比以及混合控制与常规控制相比的闲置能耗差值，计算公式为：节能水平 =（常规控制闲置照明时间—智能控制或混合控制闲置照明时间）× 灯的开启功率。
3. 电费按重庆市居民生活用电 0.396 元 /kWh 计。

根据表 5-23 所示的测试结果分析，尽管智能控制与混合控制起到了一定的节能效果，但由于除卫生间外其他房间均采用了高光效的节能光源，总能耗相差较小，以此节能效果推断，按每天照明 4.5h 估算，冬季照度适当提高一些，使用智能控制与混合控制的方式，每月节约资金约 1.25 元。照明控制方式对高光效节能光源照明的能效利用影响较小，说明本研究课题对住宅人工照明光环境的能效利用考虑得较为合理，从而使得在不降低照明水平的前提下通过智能控制提高能效利用的潜力相对较小，仅仅能够节省少量的电能和运行费用，该光环境已经接近最佳能效利用水平。因而，灯光开闭次数不宜过多，以免影响光源的寿命。假如在同样的照明水平下使用白炽灯照明，则智能控制与混合控制能效利用水平较为显著。

本套住宅由于运用了等效亮度理论，使用了高效节能光源，充分考虑照明热负荷对住宅人工照明光环境能效的影响，使得住宅人工照明光环境具有较高的能效利用水平。

5.3 验证结果在住宅人工照明光环境智能控制中的应用

一个良好的住宅人工照明光环境智能控制系统应该首先充分考虑人工照明光环境质量各因素对光环境的整体影响；然后考虑如何通过智能控制的手段调节尽量少的控制指标来创造满意的人工照明光环境。

尽管本套住宅的人工照明光环境设计充分运用了前面各章节研究的理论和经验，但严格意义上说，只能算是一种理论实践。只有把实践成果加以应用、实验、评价，并发现其不足之处，提出改进措施，这一理论才能在实践中得到验证，才能产生实际应用价值。

验证结果对提高住宅人工照明光环境的应用价值体现在以下几个方面：

（1）在由多种色温光源组成的人工照明光环境中，应充分考虑色温差异性因素对光环境的协调与统一、色彩的表现效果以及不同色温引起的心理感受产生的影响，这一因素在单一色温光源照明的人工照明光环境中是没有的。

（2）对于评价得分不高或者很少使用的场景，将在今后的控制软件优化中删减或修改，并增加一些没有考虑到的场景，而硬件系统无须修改，这也是本套住宅人工照明光环境控制系统的一个突出的优点。

（3）如何充分考虑住宅人工照明光环境质量各因素的综合评价权重值是实现高质量的人工照明光环境智能控制的理论基础，即，权重值大的因素应在光环境中重点考虑，权重值相对较小的因素应在光环境中作为辅助因素综合考虑并加以重视。

（4）补充天然采光不足的人工照明向完全人工照明的过渡应根据天气的情况调整照明方式，一般全云天天气能够把握天然光变化的特性，而晴天天气则很难把握这一规律。无论如何，照明的过渡应符合视觉感受要求，符合人的行为活动要求。

（5）在住宅人工照明光环境质量中的视觉质量因素中，照明水平以及照度与亮度分布起着非常关键的作用，它们的因子分析贡献率最大，并且与其他各因素有着较显著的相关关系，且综合评价的权重值最大。可以这样说，以上两个因素是影响人工照明光环境视觉效果的决定性因素，因而可以把这两个因素作为人工照明光环境智能控制指标，而其他因素只作为光环境的综合考虑因素，这种控制策略是为了避免出现控制系统的冗余庞大，实时性差，容易造成模糊推理的不确定性的缺点。

（6）在人工照明光环境控制中，智能控制方式不是唯一的手段，只有通过与常规控制合理地结合，才能达到最佳控制效果。

5.4 本章小结

本章的创新之处在于自主开发了具有完全知识产权的住宅人工照明光环境智能控制装置，它的设计构思和技术手段在照明领域为国内首创，突破了以往照明的智能控制相关产品仅注重控制技术，而忽视人工照明光环境控制效果的局限性。该装置把人在住宅内的家庭行为活动和人工照明光环境质量的相关数据融入智能控制中，使其控制的人工照明光环境包含了专家知识和操作者的经验。同时，硬件和软件的科学设计使该装置控制下的人工照明光环境变化灵活、适应性强并且便于优化。

该控制装置与“真善美”智能控制开关、普通开关、触摸式开关的协同工作，实现了灯光的集中控制、分散控制、遥控以及定时开、关等功能，使照明控制更加灵活，缩短了控制时的行走路线，减少了检查闲置照明的行为，减少了控制远处灯光时产生的懒惰心理，这种控制方式对于面积较大的住宅、别墅、复式住宅、跃层式住宅等的照明控制是非常方便的。

1. 住宅人工照明光环境智能控制实验装置的硬件和软件设计

1）住宅人工照明光环境智能控制实验装置的硬件设计

智能照明控制装置由两部分组成。第一部分用于住宅整体人工照明光环境控制方面，选购了“真善美”10 位遥控型智能照明控制开关（GKB7E10 2/IR）作为实验装置。第二部分为用于客厅照明控制的自主开发的智能控制装置。这一部分是研究住宅人工照明光环境智能控制的核心装置。本文对这一部分的硬件与软件设计作了详尽的研究。

2）住宅人工照明光环境智能控制系统的软件设计

对控制不同人工照明光环境场景的软件编程过程作了全面的研究。

2. 住宅人工照明光环境智能控制实验结果基于模糊综合评价的验证

（1）智能控制方式或混合控制方式明显比常规控制方式更加便利、灵活，但在人性化设计方面应考虑周到些。

（2）本研究对能效的利用考虑得较为合理，照明中绝大部分为节能光源，根据 5.2.3 节的能效利用综合评价结果比较，表明在不降低照明水平的前提下通过智能控制减少闲置照明时间，从而提高能效利用的潜力相对较小，仅仅能够节省少量的电能和运行费用，这说明该光环境已经接近最佳能效利用水平，通过频繁开、关来减少闲置照明时间反而影响光源的寿命，并且增加人工照明光环境的不稳定感。

（3）智能控制与常规控制相比，人工照明光环境质量有明显的改善，因为智能照明增加了场景自动转换功能，同时灵活的控制方式使人更愿意改变场景以满足行为活动需求。

3. 验证结果在住宅人工照明光环境智能控制中的应用

基于模糊综合评价的验证结果对通过智能控制创造高质量的住宅人工照明光环境具有多方面的指导作用，只有把实践成果加以应用、实验、评价，并发现其不足之处，提出改进措施，这一理论才能在实践中得到验证，才能产生实际应用价值。

第 6 章 总结与展望

6.1　总结

本书从家庭行为活动对住宅人工照明光环境的影响出发，研究了不同个体、不同时间、不同空间的家庭行为活动（包括视觉行为）的差异，并根据这些差异制订了相应的人工照明光环境智能控制策略。对住宅人工照明光环境质量的研究主要从视觉与非视觉质量、控制质量和能效利用质量三个方面进行，提高住宅人工照明光环境质量是实现住宅人工照明光环境智能控制的目的。在研究中自主开发了住宅人工照明光环境智能控制装置，并首次引入传感器信息融合理论和模糊神经网络理论实施对人工照明光环境全过程自主型控制，并有能力对人工照明光环境样本进行学习。

智能控制使住宅人工照明光环境质量得到全面的提高，满足了人性化和社会性需求，符合绿色照明和环境的可持续性要求，并且满足了人的生理和心理的舒适性要求。本书的整个研究过程运用了新的理论和先进的技术手段，得到以下主要结论：

1）以往照明的智能控制相关产品仅注重控制技术，而忽视人工照明光环境控制效果对人的生理和心理的影响因素，作者在研究过程中通过自制的住宅人工照明光环境智能控制实验装置，把人在住宅内的家庭行为活动和人工照明光环境质量的相关数据融入智能控制中，使其控制的人工照明光环境包含了专家知识和操作者的经验。同时，硬件和软件的设计使该装置控制下的人工照明光环境变化灵活、适应性强并且便于优化。

（1）通过硬件和软件设计把住宅内的家庭行为活动和人工照明光环境质量的相关数据融入智能控制装置中。

有关家庭行为活动和人工照明光环境质量的专家知识由本书研究的国内外照明相关规范、相关资料、综合评价结果及部分专家的建议构成，控制中的每一个场景均包含了专家知识信息，从而使所控制的人工照明光环境更具科学性、专业性。同时，操作者的经验来源于研究人员对操作者的操作过程的观测与实验，这些信息使所控制的人工照明光环境更具舒适性和实用性。

以上工作由自主开发的控制装置的硬件设计和软件设计实现，硬件设计可以完成场景切换、场景显示、季节显示、荧光灯和白炽灯调光及开、关等功能；软件设计可以完成灯光的组合、照明的开、关和持续时间的控制、照明的顺序控制等。通过修改软件程序调整灯光的组合或光源光通量的输出可以进一步优化人工照明光环境。

（2）自制的智能控制实验装置使房间具有灵活变化的场景。

常规控制方式往往使人觉得根据需求现场组合控制灯光的过程过于繁琐，从而减少了控制人工照明光环境变化的次数，使不同的行为活动（就餐、休闲、看电视等）限制在变化较少甚至没有变化的人工照明光环境中，光环境变化单调。而该智能控制装置由于实现了灯光的有序组合，减少了组织灯光时繁琐的思考过程，因而使用者能够在不同需求下感受不同的人工照明光环境场景，满足了视觉舒适的要求，同时，舒适的人工照明光环境场景又会对人的行为表现产生正面影响。

（3）人性化的显示控制面板设计提高了控制的准确性。

显示控制面板的设计较为人性化，避免了智能开关产品那样在光线较暗的情况下无法实施准确控制的缺点，按键由发光薄膜开关制成，可以在夜晚没有任何光线的情况下准确操作。

（4）软启动和软关断功能延长了光源的寿命。

常规开关开、关光源时产生的瞬间电流的冲击对光源的寿命产生一定的影响，特别是对于频繁开、关的光源。而软启动和软关断则通过限流或电压控制启动和关断（对于荧光灯调光镇流器），延长了光源的寿命，这一效果导致人工照明光环境的明暗渐变也符合人的视觉需求。

（5）软件编程可以使复杂的控制过程简单化。

智能控制装置实现了灯光的有序组合，使用者通过操作简单的按键就能够控制相对复杂的场景。一些有规律的灯光开、关行为可以通过编程的方式实现程序控制，如厨房杀菌灯的定时开、关，冬季早晨起床照明的定时开、关等。又如当家人外出时，开启外出场景，在规定的时间内灯光可随机开启，并有一定的变化，这种控制方式在常规控制中很难做到。

（6）利用软件编程技术使住宅人工照明光环境得到合理的优化。

最初的每一种季节模式下的日常、会客、团聚场景分别有四种灯光的组合方式，但经过一段时间的使用和一些评价者的评价，有些灯光组合方式与环境的协调性较差，故经过软件重新编程后优化为每种场景 2 ～ 3 个灯光组合方式。同时，对每一种灯光组合方式也作了相应的调整，使现有的组合方式能够与环境保持较为协调的关系。

（7）自制的智能控制实验装置与其他控制开关协同工作使住宅人工照明光环境的控制更加灵活。

该控制装置与智能控制开关、普通开关、触摸式开关的协同工作，实现了灯光的集中控制、分散控制、遥控以及定时开、关等功能，使照明控制更加灵活，缩短了控制时的行走路线，减少了检查闲置照明的行为，减少了控制远处灯光时产生的懒惰心理，对于面积较大的住宅、别墅、复式住宅、跃层式住宅等的照明控制是非常方便的。

2）探讨了传感器信息融合和模糊神经网络的理论方法实现住宅人工照明光环境全过程拟人化的自主型智能控制，这种控制具有较强的自适应、自学习、自主决策和自我管理的能力。

（1）多传感器信息融合的 D-S 证据推理的理论。

多传感器信息融合的基本原理就像人脑综合处理信息一样，充分利用多个传感器资源，通过对这些传感器及其观测信息的合理支配和使用，把多个传感器在空间或时间上的冗余或互补信息以某种准则来进行组合，以获得被测对象的一致性解释和描述。多传感器信息融合的目标是通过数据组合推导出更多的信息，即利用多个传感器共同或联合操作的优势，提高传感器系统的功能。D-S 证据推理法是目前多传感器信息融合较为普遍使用的一种方法。

（2）模糊神经网络控制理论。

在智能控制方面，基于人工神经网络和模糊逻辑有机结合的神经模糊技术已成为近年来的一个热门研究课题。尽管人工神经网络和模糊逻辑的概念和内涵有着明显的区别，但是两者都可以有效地处理控制系统模型中的不精确问题和不确定性问题。所以，如果把人工神经网络和模糊逻辑有机地结合起来，发挥两者之长，弥补两者之短，就能得到具有很强的学习、适应、容错能力和处理不确定信息能力的智能控制技术。

本书对能够完成自主型智能控制的传感器信息融合与模糊神经网络控制系统的“感知—推理—决策”以及人工照明光环境样本学习过程作了深入的研究，并用 Matlab 软件完成了全过程模拟。该系统的智能操作过程作为智能化程度较高的人工照明光环境控制手段是未来照明智能控制的一个重要发展方向。

传感器信息融合技术是感知外界信息并提取有用信息的关键技术；BP 神经网络技术能够对优化后的人工照明光环境样本进行学习，使光环境控制更加合理；模糊（逻辑）控制依据人的控制经验建立的模糊规则能够全过程模拟人的操作，三者的结合能够完成人工照明光环境的自主型智能控制。

3）系统地研究了住宅室内不同个体、不同时间、不同空间的家庭行为活动对人工照明光环境的影响，这些研究成果是制订智能控制策略的依据，使智能控制满足了使用者对人工照明光环境的多元化和个性化需求。

现行的照明规范没有充分考虑个体（中青年人、老年人、未成年人）、职业、生活习惯、气候、文化、行为方式、时间（一天的不同时刻、一年的不同季节）、空间等的差异，只要是同一功能的房间，就要执行相同的照度标准，换句话说，是“人适应照度”，而不是“照度适应人”，这与国际文明居住标准[16]中的多元化、个性化的发展需求存在一定的差距。

本书在人工照明光环境的智能控制中充分考虑了照明的多元化和个性化需求，并根据家庭行为活动的需要，在不同的时间和空间上分别确定合理的照度水平，也就是说把现行规范规定的一个照度水平合理地分解为适应不同需求的多个照度水平，适应了人工照明光环境的智能控制需求。

4）从人工照明光环境的视觉与非视觉质量、控制质量和能效利用质量三个方面系统地、综合地研究了住宅人工照明光环境质量，实现了以提高人工照明光环境质量为目的的住宅人工照明光环境智能控制。在研究过程中运用了照明领域一些新的理论方法，真实地表达了视觉系统对人工照明光环境的实际感受。

（1）系统地、综合地研究了住宅人工照明光环境质量。

本书首次对住宅人工照明光环境质量的视觉与非视觉质量、控制质量和能效利用质量三个方面进行了系统的、综合的研究。以往文献中更多地关注于对人工照明光环境质量中的视觉质量因素以及能效利用质量因素的研究，而对非视觉质量因素和控制质量因素研究得相对较少，特别是对于住宅，这方面的研究内容更少。

高质量的住宅人工照明光环境从生理和心理上满足视觉与非视觉的需求，具有灵活、变化的控制手段，具有较高的能效利用水平，这也是实现人工照明光环境智能控制的目的。

（2）运用了照明领域的新理论。

①视亮度理论。

在平均亮度相等的情况下，房间各表面的亮度分布差异会使视觉系统产生不同的明亮感觉，事实上视亮度比亮度更接近人的生理和心理感受。目前，国外对视亮度进行了大量的研究工作，其中总结的一些经验公式得到国际照明委员会的承认并建议采用。

②等效亮度理论。

传统的亮度测量是在大约 2° 视场内由闪烁法对非彩色的背景测得的。但是人的视觉系统对于不同光谱特性光源照射下的房间各表面产生的亮度有着不同的感觉，特别是在可见光的短波区域与人眼实际视看效果差别较大。本书运用了国际照明委员会建议的亮度——等效亮度换算经验公式对住宅常用的各种光源产生的等效亮度进行了分析和研究。

6.2 展望

本书在住宅人工照明光环境智能控制研究中做了大量的、较为系统的工作，但智能技术用于照明领域的研究尚处起步阶段，各种技术和理论研究还不成熟，需要做进一步的研究工作。希望根据本文研究的理论体系能够研制出适应住宅产业市场需求的光环境（包括天然采光、人工照明）智能控制产品。因而今后还须做以下各方面的工作：

（1）住宅人工照明光环境的优化。

对模糊综合评价中得分较低的人工照明光环境场景的灯光设计加以改造或删减，对评价得分较高的场景继续优化。根据人工照明光环境的使用情况与人的行为习惯对模糊控制规则进行优化。

（2）加强节能光源照明与混合光源照明的艺术性研究。

呼吁灯具市场加大 LED 光源在照明艺术方面的市场开发。在混合照明方面，还应在 LED 不同色温光色的协调方面做一些研究工作。

（3）加强对住宅智能采光技术的研究。

本文对充分利用天然光的智能采光技术作了理论分析，但由于该系统较为复杂，并没有落实到本项研究的具体实施过程中，这些工作将在今后的研究中加以弥补。

（4）深入开展针对不同类型住宅（如别墅、复式住宅、老年人住宅等）人工照明光环境智能控制的研究工作。

（5）与住宅其他智能控制产品的集成，实现分布型智能控制。

分布型智能控制就是将原有集中在微处理器主控制板上的智能控制功能器件、电路剥离出来，与前端检测、传感器件结合在一起，构成具有分析处理检测信号、判断检测结果的智能传感器，它与主控板之间只有一根信号线。各类检测、显示、报警、执行单元都以智能模块出现，与主控制板之间仅仅是数字信号的传输和通信关系。在这种情况下，主控制板就是单一的“数字信号处理器”（即 DSP）功能，大大简化了其结构。某个环节出现故障，只需更换相应的智能模块，控制维修成本相应降低。

本套智能控制实验装置仅能为照明系统提供服务，且需要专业人员的编程，提高了市场推广的难度。该套系统应与其他家电智能控制系统形成分布型智能控制系统，以达到节约资源的目的。还需改变编程方式，引入可视化编程，具有程序升级功能（通过互联网下载升级软件），并做到普通使用者能够灵活地编排人工照明光环境场景。

（6）提高控制系统的稳定性。

目前的智能控制实验装置还需增加各元器件的稳定性测试工作，为该装置的应用化作准备。

（7）增强基于互联网模式下照明光环境的智能控制研究，实现智能手机、平板电脑、网络遥控器一体化、场景可编辑化的智能控制模式研究。

参考文献

[1] 2014年度智能照明市场及未来发展方向分析，2015，1，8.

[2] 金磊．建筑科学与文化 [EB/OL]. http：//tt51.e165net.com：8095/kpzp/j/jinlei/jzkx/006.htm.

[3] 王保安.2015年恩格尔系数降至30.6%连降三年．中国网，2016，1，19.

[4] 张沁，陈俭．数字调光系统新标准 [J]. 照明工程学报，2000，11（1）：59-60.

[5] 国际文明居住标准 [EB/OL]. http：//www.bjfdc.gov.cn/guide/card/explain/z9251.htm.

[6] 闻新，周露等.MATLAB 模糊逻辑工具箱的分析与应用 [M]. 北京：科学出版社，2001：9.

[7] hnliantian. 智能家居照明系统领航低碳节能时代，2012-4-19，12（2）.

[8] 孟霞．当代中国社会人口结构与家庭结构变迁．湖北社会科学，2009（5）：39.

[9] 俞永铭，罗戈．居住生活模式与住宅室内空间 [M]// 居住模式与跨世纪住宅设计．北京：中国建筑工业出版社，1995：36-41.

[10] 朱霭敏，李德富等．北京市凹槽式住宅天然光环境调查评析 [J]. 照明工程学报，2000，11（4）：49-52.

[11] 建筑照明设计标准．GB 50034-2013，表5.2.1。

[12] 建筑照明设计标准（GB 50034—2013）[S].

[13] 詹庆旋，卢贤丰等．中国小康住宅照明展望 [J]. 照明工程学报，1998，9（1）：1-8.

[14] Bill Cruce.A Video Standard 和 Video Essentials[J/OL]. TV Monitor Environment Lighting. http：//www.cybertheater.com/Tech_Reports/Envir_Light.

[15] C.Laurentin，et al.Discussion of Previously Published Paper[J]. Lighting Research and Technology，2001，33（2）：137-139.

[16] 白川修一郎．人间の睡眠．覚醒リブムと光（心地ょぃ眠りと目覚め）[J]. 照明学会誌，2000，84（6）：354-361.

[17] P .T .Stone，et al.The Effects of Environmental Illumination on Melatonin，Bodily Rhythms and Mood States：A Review[J]. Lighting Research & Technology，1999，31（3）：71-79.

[18] 登倉尋寶．光の量と質，の人体生理学上の意義 [J]. 照明学会誌，2000，84（1）：46-49.

[19] Steven A.，Zilber B.E.Review of Health Effects of Indoor Lighting[J/OL].Architronic，1993. http：//architronic.saed.kent.edu/v2n3/v2n3.06.html#ref1.

[20] Tetsuo Katsuura.Are Human Physiological Responses Affected by Quality of Light[J]. J.Illum.Engng.Inst. Jpn，2000，84（6）：350-353.

[21] 夏瑾 . 向光而生　抵抗季节性抑郁 . 中国青年报，2016-10-13（8）版 .

[22] D.H. Avery. Lighting Future[J].Biological Psychiatry，1998（10）. www.lrc.rpi.edu/Futures/LF-Photobiology.

[23] 刘炜，杨春宇，陈仲林 . 未成年人居室照明光环境研究 . 照明工程学报 .2002-6，13（2）: 9-12.

[24] J Bulloung M Sc and M S Rea PhD. Lighting for neonatal care units: some critical information for design Lighting Research and Technology 1996，28（4）: 189-198.

[25] 杨春鸿 . 光照疗法治疗新生儿黄疸的护理问题探讨及措施 . 齐齐哈尔医学院学报，2010，31（14）: 2325.

[26] 陈超中，施晓红 . 从照明环境的视觉舒适性谈起 .《中国照明电器》，2012（05）: 11-20.

[27] 王玮 . 老年人视觉与住宅照明设计研究 . 现代人类学通讯 .2012（6）: 54-55.

[28] Marc Green. The Aging Eye[EB/OL].www.ergogero.com.

[29] 王镛，刘学贤 . 老年人心理行为与居住实态 [M]// 中国居住实态与小康住宅设计 . 南京：东南大学出版社，1999：224-227.

[30] Stefan Sörensen.Quality of Light and Quality of Life：An Intervention Study among Older People[J]. Lighting Research and Technology，1995，27（2）: 113-118.

[31] 横田健治 . 高齢者の為の住空間け於る推奨照度 [J]. 照明学会誌，1996 ，79（7）: 36-39.

[32] P.J.McGuiness，et al.The Effects of Illuminance on Tasks Performed in Domestic Kitchens[J].Lighting Research and Technology，1983，15（1）: 9-21.

[33] P.J.McGuiness，et al.The Effects of Illuminance on the Performance of Domestic Kitchen Work by Two Age Groups[J].Lighting Research and Technology，1984，16（3）: 131-136.

[34] 肖辉乾 . 世纪之交的建筑采光与照明 [A]// 中国建筑学会建筑物理分会第八届年会学术论文集，2000：277-286.

[35] 室内工作场所的照明 .GB / T 26189-2010：2.

[36] 詹庆旋 . 照明质量评价——定量的和非定量的（摘要）[R]// 海峡两岸第六届照明科技与营销研讨会专题报告文集，1999：11.

[37] 杨铭，郝允祥 . 日光和人工光对人的每日及季节变换的影响研究进展概况 [J]. 照明工程学报，2000，11（4）: 3-55.

[38] Jennifer A.Veitch. Determinants of Lighting Quality Ⅰ：State of the Science[Z/OL].Annual Conference of the Illumination Engineering Society of North America，1996. http：//irc.nrc-cnrc. gc.ca/fulltext.

[39] Jennifer A.Veitch.Lighting Quality Research and Quality Lighting Design[EB/OL]. http：//irc.nrc-cnrc. gc.ca/newsletter/v2no1/lighting_e.html.

[40] Aldworth R. C.，Bridgers. Design for Variety in Iighting[J]. Lighting Research and Technology：8-19.

[41] Quality of Lighting[EB/OL].www.iaeel.org.

[42] Louis Erhardt. Views on the Visual Environment[EB/OL].http：//www.iesna.org/LDA_6-98/ rogue_

columnhtm.htm.

[43] Toshiaki Harada.Basic Lighting Solution and Applications for Parlor-Living Rooms[J]. J.Illum.Engng.Inst. Jpn.，2001，85（10）: 828-833.

[44] 林燕丹，邱婧婧等. 不舒适眩光研究的国内外现状及进展. 照明工程学报，2016，27（2）: 7-13.

[45] D. K. Tiller，D.Phil，et al.Perceived Room Brightness：Pilot Study on the Effect of Luminance Distribution[J]. Lighting Research and Technology，1995，27（2）: 93-101.

[46] H-W Bodmann，M.La Toison. Predicted Brightness—Luminance Phenomena[J]. Lighting Research and Technology，1994，26（3）: 135-143.

[47] 陈仲林，刘炜，杨春宇等．视亮度及其应用 [J]. 重庆建筑大学学报，2001，23（6）: 30-32.

[48] Peter Y. Ngai. The Relationship between Luminance Uniformity and Brightness Perception[J].Journal of Illuminating Engineering Society，2000：41-49.

[49] 杨公侠. 视觉与视觉环境 [M]. 上海：同济大学出版社，2002：73，94，109，124，155.

[50] 严永红，宴宁等. 光源色温对脑波节律及学习效率的影响. 照明工程学报，2012，34（1）: 76-79.

[51]（荷）J.B.de Boer 等著．室内照明 [M]. 刘南山等译. 北京：轻工业出版社，1989：33.

[52] 金海，俞丽华. 光源色温、显色性对室内光环境的影响 [J]. 照明工程学报，2000，11（3）: 27-29.

[53] P. R. Boyce，et al. Effect of Correlated Colour Temperature on the Perception of Interiors and Colour Discrimination Performance[J]. Lighting Research and Technology，1990，22（1）: 19-36.

[54] C. Laurentin，et al. Effect of Thermal Conditions and Light Source Type on Visual Comfort Appraisal[J]. Lighting Research and Technology，2000，32（4）: 223-233.

[55] C. L. B. Mcloughan，et al. The Impact of Lighting on Mood[J]. Lighting Research and Technology，1999，31（3）: 81-88.

[56] Kazumi Nakayama.Difference in Visual Acuity and Colar Discrimination between Darker and Fairer Eyes at Lower Illuminance[J].J.Illum. Engnd.Inst.Jpn，2000，84（2）: 101-106.

[57] P.R.Boyce. Investigations of the Subjective Balance between Illuminance and Lamp Colour Properties[J]. Lighting Research & Technology，1977，9（1）: 2-11.

[58] Shigeo Kobayashi，Masao Inui，Yoshiki Nakamura. Preferred Illuminance Non-Uniformity of Interior Ambient Lighting[J]. Journal of Light & Visual Environment，2001，25（2）: 64-75.

[59] McKinlay A.F.，Whillock M.J.，Measurement of Ultra-Violet Radiation from Fluorescent Lamps Used for General Lighting and Other Purposes in the UK[J].National Radiological Protection Board：253-258.

[60] Geoff Davis. Natural Spectrum Lighting[EB/OL].www. gaiam.com.

[61] Dennis W.Clough. Decision Makers Are Realizing that It Is the Quality of a Building's Systems that Will Determine whether It Can Create an Environment Providing Added Value[J]. LD+A，1999：12.

[62] 童显海，黄蔷．光源自控开关（传感器）的发展 [J]. 照明工程学报，1999，10（1）: 39-45.

[63] 段凌，马如彪等.1406 例老年人身高、体重与体重指数调查分析．中国民康医学，2014，26（05）:

87-89.

[64] 庞蕴凡．视觉与照明 [M]. 北京：中国铁道出版社，1993：105-108.

[65] 徐向东，俞丽华．办公型智能建筑的照度水平研究 [J]. 光源与照明，1999：10-14.

[66] H-W Bodmann，Dipl Phys，Dr Rer Nat. Elements of Photometry，Brightness and Visibility[J]. Lighting Research and Technology，1992，24（1）：29-42.

[67] 朱绍龙，姚佩玉. 使用紧凑型荧光灯的经济性分析 [J]. 中国照明电器，1998，9：1-9.

[68] 无硕贤，李劲鹏等．居住区生活环境质量影响因素的多元统计分析与评价 [M]// 泛亚热带地区建筑设计与技术．广州：华南理工大学出版社，1998：1-16.

[69] 陈胜可. SPSS 统计分析从入门到精通. 北京：清华大学出版社，2013，5：342.

[70] 王莲芬，许树柏. 层次分析法引论 [M]. 北京：中国人民大学出版社，1989：11-18.

[71] 肖位枢．模糊数学基础及应用 [M]. 北京：航空工业出版社，1992：161-165.

[72] 蔡自兴．智能控制导论（第二版）. 北京：水利水电出版社 ,2013，11，1：23-32.

[73] N. Çolak. Prediction of the Artificial Using Neural Networks[J]. Lighting Research and Technology，1999，31（2）：63-66.

[74] 闻新，周露等 .MATLAB 模糊逻辑工具箱的分析与应用 [M]. 北京：科学出版社，2001：5-10.

[75] 于滨. 心理模糊性分析及其应用．硕士学位论文，辽宁师范大学，2010，6，18：1.

[76] 康中尉，罗飞路．基于信息融合技术的多传感器系统 [EB/OL]. 传感器资讯网 .www.globalsensors.com.

[77] Paul J. Littiefalr.Photoelctric Control：The Effectiveness of Techniques to Reduce Switching Frequency[J]. Lighting Research Technology，2001，33（1）：43-58.

[78] 李圣怡．多传感器融合理论及在智能制造系统中的应用 [M]. 北京：国防科技大学出版社，1998：158-173.

[79] 蔡振江．单片机原理及应用（第二版）. 北京：电子工业出版社，2012：246.